高级机器学习算法实战

[印度] V. 基肖尔·艾亚德瓦拉（V Kishore Ayyadevara） 著
姜 峰 庞登峰 张振华 译

机 械 工 业 出 版 社

本书在理解算法如何工作和如何更好地调整模型之间架起一座桥梁。本书将帮助你掌握开发主要机器学习模型的技能，包括监督和无监督学习（其中包括线性/对率回归）、决策树、随机森林、梯度提升机（GBM）、神经网络、k均值聚类、主成分分析和推荐系统。

你将通过应用于文本挖掘的 CNN、RNN 和 Word2vec 接触到最新的深度学习，并学习相关理论和案例研究，如情感分类、欺诈检测、推荐系统和图像识别等，以便获得工业中使用的绝大多数机器学习算法的最佳理论和实践。除了学习算法，你还将接触到在所有主要云服务提供商上运行的机器学习模型。

本书适合从事 AI 行业的工程师，以及希望从事数据科学工作的 IT 人员阅读，并可以供数据科学家工作时参考使用。

译者序

纵观人类历史，人类大部分时间都处于蒙昧状态，近百年人类掌握的科学技术开始大爆发。而在这科学技术大爆发的百年时间里，又以近些年尤为可观。

还记得 20 世纪 80 年代，有一部名为《霹雳游侠》的科幻电视剧，剧中有一辆可以自动驾驶、能和主人对话的汽车，让无数观众颇感神奇，赚足了收视率。而在不到 40 年后的今天，这种技术已经逐渐成为现实。1999 年的科幻电影《机器管家》里那个聪明的能做家务的机器人的大部分功能今天也已实现，例如银行大厅里的引导机器人。几十年前荧幕中的科幻世界已渐渐变成今天的现实生活。而让上述例子中由科幻成为现实的技术，或许你也猜到了，那就是机器学习技术，它是人工智能中最重要的一个研究领域。

蒸汽机引发了第一次工业革命让人类进入工业文明，电力开启第二次工业革命，而现在人工智能会将我们带入未来。

本书对人工智能中最主要的领域——机器学习所涉及的主要知识点进行了较为全面的阐述。本书由浅入深地对这项技术进行了讲解，从最基础的术语到机器学习中常用算法的原理及应用。

但本书也不同于一般专门讲述机器学习原理的书籍，其并没有大篇幅深入讲解各种算法背后的数学原理。如果要详细理解有关算法的数学原理以及证明等内容，需要去阅读其他书籍。本书只对各种算法的基本数学原理进行概述，更多的是带领读者进行实践，从中去理解不同的算法。而实践的工具则是利用 Python 或 R 写好的软件包或功能模块。利用这些软件包即使你对算法的具体数学原理不是非常了解，也能实现目前主流的机器学习功能。

这无疑对初学者是非常友好的，当然也会对希望能利用机器学习技术做出一些东西，但又无法对机器学习领域的知识投入大量时间的人提供很大的帮助。同时，我想这也能极大激发读者对机器学习的学习兴趣，避免读者被无尽的数学公式消磨掉学习的热情。

当然机器学习所涉及的知识面广，且有一定深度。想对机器学习有深入的认识与理解就难免要付出很多努力，正所谓“世之奇伟、瑰怪，非常之观，常在于险远，而人之所罕至焉，姑非有志者不能至也”。而本书会是一匹带你通向险远之处的良驹。

张振华

原书前言

机器学习技术现在已被广泛地应用于各种程序中。随着机器学习技术应用的增加，对于程序开发人员来说，需要学习并了解此技术的底层算法，更为重要的是，要理解各种算法如何从原始数据中学习的模式，以便能被有效利用。

本书面向有兴趣在各种机器学习算法的框架下进行研究的数据科学家和分析师。当你开发核心的机器学习模型和对模型进行评估时，本书会为你讲解技术并带给你信心。

为了真正理解机器学习算法正在学习什么，以及它们是如何学习的，我们首先会在 Excel 中构建算法，以便我们能窥探算法这个黑匣子内部是如何工作的。通过这种方式，读者可以了解算法中的各种手段是如何影响最终结果的。

一旦我们了解了算法的工作原理，就可以使用 Python 或 R 实现它们。然而，本书不是一本关于 Python 或 R 的书，所以我希望读者首先对编程能有所了解。即便如此，本书的附录中也介绍了 Excel、R 和 Python 的基础知识。

第 1 章介绍了数据科学的基础知识，并且讨论了数据科学项目的典型工作流程。

第 2 ~ 10 章讲解了业界中使用的一些主要的监督机器学习算法和深度学习算法。

第 11 章和第 12 章讲解了主要的无监督学习算法。

在第 13 章中，我们实现了推荐系统中使用的各种技术，以预测用户喜欢某种商品的可能性。

最后在第 14 章中，介绍了如何使用 3 个重要的云服务提供商，分别是谷歌云平台、微软 Azure 和亚马逊网络服务。

本书中使用的所有数据集和代码均可在 GitHub 上找到：https：//github.com/kishore - ayyadevara/Pro - Machine - Learning。

作者简介

V Kishore Ayyadevara 对任何有关数据的东西都充满热情。十多年来，他一直致力于技术、数据和机器学习的交叉领域，以便能够识别、沟通和解决业务问题。

他曾在美国运通（American Express）公司的风险管理部门和亚马逊公司的供应链分析团队中工作，目前正在领导一家初创公司的数据产品开发工作，负责实施各种分析解决方案并建立强大的数据科学团队。

Kishore 是一个积极的学习者，他的兴趣包括识别可以使用数据解决的业务问题，简化数据科学中的复杂性，以及跨领域转移技术以实现可量化的业务结果。

技术评审员简介

Manohar Swamynathan 是一名数据科学家和狂热的程序员，在与数据科学相关的各个领域拥有十年以上的经验，包括数据仓库、商业智能（BI）、分析工具开发、即席分析、预测建模、数据科学产品开发、咨询、制定策略和执行分析程序。他的职业生涯涵盖了数据科学的不同领域，包括美国抵押银行业务、零售/电子商务、保险和工业物联网。他拥有物理、数学和计算机专业学士学位和项目管理硕士学位。他还是 *Mastering Machine Learning with Python in Six Steps*（Apress，2017）一书的作者。

目 录

第 1 章 机器学习基础

机器学习大致可分为监督学习和无监督学习。根据定义，术语“监督”的意思是“机器”（系统）借助于某种典型标记的训练数据进行学习。

训练数据（或数据集）是系统学习推断的基础。关于这个过程有一个示例，这个示例是在系统中显示一组关于猫和狗的图像集，并且在图像上带有相应的标签（标签说明该图像是猫还是狗），然后让系统破译猫和狗的特征。

同样的，无监督学习是将一组数据分类到相似类别的过程。关于这个过程有一个示例，这个示例是将一组猫和狗的图像输入到系统中，而无须提及哪个图像属于哪个类别，然后让系统根据图像的相似性将这两种类型的图像分组到不同的存储桶中。

在本章中，我们将学习以下内容：

1）回归和分类之间的区别。

2）对训练、验证和测试数据的需求。

3）精度的不同度量。

1.1 回归和分类

假设我们预测的是某地区夏季将会出售的可乐的数量。这个数量介于某些值之间，例如每周出售 100 万瓶到 120 万瓶之间。通常，回归是预测此类连续变量的一种方法。

而分类是预测那些几乎没有明显结果的事件，例如，一天是晴天还是雨天。

线性回归是一种预测连续变量的典型技术，而逻辑回归则是一种预测离散变量的典型技术。当然还有许多其他技术，包括决策树、随机森林、GBM 和神经网络等，可以帮助预测连续和离散的结果。

1.1.1 训练数据和测试数据

通常我们在回归中处理泛化或过拟合的问题。当模型非常复杂，完全适合所有数据点时，会出现过拟合问题，从而导致可能的错误率最小。过拟合的数据集的典型示例如图 1-1 所示。

从图 1-1 的数据集中，可以看到直线不能完美地拟合所有数据点，而曲线却完美地拟合了所有的点，因此，曲线在训练数据点上的误差最小。

但是，与数据集上的曲线相比，直线具有更好的通用性。因此，在实践中，回归或分类

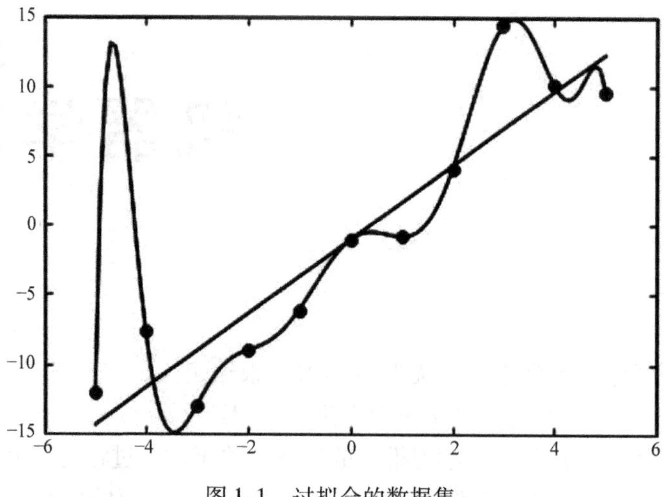

图 1-1　过拟合的数据集

是在模型的泛化性（即通用性）和模型的复杂性之间进行权衡的。

模型的泛化程度越低，在“不可见”数据点上的错误率就越高。

这种现象可以在图 1-2 中观察到。随着模型复杂性的增加，不可见数据点的错误率将不断降低到某一点，之后又开始增加。但是，随着模型复杂性的增加，训练数据集的错误率也不断降低——最终导致过拟合。

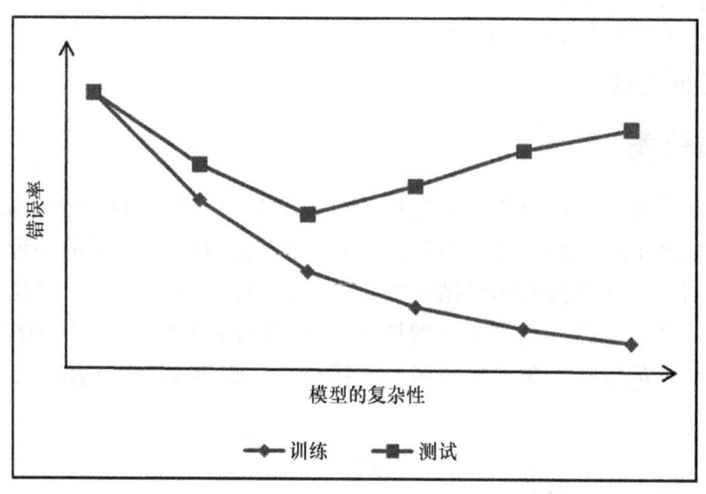

图 1-2　不可见数据点上的错误率

不可见数据点是指不用于训练模型，而是用于测试模型精度的点，因此被称为测试数据。

1.1.2　对于验证数据集的需求

具有固定的训练和测试数据集的主要问题是测试数据集可能与训练数据集非常相似，而新的（未来）数据集可能会和训练数据集很不相似。未来数据集与训练数据集的不相似导致的结果是，未来数据集模型的精度可能会非常低。

通常在数据科学竞赛和像 Kaggle（www. kaggle. com）这样的竞赛中可以直观地看出这个问题。公共排行榜并不总是与私有排行榜相同。对于测试数据集，通常竞赛组织者不会告诉选手测试数据集的哪些行属于公共排行榜，哪些行属于私有排行榜。实质上，随机选择的测试数据集的子集会进入公共排行榜，其余的则进入私有排行榜。

可以将私有排行榜视为一个测试数据集，选手不知道其精度，而选手所使用的公共排行榜，可被告知模型的精度。

有种潜在可能是，选手会在公共排行榜的基础上过拟合，而私有排行榜可能是一个略有不同的数据集，不能很好地代表公共排行榜的数据集。

问题说明如图 1-3 所示。

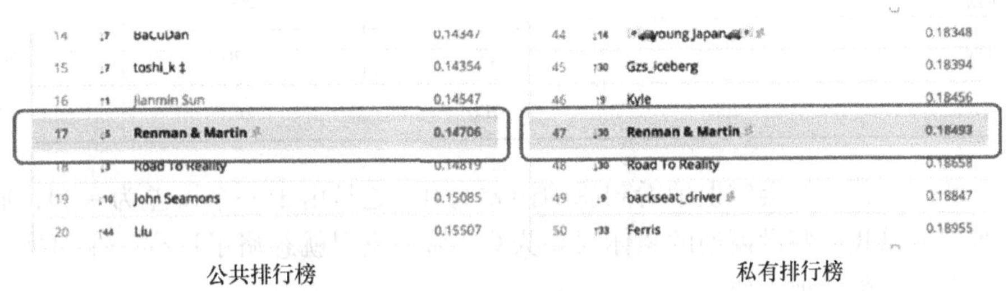

图 1-3　问题说明

在这种情况下，你会注意到，在公共排行榜和私有排行榜之间进行比较时，一名选手从排名 17 下降到排名 47。交叉验证是一种有助于避免此问题的技术。让我们详细研究一下其工作原理。

如果只有一个训练数据集和测试数据集，考虑到测试数据对于模型是不可见的，那么我们就无法提出超参数的组合（超参数可以被认为是一个开关，可以通过改变它的状态来提高模型的精度），除非我们有第三个数据集。验证数据集就是第三个数据集，其可用于查看当更改超参数时模型的精度。通常在数据集所有的数据点中，将其中 60% 的数据点用于训练，20% 用于验证，另外的 20% 用于测试。

有关验证数据集的另一个想法是这样的：假设你正在构建一个模型来预测客户在未来两个月内是否会流失。数据集的大部分将用于训练模型，数据集的其余部分可用作测试数据集。但是，在接下来的内容中，我们所使用的大多数技术都将涉及超参数。

当我们不断改变超参数时，模型的精度会发生很大的变化。除非有另一个数据集，否则我们无法确定精度是否在提高。其原因如下：

1）我们不能在训练模型的数据集上测试模型的精度。

2）我们无法使用测试数据集精度的结果来确定理想的超参数，因为实际上，测试数据集对于模型来说是不可见的。

因此，需要第三个数据集——验证数据集。

1.1.3 精度测量

在典型的线性回归（预测连续值）中，有两种测量模型误差的方法。通常，误差是在测试数据集中测得的。这是因为在训练数据集（模型建立在该数据集上）中测量的误差具有误导性，这是由于模型已经看到了数据点。如果我们只在训练数据集上测试模型的精度，那么对于未来数据集的精度也就无从说起了。这就是为什么总是在不用于构建模型的数据集上测量误差的原因。

1. 绝对误差

绝对误差被定义为，预测值与实际值之差的绝对值。让我们想象如下所示的一个场景：

	实际值	预测值	误差	绝对误差
数据点 1	100	120	20	20
数据点 2	100	80	-20	20
总和	200	200	0	40

在这种情况下，我们会错误地看到总的误差为 0，这是由于一个误差为 +20，而另一个误差为 -20。如果我们假设模型的整体误差为 0，那么我们就忽略了这样一个事实：模型在单个数据点上不能很好地工作。

为了避免正误差和负误差相互抵消而使误差最小的问题，我们考虑采用模型的绝对误差，在这种情况下，模型的绝对误差为 40，绝对误差最小的误差率为 40/200 = 20%。

2. 方均根误差

解决误差符号不一致问题的另一种解决方法是对误差求平方（负数的平方是正数）。上面讨论的方案可以转化为如下情况：

	实际值	预测值	误差	平方误差
数据点 1	100	120	20	400
数据点 2	100	80	-20	400
总和	200	200	0	800

现在，总的平方误差为 800，方均根误差（RMSE）为 800/2 的平方根，即 20。

3. 混淆矩阵

在预测连续变量时，绝对误差和方均根误差比较适用。然而预测具有离散结果的事件则是一个不同的过程。离散事件预测是根据模型的结果（概率）进行的。这种模型的结果是某个事件发生的概率。在这种情况下，尽管从理论上来说可以使用绝对误差和方均根误差，但还有其他相关的度量指标。

当用这个模型预测一个事件的结果，并将其与实际值进行比较时，混淆矩阵可以计算出实例数。如下所示：

	预测欺诈	预测无欺诈
实际欺诈	真正例（TP）	假反例（FN）
实际无欺诈	假正例（FP）	真反例（TN）

- 敏感性或真正例率或查全率 = 真正例/(总正例) = TP/(TP + FN)
- 特异性或真反例率 = 真反例/(总反例) = TN/(FP + TN)
- 查准率或正例预测值 = TP/(TP + FP)
- 查全率 = TP/(TP + FN)
- 精度 = (TP + TN)/(TP + FN + FP + TN)
- F1 分数 = 2TP/(2TP + FP + FN)

1.1.4 AUC 值和 ROC 曲线

假设你正在为一个运营团队提供咨询，该团队通过人工的办法审查电子商务交易，以确定它们是否存在欺诈行为。

- 与此过程相关的成本是审查所有交易所需的人力成本。
- 与成本相关的收益是因采用了手动审查而被提前阻止的欺诈性交易的数量。
- 与上述设置相关的总利润是通过防止欺诈而节省的钱减去人工审查的费用。

在这种情况下，模型可以派上用场，如下所示：我们可以想出一个为每笔交易打分的模型。对每笔交易都以产生欺诈的可能性进行评分。这样一来，所有欺诈可能性很小的交易就都不需要进行人工审查了。因此，该模型的好处是减少了需要审查的交易数量，从而减少了审查交易所需的人力资源，并减少了与审查相关的成本。但是，由于有些交易没有被审查，所以无论欺诈的可能性有多小，仍然可能有一些欺诈性行为没有被捕获。

在这种情况下，如果模型可以通过减少要审查的交易数量来提高整体利润，那么这可能是有所帮助的。

若要计算曲线下的面积（AUC），可通过下面的步骤进行：

1）为每笔交易打分，以计算欺诈的概率。（这里的分数是基于一种预测模型的，有关其更详细的细节可参阅第 3 章）

2）按概率大小对交易进行降序排序。

在排序后的数据集的顶部应该会有很少量的非欺诈性数据点，而在排序后的数据集的底部则会有很少量的欺诈性数据点。AUC 的值会因数据集中含有这样的异常而受到惩罚。

就目前来说，假设总共有 1000000 笔交易需要审查。根据历史记录，总交易数量中平均有 1% 是欺诈性的。

- 受试者工作特征（ROC）曲线的 x 轴代表的是考虑的点数（交易数）累积。
- y 轴代表的是捕获到的欺诈性交易数累积。

一旦我们对数据集进行了排序，直观上看高概率的交易为欺诈性交易，而低概率的交易为非欺诈性交易。当我们观察最初的几笔交易时，所捕获到的欺诈性交易数量累积会增加。但到达某个点之后，它会饱和，交易数量进一步增加不会引起欺诈性交易数量的增加。

用 x 轴表示审查的交易数量累积，y 轴表示捕获到的欺诈累积，所得到的图像如图 1-4 所示。

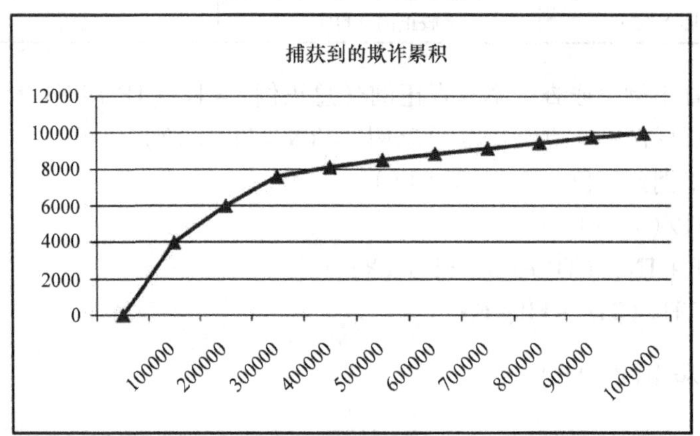

图 1-4　当使用一种模型时，捕获到的欺诈累积

在这种情景下，在总共 1000000 笔交易中会产生 10000 笔欺诈性交易。这是平均 1% 的欺诈率，也就是说，每 100 笔交易中会产生 1 笔欺诈性交易。

如果我们没有任何模型，我们的随机猜测将会缓慢增加，如图 1-5 所示。

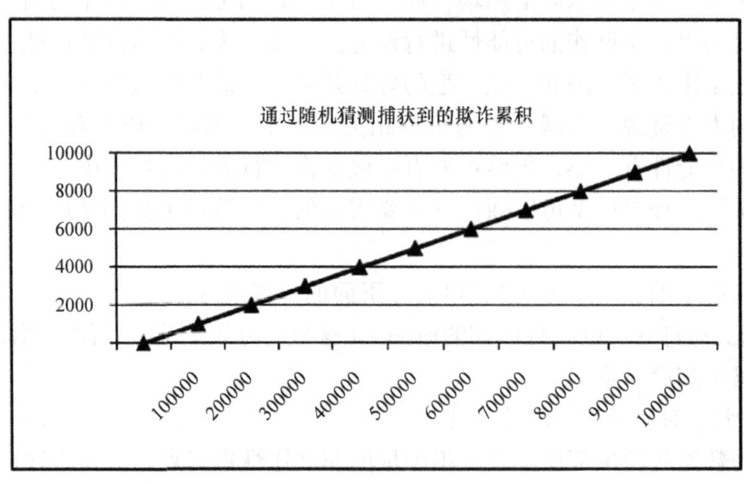

图 1-5　对交易随机抽样时捕获到的欺诈累积

在图 1-5 中，你可以看到一条线将数据集分割为大致相等的两个部分，线下面的部分为总面积的 1/2。为了方便起见，如果我们假设坐标图的总面积为 1，那么通过随机猜测模型得到的线下面的总面积为 0.5。

基于预测模型和随机猜测捕获到的欺诈累积的比较如图 1-6 所示。

请注意，在这种情况下，由预测模型生成的曲线 AUC 大于 0.5。因此，AUC 越高，模型的预测能力就越好。

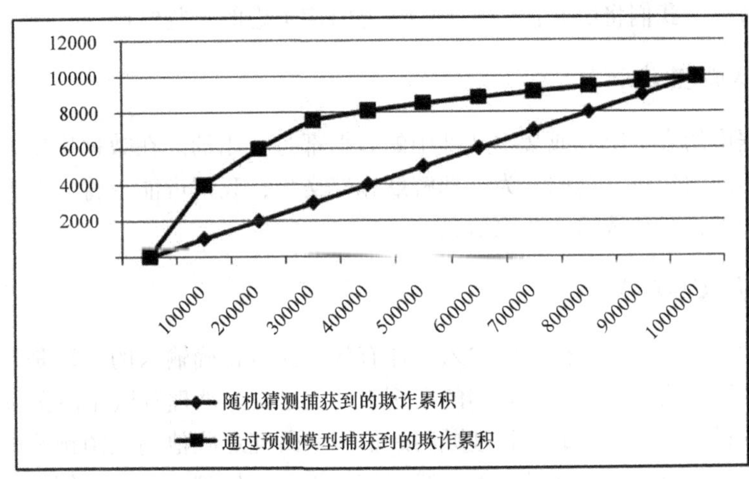

图 1-6　欺诈累积的比较

1.2　无监督学习

到目前为止，我们已经研究了监督学习。这种学习中有一个因变量和一个自变量。其中的因变量是我们试图预测的，而自变量用于预测因变量。

然而，在某些情景下，我们将会只有自变量——例如，在必须根据某些特征对客户进行分组的情况下。在这些情况下，无监督学习技术会派上用场。

无监督学习技术主要有两种类型：

- 基于聚类的方法。
- 主成分分析（PCA）。

聚类是一种对行进行分组的方法，而 PCA 是一种对列进行分组的方法。我们可以认为将给定的客户分配到一个组或另一个组时，使用聚类会很有用。这是因为每个客户通常代表数据集中的一行。而 PCA 对于列的分组则是非常有用的（或者对降低数据的维度、减少变量很用帮助）。

尽管聚类有助于细分客户，但它也可以成为在构建模型过程中的强大的预处理步骤。我们将在第 11 章中读到关于它的更多内容。PCA 可以通过减少维数来加速模型的建立过程，从而也减少了要估计的参数数量。

在本书中，我们将处理大部分监督学习算法和无监督学习算法，如下所示：

1）我们首先在 Excel 中对它们进行手工编写代码。

2）我们在 R（语言）中实现它。

3）我们在 Python（语言）中实现它

在附录中概述了有关 Excel、R 和 Python 的基础知识。

1.3　建立模型的典型方法

在上节中，我们看到了一个在实际场景中运用预测模型对运营团队的成本效益进行分析的情况。在本节中，我们将研究在构建预测模型时应考虑的一些要点。

1.3.1 数据从哪里获取

通常，数据库的表、CSV 或文本文件中的数据都是可用的。在数据库中，从不同的表中可能会捕获到不同的信息。例如，为了理解欺诈性交易，我们可能会将一个交易表与客户信息统计表连接起来，并从数据中获取信息。

1.3.2 需要获取哪些数据

预测训练的输出仅与进入模型的输入一样有效。获得正确输入的关键是更好地理解我们试图预测的驱动因素或特征——在我们的案例中，就是更好地理解欺诈性交易的特征。

在这里数据科学家通常会成为管理顾问。他们要研究那些他们试图预测的可能会推动事件发展的因素。他们可以通过接触在第一线工作的人员来做到这一点。例如，欺诈风险调查人员通过人工审查交易，以了解他们在调查交易时所关注的关键因素。

1.3.3 数据预处理

输入数据并非每次都是干净的。在构建模型之前可能有很多问题需要处理：

1）数据中缺失数值：当变量（数据点）未被记录或跨不同表的连接导致出现不存在的值时，数据中就会发生缺失数值的情况。

2）缺失的值可以通过几种方式进行插补。最简单的方法是用列的平均值或中位数替换缺失的值。另一种替换缺失的值的方法是根据交易中可获得的变量，添加一些智能的东西进去。这种方法被称为 K 近邻（*k* - Neareset Neighbor）识别。我们将在第 13 章介绍更多有关它的内容。

3）数据中的异常值：输入变量中的异常值会导致基于回归技术的优化效率低下。第 2 章中将讨论更多的有关异常值产生的影响。通常异常值是通过将变量限制在某个百分值（例如 95%）来处理的。

4）变量转换，可进行的变量转换如下：

- 缩放变量：在基于梯度下降的技术中，缩放变量通常可以加快优化速度。
- 对数/平方转换：在输入变量与因变量共享非线性关系的情况下，对数/平方转换非常有用。

1.3.4 特征交互

考虑这样一个场景，一个人在泰坦尼克号上，如果这个人是男性且年龄较小，他的生存概率则会比较高。典型的基于回归的技术不会考虑这种特征交互，而基于树的技术则会考虑。特征交互是基于将变量进行组合并创建新变量的过程。请注意，通常情况下，我们是通过了解业务来更好地理解特征交互。而这些业务是我们试图预测的事件。

1.3.5 特征生成

特征生成是从数据集中发现其他特征的过程。例如，用于预测欺诈性交易的一个特征是，最后一次给定交易的开始时间。这样的特征不能直接使用，只能通过理解我们试图解决的问题后来获取。

1.3.6 建立模型

一旦数据到位并完成了预处理步骤，下一步就是建立预测模型。多重机器学习技术有助于建立预测模型。有关机器学习主要技术的详细信息将在其余章中进行探讨。

1.3.7 模型生产化

一旦模型最终就位，根据使用情况的不同，生产化的模型也是不同的。例如，数据科学家可以通过查看客户的历史购买状况进行离线分析，并进一步生成一个产品列表。列表上的产品可为特定的客户进行定制，并通过电子邮件推荐发送。在另一种场景下，在线推荐系统是实时工作的，数据科学家可能必须向数据工程师提供模型，然后数据工程师在生产中实现模型，从而生成实时推荐。

1.3.8 构建、部署、测试和迭代

一般来说，构建模型不是一次性的训练。你需要显示从先前流程过渡到新流程的数值。在这种情况下，你通常会遵循 A/B 测试或测试/控制方法，在这种方法中，模型只针对少量可能的总交易数量与客户进行部署。然后将这两个组进行比较，以查看模型的部署是否确实使与业务相关的指标得到了改善。一旦模型显示出了可能成功的迹象，它就可以扩展到更多可能的交易或客户。一旦达成共识，就认为模型有成功的可能，它就会被接受成为最终的解决方案。否则，数据科学家会重复之前 A/B 测试中实验的新信息。

1.4 总结

在本章中，我们学习了机器学习中的一些术语，还讨论了可用于评估模型的各种误差度量，最后还讨论了利用机器学习算法解决业务问题所涉及的各种步骤。

第2章 线性回归

为了理解线性回归，让我们对这个词做一下分析：

线性：指沿直线或近似直线的排列或延伸，如“线性运动”。

回归：是一种确定两个或多个变量之间统计关系的技术，其中一个变量的变化是由另一个变量的变化引起的。

结合这些，我们可以将线性回归定义为两个变量之间的关系，其中一个变量的增加会影响另一个变量按比例（这种比例是线性的）增加或减少。

在本章中，我们将学习以下内容：

1）线性回归的工作原理。

2）建立线性回归时应避免的常见陷阱。

3）如何在 Excel、Python 和 R 中建立线性回归。

2.1 线性回归介绍

线性回归有助于根据已知值插入一个未知变量的值（这个未知变量是连续的）。它的一种可能的应用是，用其来反映“当产品的价格发生变化时，需求会相应发生什么样的变化”。在这种应用中，我们必须根据历史价格研究需求，并在给定新的价格点时对需求进行评估。

鉴于我们是在研究历史数据以便能够评估一个新的价格点，这就变成了一个回归问题。实际上，价格的需求是线性相关的（价格越高需求越低，反之亦然），所以这就使其成为一个线性回归问题。

2.1.1 变量：自变量和因变量

因变量是我们将要预测的数值，而自变量是我们用于预测因变量的变量。

例如，气温与冰淇淋的销量成正比。随着气温的升高，冰淇淋的销量也会增加。在这里，气温是自变量，根据它可以预测冰淇淋的销量，其中销量是因变量。

2.1.2 相关性

从前面的例子中，我们也许注意到了冰淇淋的销量直接和气温相关。也就是说，冰淇淋的销量和作为自变量的气温的变化方向相同或相反。在这个例子中相关性是正的，即随着气温的升高，冰淇淋的销量也随之增加。在其他情况下，相关性也可能是负的，例如，一个项目的销售额可能会随着项目价格的下降而增加。

2.1.3 因果关系

让我们把冰淇淋的销量随着气温升高而增加的情景反过来。也就是，如果冰淇淋的销量增加了，气温也会升高。

然而，尽管反过来也符合事实，但凭直觉我们可以自信地说，气温不受冰淇淋销量的控制。这就提出了因果关系的概念，也就是说由哪件事影响另一件事。在这里是气温影响冰淇淋的销量，而不是销量影响气温。

2.2 简单线性回归与多元线性回归

我们已经讨论了两个变量（自变量和因变量）之间的关系。然而因变量通常不只受一个变量的影响，而是受多个变量的影响。例如，冰淇淋的销量受气温的影响，但同时也受冰淇淋售价的影响。此外还有其他因素也会对其产生影响，如地理位置、冰淇淋品牌等。

在多元线性回归的情况下，有些自变量和因变量正相关，有些自变量和因变量负相关。

2.3 形式化简单线性回归

现在我们已经了解了基本的术语，接着让我们深入了解线性回归的细节。简单线性回归可表示为

$$Y = a + b \times X$$

式中，Y 是我们将要预测的因变量；X 是自变量；a 是偏差项；b 是变量的斜率（分配给自变量的权重）。

Y 和 X，即因变量和自变量现在应该解释得足够清楚了。我们来介绍一下偏差项和权重项（上面等式中的 a 和 b）。

2.3.1 偏差项

让我们通过一个例子来研究一下“偏差”这个词：用婴儿的年龄来估计婴儿的体重，以月为单位。我们假设婴儿的体重完全取决于婴儿的月龄。婴儿出生时体重为3kg，其体重以每月0.75kg的恒定速度增加。

一年后，婴儿的体重如图2-1所示。

在图2-1中，婴儿的体重从3kg（a，偏差）开始，每月线性增加0.75kg（b，斜率）。注意，偏差项是所有自变量为0时因变量的值。

2.3.2 斜率

斜率反映的是沿直线长度的两端 x 坐标和 y 坐标间的变化。在前面的例子中，斜率（b）的值如下：

$$(\text{直线两端 } y \text{ 坐标之差})/(\text{直线两端 } x \text{ 坐标之差})$$

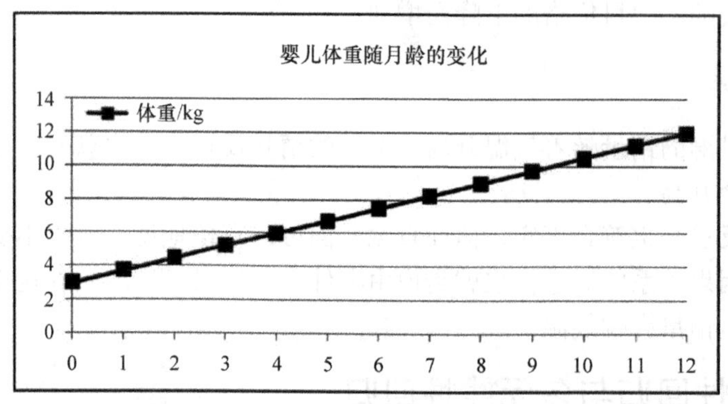

图 2-1　以月为单位，随时间变化的婴儿体重

$$b = \frac{12 - 3}{(12 - 0)} = 9/12 = 0.75$$

2.4　求解一个简单线性回归

我们已经看到了一个简单的例子，说明了简单线性回归的输出可能是什么样子的（求解偏差和斜率）。在本节中，我们将迈出第一步，通过提出一种更为通用的方法来生成回归线。提供的数据集如下：

月龄	体重/kg
0	3
1	3.75
2	4.5
3	5.25
4	6
5	6.75
6	7.5
7	8.25
8	9
9	9.75
10	10.5
11	11.25
12	12

图 2-2 给出了可视化数据。

在图 2-2 中，x 轴是婴儿的月龄，y 轴是婴儿在给定月份的体重。例如，婴儿第一个月的体重是 3.75kg。

我们假设数据集只有 2 个数据点，而非 13 个，这 2 个数据点仅为开始的 2 个数据。这个数据集看起来将会是下面的样子：

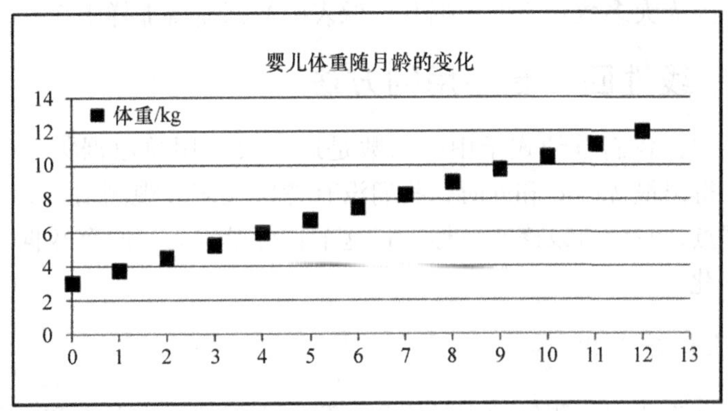

图 2-2 婴儿体重的可视化数据

月龄	体重/kg
0	3
1	3.75

鉴于我们是根据婴儿的月龄来估计其体重，其线性回归可按下式建立：

$$3 = a + b * (0)$$

$$3.75 = a + b * (1)$$

求解这个问题，可以得到 $a = 3$，$b = 0.75$。

让我们将 a 和 b 的值代入上面剩下的 11 个数据点中，将会得到如下结果：

月龄	体重/kg	体重估算	估算平方差
0	3	3	0
1	3.75	3.75	0
2	4.5	4.5	0
3	5.25	5.25	0
4	6	6	0
5	6.75	6.75	0
6	7.5	7.5	0
7	8.25	8.25	0
8	9	9	0
9	9.75	9.75	0
10	10.5	10.5	0
11	11.25	11.25	0
12	12	12	0
		总平方差	0

如上所示，只需通过求解前两个数据点，就能以最小的错误率解决问题。然而，实际情

况可能并非如此，因为大多数真实的数据并不像表中数据显得那样干净。

2.5 求解简单线性回归更通用的方法

在前面的场景中，我们看到式子中的系数是通过仅使用总数据集中的两个数据点获得的。也就是说，在得出最优的 a 和 b 时，我们没有考虑大多数观测值。为了避免在建立公式时遗漏大部分数据点，我们可以修改目标。将这个目标设定为使所有数据点的总平方差（一般最小二乘）最小化。

2.5.1 平方差总和最小化

总的平方差定义为所有观测值的实际值和预测值之间的平方差之和。我们考虑平方差而非是实际误差值的原因是，我们不希望某些数据点的正误差和其他数据点的负误差相互抵消。例如，三个数据点的误差是 +5，它们会和另外三个误差为 −5 的数据点相互抵消，从而导致这六个数据点的总误差为 0。而平方差可将后三个数据点 −5 的误差转换为正数，这样总的平方差就变为 $6\times5^2=150$。

这就提出了一个问题：为什么我们要最小化总平方差？原则如下：

1）如果正确预测了每个单独的数据点，则总误差是最小化的。

2）一般来说，预测值较实际值高 5% 和预测值较实际值低 5% 一样糟糕，因此我们考虑平方差。

让我们来描述一下这个问题：

月龄	体重/kg	公式	$a=3$ 和 $b=0.75$ 时的体重估算	估算平方差
0	3	$3=a+b\times(0)$	3	0
1	3.75	$3.75=a+b\times(1)$	3.75	0
2	4.5	$4.5=a+b\times(2)$	4.5	0
3	5.25	$5.25=a+b\times(3)$	5.25	0
4	6	$6=a+b\times(4)$	6	0
5	6.75	$6.75=a+b\times(5)$	6.75	0
6	7.5	$7.5=a+b\times(6)$	7.5	0
7	8.25	$8.25=a+b\times(7)$	8.25	0
8	9	$9=a+b\times(8)$	9	0
9	9.75	$9.75=a+b\times(9)$	9.75	0
10	10.5	$10.5=a+b\times(10)$	10.5	0
11	11.25	$11.25=a+b\times(11)$	11.25	0
12	12	$12=a+b\times(12)$	12	0
			总平方差	0

线性回归公式为上表的“公式”一栏中给出的相应的公式。

一旦数据集（前两列）被转换成公式（第3列），线性回归就是一个求解公式列中 a 和 b 值的过程，这样估算的总平方差（所有数据点的平方差总和）就是最小化的。

2.5.2 求解公式

求解公式的过程非常简单，只需对 a 和 b 值的多个组合进行迭代，从而尽可能地减小总误差。注意，最优 a 和 b 值的最终组合，是通过使用被称为梯度下降的技术获得的，该技术将在第7章中进行探讨。

2.6 简单线性回归的工作细节

在 Excel 中，求解 a 和 b 可以被理解为一个目标查找问题，在这里 Excel 可帮助识别 a 和 b 的值，使总的误差值最小化。

要查看其工作原理，请查看以下数据集（可在 github 中找到“linear regression101. xlsx”）：

	A	B	D	E	F	G	H
1	月龄	体重/kg	体重估算	估算平方差			
2	0	3	2.9999951	2.40091E-11			
3	1	3.75	3.749996913	9.52768E-12		a	2.999995
4	2	4.5	4.499998727	1.62174E-12		b	0.750002
5	3	5.25	5.25000054	2.91321E-13			
6	4	6	6.000002353	5.53642E-12			
7	5	6.75	6.750004166	1.7357E-11			
8	6	7.5	7.500005979	3.57532E-11			
9	7	8.25	8.250007793	6.07248E-11			
10	8	9	9.000009606	9.2272E-11			
11	9	9.75	9.750011419	1.30395E-10			
12	10	10.5	10.50001323	1.75093E-10			
13	11	11.25	11.25001505	2.26367E-10			
14	12	12	12.00001686	2.84216E-10			
15			总平方差	1.06316E-09			

通过检查数据集，你应该理解以下内容：

1）单元格 H3 和 H4 与 D 列的关系（权重估算）。

2）E 列的公式。

3）单元格 E15，每个数据点的平方差总和。

4）若要获取 a 和 b 的最佳值（在单元格 H3 和 H4 中），请在 Excel 中转到规划求解（Solver），并添加以下约束：

① 最小化单元格 E15 中的值。

② 通过变换单元格 H3 和 H4。

	A	B	D	E	F	G	H
1	月龄	体重/kg	体重估算	估算平方差			
2	0	3	=$H$3+$H$4*A2	=(B2-D2)^2			
3	1	=B2+0.75	=$H$3+$H$4*A3	=(B3-D3)^2		a	2.99999510008889
4	2	=B3+0.75	=$H$3+$H$4*A4	=(B4-D4)^2		b	0.750001813217706
5	3	=B4+0.75	=$H$3+$H$4*A5	=(B5-D5)^2			
6	4	=B5+0.75	=$H$3+$H$4*A6	=(B6-D6)^2			
7	5	=B6+0.75	=$H$3+$H$4*A7	=(B7-D7)^2			
8	6	=B7+0.75	=$H$3+$H$4*A8	=(B8-D8)^2			
9	7	=B8+0.75	=$H$3+$H$4*A9	=(B9-D9)^2			
10	8	=B9+0.75	=$H$3+$H$4*A10	=(B10-D10)^2			
11	9	=B10+0.75	=$H$3+$H$4*A11	=(B11-D11)^2			
12	10	=B11+0.75	=$H$3+$H$4*A12	=(B12-D12)^2			
13	11	=B12+0.75	=$H$3+$H$4*A13	=(B13-D13)^2			
14	12	=B13+0.75	=$H$3+$H$4*A14	=(B14-D14)^2			
15			总平方差	=SUM(E2:E14)			

2.6.1 让简单线性回归复杂化一点

在前面的示例中，我们从一个场景开始，得到的值非常合适，即 $a=3$ 和 $b=0.75$。

零错误率的原因是我们首先定义了场景，然后定义了方法，即婴儿出生时体重为 3kg，每个月体重增加 0.75kg。然而，实际情况却不同，“每个婴儿都是不同的”。

让我们通过一个数据集来构想一个新的场景（参见 github 中“Baby age to weight relation.xlsx”）。这里，我们有两个不同婴儿的月龄和体重测量值。

月龄与体重的关系曲线如图 2-3 所示。

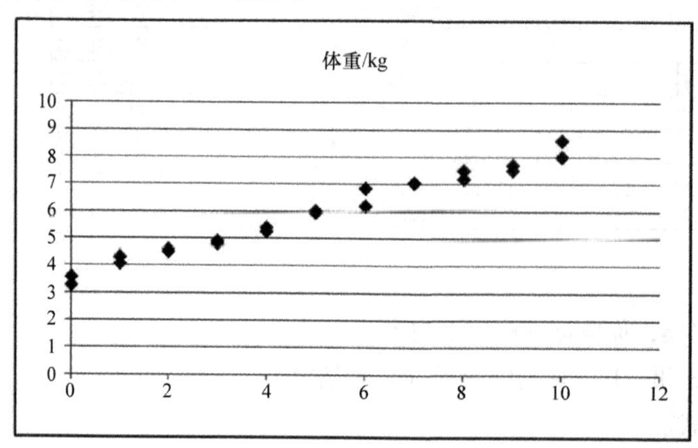

图 2-3 月龄与体重的关系

在这个简单的示例中我们可以看到，体重会随月龄的增长而增加。但其并没有按照起初是 3kg，随后每月增加 0.75kg 这样严格的趋势增长。

为了解决这个问题，我们要做的和前面一样严谨：

1）用任意值对 a 和 b 进行初始化（如每个值等于 1）。

2）为预测创建一个新的列，这个列的值为 $a+b\times x$ – C 列。

3）为平方差创建一个新的列，即 D 列。

4）计算单元格 G7 的总平方差。

5）调用规划求解（Solver），通过更改 a 和 b 值（即单元格 G3 和单元格 G4）来最小化单元格 G7。

	A	B	C	D	E	F	G
1	月龄	体重/kg	估算	平方差			
2	0	3.54	1	6.4516			
3	1	4.29	2	5.2441		a	1
4	2	4.59	3	2.5281		b	1
5	3	4.79	4	0.6241			
6	4	5.24	5	0.0576			
7	5	6	6	0		总平方差	61.788
8	6	6.19	7	0.6561			
9	7	7.04	8	0.9216			
10	8	7.19	9	3.2761			
11	9	7.5	10	6.25			
12	10	8.59	11	5.8081			
13	0	3.24	1	5.0176			
14	1	4.04	2	4.1616			
15	2	4.49	3	2.2201			
16	3	4.89	4	0.7921			
17	4	5.39	5	0.1521			
18	5	5.94	6	0.0036			
19	6	6.84	7	0.0256			
20	7	7.04	8	0.9216			
21	8	7.49	9	2.2801			
22	9	7.69	10	5.3361			
23	10	7.99	11	9.0601			

在上述场景中单元格的关系如下：

	A	B	C	D
1	月龄	体重/kg	估算	平方差
2	0	3.54	=$G$3+$G$4*A2	=(B2-C2)^2
3	1	4.29	=$G$3+$G$4*A3	=(B3-C3)^2
4	2	4.59	=$G$3+$G$4*A4	=(B4-C4)^2
5	3	4.79	=$G$3+$G$4*A5	=(B5-C5)^2
6	4	5.24	=$G$3+$G$4*A6	=(B6-C6)^2
7	5	6	=$G$3+$G$4*A7	=(B7-C7)^2

使总平方差最小的单元格 G3 和 G4 的值就是 a 和 b 的最优值。

2.6.2 达到最优系数值

系数的最优值是通过使用一种被称为梯度下降的技术得到的。在第 7 章将详细讲解梯度下降是如何工作的，但现在，让我们通过以下步骤开始了解梯度下降：

1）随机初始化系数（a 和 b）的值。

2）计算成本函数，即训练数据集中所有数据点的平方差总和。

3）细微改变系数的值，比如说，其值的 +1%。

4）通过细微改变系数的值，检查总平方差是减小还是增大。

5）如果将系数值增加1%能使总平方差减小，则继续，否则将系数减小1%。

6）重复步骤2）~4），直到使总平方差最小。

2.6.3 方均根误差介绍

到目前为止，我们已经看到，总平方差是每个数据点的预测值和实际值之间差值的平方总和。应当注意，一般来说，随着数据点数量的增加，总平方差也随之增加。

为了能规范化数据中的观测值，即具有意义的误差度量，我们将考虑误差平均值的平方根（因为我们在计算误差时已经把差值进行平方了）。方均根误差（RMSE）计算如下（在单元格G9中）：

	A	B	C	D	E	F	G
1	月龄	体重/kg	估算	平方差			
2	0	3.54	=$G$3+$G$4*A2	=(B2-C2)^2			
3	1	4.29	=$G$3+$G$4*A3	=(B3-C3)^2		a	1
4	2	4.59	=$G$3+$G$4*A4	=(B4-C4)^2		b	1
5	3	4.79	=$G$3+$G$4*A5	=(B5-C5)^2			
6	4	5.24	=$G$3+$G$4*A6	=(B6-C6)^2			
7	5	6	=$G$3+$G$4*A7	=(B7-C7)^2		总平方差	=SUM(D2:D23)
8	6	6.19	=$G$3+$G$4*A8	=(B8-C8)^2			
9	7	7.04	=$G$3+$G$4*A9	=(B9-C9)^2		RMSE	=SQRT(AVERAGE(D2:D23))
10	8	7.19	=$G$3+$G$4*A10	=(B10-C10)^2			
11	9	7.5	=$G$3+$G$4*A11	=(B11-C11)^2			
12	10	8.59	=$G$3+$G$4*A12	=(B12-C12)^2			
13	0	3.24	=$G$3+$G$4*A13	=(B13-C13)^2			
14	1	4.04	=$G$3+$G$4*A14	=(B14-C14)^2			
15	2	4.49	=$G$3+$G$4*A15	=(B15-C15)^2			
16	3	4.89	=$G$3+$G$4*A16	=(B16-C16)^2			
17	4	5.39	=$G$3+$G$4*A17	=(B17-C17)^2			
18	5	5.94	=$G$3+$G$4*A18	=(B18-C18)^2			
19	6	6.84	=$G$3+$G$4*A19	=(B19-C19)^2			
20	7	7.04	=$G$3+$G$4*A20	=(B20-C20)^2			
21	8	7.49	=$G$3+$G$4*A21	=(B21-C21)^2			
22	9	7.69	=$G$3+$G$4*A22	=(B22-C22)^2			
23	10	7.99	=$G$3+$G$4*A23	=(B23-C23)^2			

请注意，在前面的数据集中，我们必须求解 a 和 b（单元格G3和G4）的最优值，以便能最小化总平方差。

2.7 在R中运行简单线性回归

为了理解前面所介绍的内容的实现细节，我们将在R中运行线性回归（可在github中找到“simple linear regression. R”）。

```
# 导入文件
data=read.csv("D:/Pro ML book/linear_reg_example.csv")
# 建立模型
lm=glm(Weight~Age,data=data)
# 汇总模型
summary(lm)
```

函数 lm 代表线性模型，一般语法如下：lm（y ~ x，data = data），其中 y 是因变量，x 是自变量，data 是数据集。

summary（lm）给出模型的摘要以及重要的变量和一些自动化测试。让我们一次解析一个：

```
> summary(lm)

Call:
lm(formula = Weight ~ Age, data = data)

Residuals:
     Min       1Q   Median       3Q      Max
-0.30800 -0.16305  0.00482  0.14382  0.45618

Coefficients:
            Estimate Std. Error t value Pr(>|t|)
(Intercept)  3.53545    0.08488   41.65   <2e-16 ***
Age          0.47473    0.01435   33.09   <2e-16 ***
---
Signif. codes:  0 '***' 0.001 '**' 0.01 '*' 0.05 '.' 0.1 ' ' 1

Residual standard error: 0.2128 on 20 degrees of freedom
Multiple R-squared:  0.9821,    Adjusted R-squared:  0.9812
F-statistic:  1095 on 1 and 20 DF,  p-value: < 2.2e-16
```

2.7.1 残差

残差其实就是误差值（实际值和预测值的差值）。summary 函数自动给出残差的分布。例如，考虑我们训练的数据集上的模型的残差。

使用该模型的残差分布计算如下：

```
# 提取预测值
data$prediction=predict(lm,data)
# 提取残差
data$residual = data$Weight - data$prediction
# 汇总残差
summary(data$residual)
```

在前面的代码片段中，predict 函数将要实现的模型和要处理的数据集作为输入，并将生成的预测作为输出。

注意：summary 函数的输出是残差列中的各种四分位数值。

2.7.2 系数

输出的系数部分给出了得到的截距和偏差的 summary 版本。（截距）是偏差项（a），年龄是自变量：

1）估算值是 a 和 b 各自的值。

2）如果我们从总人口中随机抽取样本，标准误差会让我们感觉到 a 和 b 值的变化。标准误差和截距的比越低，模型就会越稳定。

让我们看看一种能可视化并能计算标准误差值的方法。以下步骤可以提取标准误差值：

1）随机采样总数据集的50%。

2）在采样数据上拟合 lm 模型。

3）为拟合在采样数据上的模型提取自变量的系数。

4）重复整个过程超过 100 次迭代。

上述内容，通过代码转换为如下形式：

```
# 初始化存储各种系数值的对象
samp_coef=c()
# 重复实验100次
for(i in 1:100){
  # 采样总数据的50%
  samp=sample(nrow(data),0.5*nrow(data))
  data2=data[samp,]
  # 在样本数据上拟合模型
  lm=lm(Weight~Age,data=data2)
  # 提取自变量的系数并存储
  samp_coef=c(samp_coef,lm$coefficients['Age'])
}
sd(samp_coef)
```

请注意，标准误差越低，样本数据的系数值就越接近原始数据。这表明无论选择什么样的样本，系数值都是稳定的。

t 值等于系数除以标准误差。t 值越高，模型稳定性越好。

考虑以下示例：

```
Coefficients:
            Estimate Std. Error t value Pr(>|t|)
(Intercept)  3.53545    0.08488   41.65   <2e-16 ***
Age          0.47473    0.01435   33.09   <2e-16 ***
```

与可变年龄相对应的 t 值等于 0.47473/0.01435。（Pr > |t|）给出了对应于 t 值的 p 值。p 值越小，模型越好。让我们看看通过 t 值获取 p 值的方法。可在以下链接中查找 t 值到 p 值：http：//www.socscistatistics.com/pvalues/tdistribution.aspx。

在我们的示例中，对于年龄变量，t 值是 33.09。

$$自由度 = 数据集中的行数 - (模型自变量数量 + 1) = 22 - (1 + 1) = 20$$

注意，前面公式中的 +1 来自包含截距项。

我们将检查双尾假设，并将 t 值和自由度输入到查找表中，输出将会是相应的 p 值。

根据经验，如果变量的 p 值 <0.05，则可以将其作为预测因变量的重要变量。让我们看看其中的原因是什么。

如果 p 值高，那是因为相应的 t 值低，这是因为与估算值相比，标准误差高，这意味着最终从总体中随机采样的样本没有相似的系数。

实际中，在决定是否在模型中包含自变量时，我们通常将 p 值视为指导指标之一。

2.7.3 残差（残余偏差）的 SSE[㊀]

残差的平方差总和（SSE）计算如下：

```
# 残差的SSE
data$prediction = predict(lm,data)
sum((data$prediction-data$Weight)^2)
```

残余偏差表示的是在构建模型后可以预测的偏差量。理想情况下，残余偏差应与零偏差进行比较，也就是分析由于建立模型导致偏差减少了多少。

2.7.4 零偏差

零偏差是在构建模型时不使用任何自变量时的期望偏差。

在没有自变量时，对预测的最优猜测就是因变量本身的平均值。例如，如果我们说平均每天有1000美元的销售额，那么某人对未来的销售额的值（如果没有提供其他信息）的最优猜测就是1000美元。

因此，零偏差可计算如下：

```
#零偏差
data$prediction = mean(data$Weight)
sum((data$prediction-data$Weight)^2)
```

注意，在计算零偏差时，预测只是因变量的平均值。

2.7.5 *R* 平方

R 平方是预测值和实际值之间相关性的度量。其计算方法如下：

1）找出实际因变量和预测因变量之间的相关性。

2）对在步骤1）中获得的相关性进行平方，即 *R* 平方值。

R 平方也可按下式计算：

$$1-(\text{残余偏差}/\text{零偏差})$$

零偏差——我们在预测因变量时不使用任何自变量（而是偏差/常数）时的偏差，其计算方法如下：

$$\text{零偏差} = \sum (Y-\hat{Y})^2$$

㊀ SSE 是 Sum of Squared Error 的缩写，即平方差总和。

式中，Y 是因变量；$\hat{Y}$是因变量的平均值。

当我们使用自变量来预测因变量时，残余偏差就是实际偏差。计算方法如下：

$$\text{残余偏差} = \sum(Y - \bar{y})^2$$

式中，Y 是实际因变量；$\bar{y}$是因变量的预测值。

基本上，当残余偏差比零偏差低得多时，R 平方很高。

2.7.6 *F* 统计量

F 统计量为我们提供了一种与 R 平方相似的度量。F 统计量的计算方法如下：

$$F = \left(\frac{\frac{\text{SSE}(N) - \text{SSE}(R)}{\text{d}f_N - \text{d}f_R}}{\frac{\text{SSE}(R)}{\text{d}f_R}} \right)$$

式中，SSE（N）是零偏差；SSE（R）是残余偏差；$\text{d}f_N$是零偏差自由度；$\text{d}f_R$是残余偏差自由度。F 统计量越高，模型越好。从零偏差到残余偏差的偏差减小得越多，在模型中使用自变量的可预测性就越高。

2.8 在 Python 中运行简单线性回归

可以使用以下代码在 Python 中运行线性回归（参见 github 中“Linear regression Python code. ipynb”）

```
# 导入相关的包
# pandas包用于导入数据
# statsmodels用于调用在lm中有帮助的函数
import pandas as pd
import statsmodels.formula.api as smf

# 导入数据集
data = pd.read_csv('D:/Pro ML book/Linear regression/linear_reg_example.csv')

# 运行最小二乘回归
est = smf.ols(formula='Weight~Age',data=data)
est2=est.fit()
print(est2.summary())
```

前面代码的输出如下：

```
                            OLS Regression Results
==============================================================================
Dep. Variable:                 Weight   R-squared:                       0.982
Model:                            OLS   Adj. R-squared:                  0.981
Method:                 Least Squares   F-statistic:                     1095.
Date:                Wed, 30 May 2018   Prob (F-statistic):           6.13e-19
Time:                        20:56:31   Log-Likelihood:                 3.8748
No. Observations:                  22   AIC:                            -3.750
Df Residuals:                      20   BIC:                            -1.567
Df Model:                           1
Covariance Type:            nonrobust
==============================================================================
                 coef    std err          t      P>|t|      [0.025      0.975]
------------------------------------------------------------------------------
Intercept      3.5355      0.085     41.654      0.000       3.358       3.713
Age            0.4747      0.014     33.089      0.000       0.445       0.505
```

请注意，R 和 Python 的系数部分的输出非常相似。但是，这个软件包为我们提供了更多的度量标准，可以用于研究默认情况下的预测级别。我们将在后面内容中更详细地研究这些内容。

2.9 简单线性回归的常见缺陷

到目前为止，这些简单的例子是用来说明线性回归的基本原理的。下面让我们来考虑一下会导致其失败的场景：

1）当因变量和自变量始终不是线性相关时：随着婴儿月龄的增加，体重也会增加，但在某一阶段体重增加趋于平稳，此后两个值不再呈线性依赖关系。另一个例子是一个人的年龄和身高之间的关系。

2）当自变量中的值存在异常值时：假设婴儿的年龄值内有一个极值（人工输入错误）。因为我们的目标是在得到简单线性回归的 a 和 b 值的同时使总体误差最小，所以自变量中的极值会对参数产生相当大的影响。你可以通过更改任何年龄值并计算使总体误差最小的 a 和 b 值来查看这项工作。在这种情况下，你可能会注意到，尽管对于给定的 a 和 b 值的总体误差很小，但它会导致大多数其他数据点的高误差。

为了避免前面提到的第一个问题，分析人员通常会看到两个变量之间的关系，并确定我们可以应用线性回归的截止点（分段）。例如，在根据年龄预测身高时，有不同的时期：0 ~ 1 岁、2 ~ 4 岁、5 ~ 10 岁、10 ~ 15 岁、15 ~ 20 岁和 20 岁以上。每个阶段的年龄与身高的关系都会有不同的斜率。例如，与 2 ~ 4 岁阶段相比，0 ~ 1 岁阶段的身高增长率陡峭。

为了解决上述第二个问题，分析人员通常会执行以下任务之一：

1）将异常值规范化为第 99 个百分位值：规范化为第 99 个百分位值可确保异常高的值不会影响结果。例如，在前面的示例场景中，如果将月龄错误地录入为 1200 而不是 12，则会将其规范化为 12（这是“月龄”列中的最高值）。

2）规范化但要创建一个标志，指出特定变量已被规范化：有时在极值内会有很有用的信息。例如，在预测信用额度时，让我们考虑这样一个场景，9 个人的收入为 500000 美元，第 10 个人的收入为 5000000 美元，他们申请了一张卡，每个人被给予 5000000 美元的信用额度。让我们假设给予某人的信用额度是其收入的至少 10 倍或 5000000 美元。在此基础上进行线性回归将导致斜率接近 10，但它是一个小于 10 的数字，因为即使一个人的收入为 5000000 美元，其信用额度也为 5000000 美元。在这种情况下，如果我们有一个标志表明收入 5000000 美元的人是一个异常值，则斜率将接近 10。

异常值标记是多元回归的一种特殊情况，其中在我们的数据集中可以有多个自变量。

2.10 多元线性回归

多元回归，顾名思义就是涉及多个变量。

到目前为止，在简单的线性回归中，我们已经观察到的因变量是基于单个自变量预测的。在实际中，通常是多个变量影响因变量，这意味着多元比简单线性回归更常见。

前面提到的冰淇淋销量问题可以转化为一个多元问题，如下所示：

冰淇淋的销量（因变量）取决于以下因素：

1）气温。

2）是否是周末。

3）冰淇淋的价格。

可以通过以下方式将这个问题转换成数学模型，即

$$Y = a + w_1 \times X_1 + w_2 \times X_2$$

式中，w_1是与第一自变量关联的权重（系数）；w_2是与第二自变量关联的权重（系数）；a 是偏差项。

其中 a、w_1和 w_2值的求解方法与我们在简单线性回归（Excel 中的 Solver）中对 a 和 b 值的求解方法类似。

多元线性回归总结的结果和解释与我们在前面内容中看到的简单线性回归相同。

上述场景的示例解释如下：

冰淇淋的销量 = 2 + 0.1 × 气温 + 0.2 × 周末标记值 - 0.5 × 冰淇淋的价格

上式解释如下：如果气温每升高 5℃，而其他参数保持不变（也就是说，在某一天，价格保持不变），冰淇淋的销量就会增加 0.5 个单位。

2.10.1 多元线性回归的工作细节

想要了解如何计算多元线性回归，请参阅下面的示例（参见 github 中“linear_multi_reg_example.xlsx”）：

	A	B	C
1	月龄	体重	New
2	0	3.54	-0.58
3	1	4.29	0.84
4	2	4.59	-0.79
5	3	4.79	-0.92
6	4	5.24	-0.92
7	5	6	-0.87
8	6	6.19	0.04
9	7	7.04	0.76
10	8	7.19	-0.67
11	9	7.5	0.79
12	10	8.59	-0.3
13	0	3.24	-0.88
14	1	4.04	-0.67
15	2	4.49	0.18
16	3	4.89	0.01
17	4	5.39	-0.54
18	5	5.94	0.61
19	6	6.84	-0.18
20	7	7.04	0.11
21	8	7.49	0.57
22	9	7.69	-0.38
23	10	7.99	-0.73

对于前面的数据集，其中体重（Weight）是因变量，月龄（Age）和 New 是自变量，我们将如下所示初始化估算（estimate）和随机系数：

	A	B	C	D	E	F	G	H
1	月龄	体重	New	估算	平方差			
2	0	3.54	-0.58	=$H$3+$H$4*A2+$H$5*C2	=(B2-D2)^2			
3	1	4.29	0.84	=$H$3+$H$4*A3+$H$5*C3	=(B3-D3)^2		a	1
4	2	4.59	-0.79	=$H$3+$H$4*A4+$H$5*C4	=(B4-D4)^2		b	1
5	3	4.79	-0.92	=$H$3+$H$4*A5+$H$5*C5	=(B5-D5)^2		c	1
6	4	5.24	-0.92	=$H$3+$H$4*A6+$H$5*C6	=(B6-D6)^2			
7	5	6	-0.87	=$H$3+$H$4*A7+$H$5*C7	=(B7-D7)^2		总平方差	=SUM(E2:E23)
8	6	6.19	0.04	=$H$3+$H$4*A8+$H$5*C8	=(B8-D8)^2			

在这种情况下，我们将迭代 a、b 和 c 的多个值，即单元格 H3、H4 和 H5 的值，使总平方差的值最小。

2.10.2 R 中的多元线性回归

多元线性回归可以在 R 中执行，如下（参见 github 中“Multivariate linear regression. R”）：

```
# 导入文件
data=read.csv("D:/Pro ML book/Linear regression/linear_multi_reg_example.csv")
# 建立模型
lm=glm(Weight~Age+New,data=data)
# 汇总模型
summary(lm)
```

```
Call:
glm(formula = Weight ~ Age + New, data = data)

Deviance Residuals:
     Min        1Q    Median        3Q       Max
-0.40301  -0.10267  -0.03258   0.12481   0.45824

Coefficients:
            Estimate Std. Error t value Pr(>|t|)
(Intercept)  3.58419    0.08806  40.700   <2e-16 ***
Age          0.46973    0.01426  32.937   <2e-16 ***
New          0.11553    0.07528   1.535    0.141
```

请注意，我们通过在独立变量之间使用“ + ”符号指定了多个变量进行回归。

我们可以在输出中注意到一个有趣的方面，那就是，New 变量的 p 值大于 0.05，因此它是不重要的变量。

通常，当 p 值很高时，我们会测试变量转换或限制变量是否会导致获得较低的 p 值。如果上述技术都不起作用，我们最好排除这些变量。

我们在这里看到的其他计算方法的细节与前面内容中简单线性回归的计算方法是类似的。

2.10.3 Python 中的多元线性回归

与 R 类似，Python 在公式部分中也会略微添加一些东西，以适应简单线性回归到多元线性回归的变化：

```
# 导入相关的包
# pandas包用于导入数据
# statsmodels用于调用有助于lm函数的功能
import pandas as pd
import statsmodels.formula.api as smf
# 导入数据
data = pd.read_csv('D:/Pro ML book/Linear regression/linear_multi_reg_
example.csv')
# 运行最小二乘回归
est = smf.ols(formula='Weight~Age+New',data=data)
est2=est.fit()
print(est2.summary())
```

2.10.4 模型中的非重要变量问题

当 p 值较高时，变量为非重要变量。当标准误差与系数值相比较高时，p 值通常较高。当标准误差较高时，表明在为多个样本生成的多个系数中存在着较大的变化。当我们有一个新的数据集，也就是一个测试数据集（在构建模型时模型看不到这个数据集）时，系数不一定是新数据集的泛化。

当模型中包括非重要变量时，这将导致测试数据集的 RMSE 较高，而当模型中不包括非重要变量时，RMSE 通常会较低。

2.10.5 多重共线性问题

在建立多元模型时有一个主要问题要注意，那就是自变量何时可能相互关联。这种现象称为多重共线性。例如，在冰淇淋的示例中，如果冰淇淋的价格在周末上涨 20%，那么两个自变量（价格和周末标记值）是相互关联的。在这种情况下，解释结果时需要小心，其他变量保持不变的假设不再成立。

例如，我们不能假设在周末唯一改变的变量是周末标记值；我们还必须考虑到价格在周末也会变化。问题在于，在给定气温下，如果某一天恰好是一个周末，则销量将会像其他周末一样增加 0.2 个单位，但随着周末价格上涨 20%，销量会减少 0.1 个单位。因此，周末销量的净效应为 +0.1 个单位。

2.10.6 多重共线性的数学直觉

要了解在自变量之间存在相互关联的变量所涉及的问题，请参阅以下示例（参见 github 中“issues with correlated independent variables. R”）：

```
# 导入数据集
data=read.csv("D:/Pro ML book/linear_reg_example.csv")
# 创建相关变量
data$correlated_age = data$Age*0.5 + rnorm(nrow(data))*0.1
cor(data$Age,data$correlated_age)
# 建立线性回归
lm=glm(Weight~Age+correlated_age,data=data)
summary(lm)
```

```
Coefficients:
                Estimate Std. Error t value Pr(>|t|)
(Intercept)      3.53790    0.09005  39.287   <2e-16 ***
Age              0.44522    0.27881   1.597    0.127
correlated_age   0.05836    0.55073   0.106    0.917
```

请注意，尽管在前面的示例中，年龄（或月龄）是预测体重的一个重要变量，但当数据集中存在相关变量时，年龄就变成了一个不重要的变量，因为它的 p 值很高。

数据样本的年龄（Age）和相关年龄（related_age）系数差异较大的原因是，尽管年龄

（Age）和相关年龄（related_age）变量是相关的，但当年龄和相关年龄的组合被视为一个变量时，常常是不相关的，例如两个变量的平均值。因此它们的系数差异较小。

假设我们使用两个变量，根据样本的不同，年龄可能具有高系数，而相关年龄可能具有低系数，对于其他一些样本，反之亦然，这导致所选样本的两个变量的系数都存在较大差异。

2.10.7 有关多元线性回归的其他注意事项

1）不建议让回归具有较高的系数：尽管在某些情况下回归可能具有高系数，但通常，系数较高的值会导致预测值的巨大波动，即使自变量只变化 1 个单位。例如，如果销售额是价格的函数（其中销售额 = 1000000 - 100000 × 价格），那么价格的单位变化可以大幅降低销售额。在这种情况下，为避免此问题，建议通过将其变为销售额的对数，即 log（销售额），或对销售额变量进行归一化，或通过 L_1 和 L_2 正则化对具有高权重的模型进行惩罚（更多关于 L_1/L_2 正则化的内容，请参阅第 7 章）。这样，式中的 a 和 b 值应保持很小。

2）回归应建立在大量观察的基础上：一般来说，数据点数量越多，模型越可靠。此外，自变量的数量越多，要考虑的数据点就越多。如果我们只有两个数据点和两个自变量，那么我们总能得出一个对两个数据点来说是完美的方程。但是仅仅建立在两个数据点上的方程的推广是值得怀疑的。在实践中，建议数据点的数量至少是自变量的数量的 100 倍。

行数少或列数多，或者两者兼而有之的情况，会给我们带来了一个问题，那就是要调整 R 平方。正如前面详细讨论的，方程中的自变量越多，拟合出接近它的因变量的概率就越高，即使自变量不重要，R 平方也越高。因此，对于在一组固定的数据点上有大量的自变量，应该有一种惩罚的方法。因此调整 R 平方需考虑用于方程的自变量的数量，并要考虑对于有过多自变量的惩罚。调整后的 R 平方的计算如下：

$$R_{\text{adj}}^2 = 1 - \left[\frac{(1 - R^2)(n - 1)}{n - k - 1}\right]$$

式中，n 是数据集中数据点的数量；k 是数据集中自变量的数量。

R 平方最小的模型通常是更好的模型。

2.11 线性回归的假设

线性回归的假设如下：

1）自变量必须与因变量线性相关：如果线性度（斜率）随分段而变化，则每个分段建立一个线性模型。

2）自变量中的值不应存在任何异常值：如果存在异常值，则应该对其进行限制，或者需要创建一个新变量来标记异常值的数据点。

3）误差值应彼此独立：在典型的普通最小二乘法中，误差值分布在拟合线的两侧（即某些预测会高于实际值，而某些预测会低于实际值），如图 2-4 所示。一个线性回归中所有误差不能都在同一侧，或者遵循一种模式，即具有低值的自变量有一个符号的误差，而具有高值的自变量有相反符号的误差。

4）同方差性：误差不能随着自变量值的增加而增大。在线性回归中，误差分布应该更像圆柱体而不是圆锥体（见图2-5）。在实际情况下，我们可以认为预测值在 x 轴上，而实际值在 y 轴上。

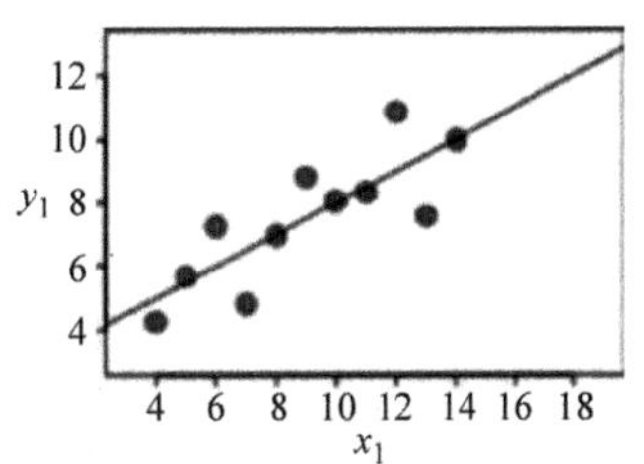

图2-4 线条两侧的误差

5）误差应该是呈正态分布的：应该只有几个数据点具有高误差。大多数数据点应具有低误差，少数数据点应具有正误差和负误差，也就是说，误差应呈正态分布（在过度预测的左侧和不足预测的右侧），如图2-6所示。

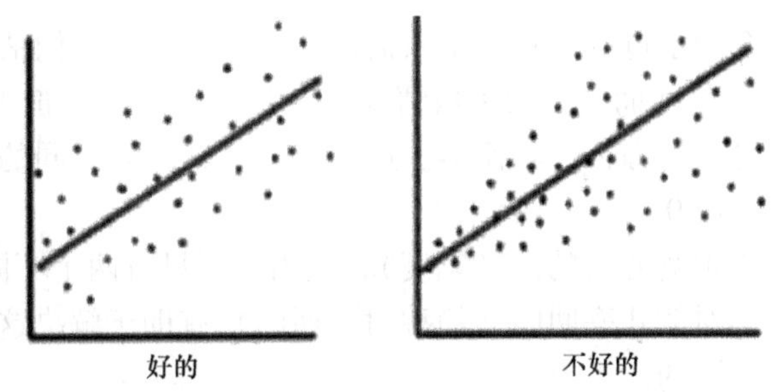

图2-5 误差分布的比较

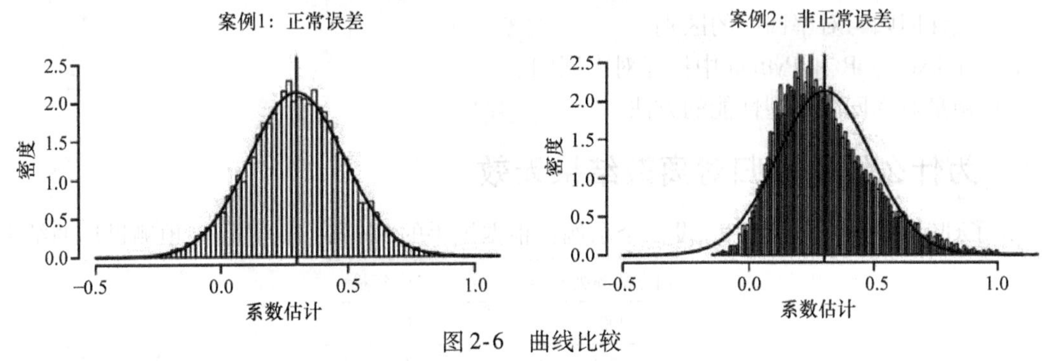

图2-6 曲线比较

注意：在图2-6中，如果我们稍微调整了右侧图中的偏差（截距），那么现在更多的观测将围绕零误差。

2.12 总结

在本章中，我们学习了以下内容：

1）平方差总和（SSE）是优化方法，基于该优化可计算线性回归中的系数。

2）当多个自变量相互关联时，多重共线性是一个重要问题。

3）作为变量的p值，在预测因变量时是一个重要的指标。

4）为了使线性回归有效，应满足五个假设，即因变量和自变量之间为线性关系、无异常值、误差值独立性、同方差性和误差呈正态分布。

第 3 章 对数几率回归

在第 2 章中，我们介绍了可基于自变量来估计变量的方法。我们估计的因变量是连续的（冰淇淋销量、婴儿体重）。然而，在大多数情况下，我们需要对离散变量进行预测。例如，客户是否会流失，或者是否会赢得一场比赛。这些事件没有太多不同的值。无论事件是否发生，它们的结果都只有 1 或 0。

虽然线性回归有助于预测变量的值（幅度），但当预测只有两个不同类别（1 或 0）的变量时，它就有了局限性。对数几率回归（简称对率回归）有助于解决这样的问题，其中有一个因变量的取值数量是有限的。

在本章中，我们将学习以下内容：

1）线性回归与对率回归的区别。

2）在 Excel、R 和 Python 中构建对率回归。

3）衡量对率回归模型性能的方法。

3.1 为什么线性回归对离散结果无效

为了理解这一点，让我们假设一个示例：根据棋手的 Elo 等级的差别来预测棋局的结果。

黑白方的等级差别	白方是否赢
200	0
-200	1
300	0

在前面的简单示例中，如果应用线性回归，将得到下式：

$$白方赢 = 0.55 - 0.00214 \times (黑白方的等级差别)$$

让我们使用该式来推断上表，得：

黑白方的等级差别	白方是否赢	线性回归预测
200	0	0.11
-200	1	0.97
300	0	-0.1

如上所示，300 的等级差别导致预测值小于 0。同样，对于 -300 的等级差别，线性回归的预测将大于 1。然而，在这种情况下，大于 0 或大于 1 的值没有意义，因为是否获胜是一

个离散值（0或1）。

因此，预测值应该是在0～1范围内，大于1的预测值应该被限制在1，小于0的预测值应该被限制在0。

将其转换为拟合线，如图3-1所示。

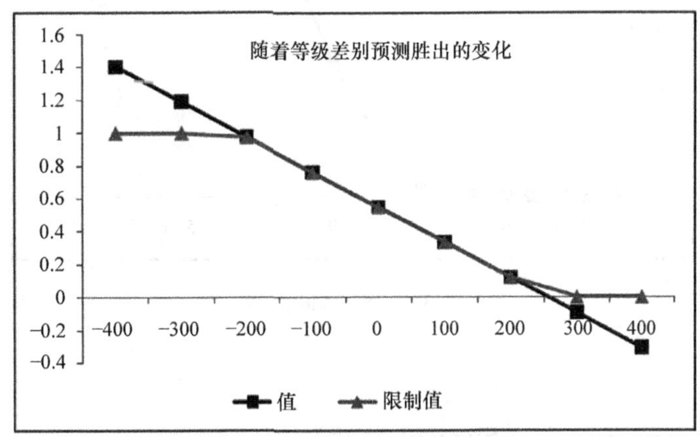

图3-1　拟合线

图3.1显示了线性回归在预测离散（本例中为二进制）变量时的主要限制，如下所示：

1）线性回归假设变量是线性相关的：随着棋手实力差别的增加，获胜的机会呈指数变化。

2）线性回归不会给失败带来机会：实际上，即使等级相差500点，等级低的棋手也有可能获胜的外部机会（例如1%的机会）。但是，如果使用线性回归设置上限，那么其他棋手就没有机会获胜。通常，线性回归不能告诉我们事件在一定范围内发生的概率。

3）线性回归假设概率随着自变量的增加而成比例增加：无论等级差别是+400还是+500（因为差别很大），获胜的概率都很高。同样地，等级差别无论是−400还是−500，获胜的概率都很低。

3.2　一个更普遍的解决方案：Sigmoid曲线

如前所述，线性回归的主要问题是它假设所有关系都是线性的，尽管实际上很少有线性关系。

为了解决线性回归的局限性，我们将研究一条称为Sigmoid曲线的曲线。曲线如图3-2所示。

Sigmoid曲线的特征如下：

- 它的值在0～1之间变化。
- 它在某个阈值之后达到平稳状态（在图3-2中的值为3之后或−3之前）。

Sigmoid曲线将帮助我们解决线性回归所面临的问题，即无论黑白棋手之间的等级差别为+400还是+500，获胜的概率都很高；而无论差别为−400还是−500，获胜的概率都

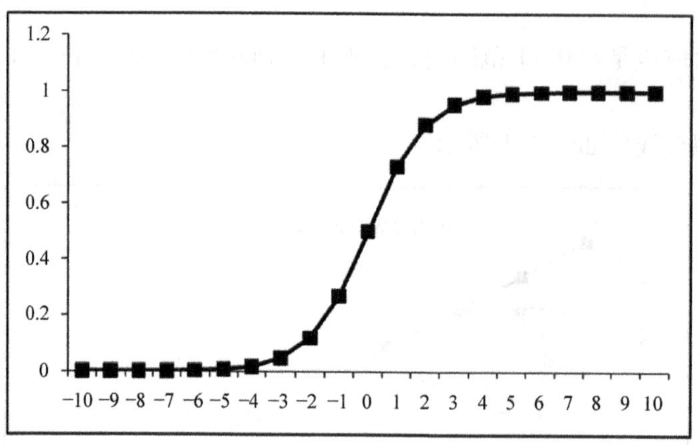

图 3-2　Sigmoid 曲线

很低。

3.2.1　形式化 Sigmoid 曲线（Sigmoid 激活）

我们已经看到，与线性回归相比，Sigmoid 曲线更能解释离散现象。

Sigmoid 曲线可用下式表示：

$$S(t) = \frac{1}{1 + e^{-t}}$$

在这个公式中，t 的值越高，e^{-t}的值越低，因此 $S(t)$越接近于 1。t 的值越低（比如说 −100），e^{-t}的值就越高，$(1 + e^{-t})$ 的值也会越高，因此 $S(t)$就非常接近于 0。

3.2.2　从 Sigmoid 曲线到对率回归

线性回归假设因变量和自变量之间存在线性关系。它可以表示为 $Y = a + b \times X$。通过应用 Sigmoid 曲线，对率回归摆脱了所有关系都是线性的约束。

对率回归的数学模型如下：

$$Y = \frac{1}{(1 + e^{-(a+b\times X)})}$$

可以看到，对率回归使用自变量的方式与线性回归相同，但通过 Sigmoid 激活将其传递，以便输出在 0 ~ 1 之间。

在存在多个自变量的情况下，该公式转化为通过 Sigmoid 激活的多元线性回归。

3.2.3　对率回归的解释

线性回归可以用一种简单的方式来解释：随着自变量的值增加 1 个单位，输出（因变量）将增加 b 个单位。

为了解对率回归中的输出是如何变化的，让我们看一个示例。假设我们已建立的对率回归曲线如下所示。我们将在接下来的部分中介绍如何构建对率回归。

$$Y = \frac{1}{(1 + e^{-(2+3\times X)})}$$

- 如果 $X=0$，则有 $Y=1/(1+e^{-2})=0.88$。
- 如果 X 增加1个单位（即 $X=1$），则有 $Y=1/(1+e^{(-(2+3\times1))})=1/(1+e^{-5})=0.99$。

如上所示，当 X 从0变为1时，Y 的值从0.88变为0.99。同样，如果 X 为 -1，Y 应该为0.27。如果 X 为0，Y 应该为0.88。当 X 从 -1 变为0时，Y 从0.27变为0.88，但当 X 从0变为1时，Y 变化不大。

因此，X 的1个单位的变化对 Y 的影响取决于公式。$X=0$ 时的 Y 的值0.88可解释为概率。换句话说，平均而言，在88%的情况下，当 $X=0$ 时，Y 的值为1。

3.2.4 对率回归的工作细节

为了了解对率回归是如何工作的，我们将进行与前面学习线性回归时相同的练习：我们将在Excel中建立一个对率回归公式。在本练习中，我们将使用“鸢尾花”数据集。目前的挑战是如何根据几个变量［花萼长度（Slength）、花萼宽度（Swidth）、花瓣长度（Plength）和花瓣宽度（Pwidth）］来预测该样本是鸢尾花其中一个种类Setosa。

下面的数据集包含我们将要执行的练习的自变量和因变量的值（参见github中“iris sample estimation. xlsx”）。

	A	B	C	D	E
1	Slength	Swidth	Plength	Pwidth	Setosa
2	5.1	3.5	1.4	0.2	1
3	4.9	3	1.4	0.2	1
4	4.7	3.2	1.3	0.2	1
5	4.6	3.1	1.5	0.2	1
6	5	3.6	1.4	0.2	1
7	5.4	3.9	1.7	0.4	1
8	4.6	3.4	1.4	0.3	1
9	5	3.4	1.5	0.2	1
10	4.4	2.9	1.4	0.2	1
11	7	3.2	4.7	1.4	0
12	6.4	3.2	4.5	1.5	0
13	6.9	3.1	4.9	1.5	0
14	5.5	2.3	4	1.3	0
15	6.5	2.8	4.6	1.5	0
16	5.7	2.8	4.5	1.3	0
17	6.3	3.3	4.7	1.6	0
18	4.9	2.4	3.3	1	0
19	6.6	2.9	4.6	1.3	0

1）将自变量的权重初始化为随机值（假设每个值为1）。

2）一旦权重和偏差被初始化，我们将通过对自变量的多元线性回归应用Sigmoid激活（Sigmoid activation）来估算输出值（种类为Setosa的概率）。

下面包含有关Sigmoid曲线的（$a+b\times X$）部分以及Sigmoid激活值的信息。

	A	B	C	D	E	F	G	H	I	J
1	Slength	Swidth	Plength	Pwidth	Setosa	a+b*x part of estimation	sigmoid activation			
2	5.1	3.5	1.4	0.2	1	11.2	0.999986326			
3	4.9	3	1.4	0.2	1	10.5	0.999972464			
4	4.7	3.2	1.3	0.2	1	10.4	0.999969568		a	1
5	4.6	3.1	1.5	0.2	1	10.4	0.999969568		b	1
6	5	3.6	1.4	0.2	1	11.2	0.999986326		c	1
7	5.4	3.9	1.7	0.4	1	12.4	0.999995881		d	1
8	4.6	3.4	1.4	0.3	1	10.7	0.999977456		e	1
9	5	3.4	1.5	0.2	1	11.1	0.999984888			
10	4.4	2.9	1.4	0.2	1	9.9	0.999949828			
11	7	3.2	4.7	1.4	0	17.3	0.999999969			
12	6.4	3.2	4.5	1.5	0	16.6	0.999999938			
13	6.9	3.1	4.9	1.5	0	17.4	0.999999972			
14	5.5	2.3	4	1.3	0	14.1	0.999999248			
15	6.5	2.8	4.6	1.5	0	16.4	0.999999925			
16	5.7	2.8	4.5	1.3	0	15.3	0.999999773			
17	6.3	3.3	4.7	1.6	0	16.9	0.999999954			
18	4.9	2.4	3.3	1	0	12.6	0.999996628			
19	6.6	2.9	4.6	1.3	0	16.4	0.999999925			

下面给出了如何获得上面数值的公式。

	A	B	C	D	E	F	G	H	I	J
1	Slength	Swidth	Plength	Pwidth	Setosa	a+b*x part of estimation	sigmoid activation			
2	5.1	3.5	1.4	0.2	1	=$J$4+$J$5*A2+$J$6*B2+$J$7*C2+$J$8*D2	=IF(F2>500,500,IF(F2<-500,-500,1/(1+EXP(-F2))))			
3	4.9	3	1.4	0.2	1	=$J$4+$J$5*A3+$J$6*B3+$J$7*C3+$J$8*D3	=IF(F3>500,500,IF(F3<-500,-500,1/(1+EXP(-F3))))			
4	4.7	3.2	1.3	0.2	1	=$J$4+$J$5*A4+$J$6*B4+$J$7*C4+$J$8*D4	=IF(F4>500,500,IF(F4<-500,-500,1/(1+EXP(-F4))))		a	1
5	4.6	3.1	1.5	0.2	1	=$J$4+$J$5*A5+$J$6*B5+$J$7*C5+$J$8*D5	=IF(F5>500,500,IF(F5<-500,-500,1/(1+EXP(-F5))))		b	1
6	5	3.6	1.4	0.2	1	=$J$4+$J$5*A6+$J$6*B6+$J$7*C6+$J$8*D6	=IF(F6>500,500,IF(F6<-500,-500,1/(1+EXP(-F6))))		c	1
7	5.4	3.9	1.7	0.4	1	=$J$4+$J$5*A7+$J$6*B7+$J$7*C7+$J$8*D7	=IF(F7>500,500,IF(F7<-500,-500,1/(1+EXP(-F7))))		d	1
8	4.6	3.4	1.4	0.3	1	=$J$4+$J$5*A8+$J$6*B8+$J$7*C8+$J$8*D8	=IF(F8>500,500,IF(F8<-500,-500,1/(1+EXP(-F8))))		e	1
9	5	3.4	1.5	0.2	1	=$J$4+$J$5*A9+$J$6*B9+$J$7*C9+$J$8*D9	=IF(F9>500,500,IF(F9<-500,-500,1/(1+EXP(-F9))))			
10	4.4	2.9	1.4	0.2	1	=$J$4+$J$5*A10+$J$6*B10+$J$7*C10+$J$8*D10	=IF(F10>500,500,IF(F10<-500,-500,1/(1+EXP(-F10))))			
11	7	3.2	4.7	1.4	0	=$J$4+$J$5*A11+$J$6*B11+$J$7*C11+$J$8*D11	=IF(F11>500,500,IF(F11<-500,-500,1/(1+EXP(-F11))))			
12	6.4	3.2	4.5	1.5	0	=$J$4+$J$5*A12+$J$6*B12+$J$7*C12+$J$8*D12	=IF(F12>500,500,IF(F12<-500,-500,1/(1+EXP(-F12))))			
13	6.9	3.1	4.9	1.5	0	=$J$4+$J$5*A13+$J$6*B13+$J$7*C13+$J$8*D13	=IF(F13>500,500,IF(F13<-500,-500,1/(1+EXP(-F13))))			
14	5.5	2.3	4	1.3	0	=$J$4+$J$5*A14+$J$6*B14+$J$7*C14+$J$8*D14	=IF(F14>500,500,IF(F14<-500,-500,1/(1+EXP(-F14))))			
15	6.5	2.8	4.6	1.5	0	=$J$4+$J$5*A15+$J$6*B15+$J$7*C15+$J$8*D15	=IF(F15>500,500,IF(F15<-500,-500,1/(1+EXP(-F15))))			
16	5.7	2.8	4.5	1.3	0	=$J$4+$J$5*A16+$J$6*B16+$J$7*C16+$J$8*D16	=IF(F16>500,500,IF(F16<-500,-500,1/(1+EXP(-F16))))			
17	6.3	3.3	4.7	1.6	0	=$J$4+$J$5*A17+$J$6*B17+$J$7*C17+$J$8*D17	=IF(F17>500,500,IF(F17<-500,-500,1/(1+EXP(-F17))))			
18	4.9	2.4	3.3	1	0	=$J$4+$J$5*A18+$J$6*B18+$J$7*C18+$J$8*D18	=IF(F18>500,500,IF(F18<-500,-500,1/(1+EXP(-F18))))			
19	6.6	2.9	4.6	1.3	0	=$J$4+$J$5*A19+$J$6*B19+$J$7*C19+$J$8*D19	=IF(F19>500,500,IF(F19<-500,-500,1/(1+EXP(-F19))))			

仅在“Sigmoid activation”列中使用 ifelse 条件，是因为 Excel 在计算大于 EXP（500）的任何值时都有局限性，因此需要剪切。

3.2.5 估算误差

在第 2 章中，我们考虑了用实际值和预测值之间的最小二乘（平方差）来估算总体误差。在对率回归中，我们将使用另一个误差度量，即交叉熵。

交叉熵是两种不同为分布（实际分布和预测分布）之间差异的度量。为了理解交叉熵，我们来看一个示例：两个政党在选举中竞争，其中一个政党获胜。在一种情况下，每一方获胜的机会都是 0.5，换句话说，几乎不能得出什么结果，而且信息也很少。但是，如果一方（甲方）有 80% 的获胜机会，而另一方（乙方）有 20% 的获胜机会，则我们可以得出关于选举结果的结论，因为实际值和预测值的分布比较接近。

交叉熵的计算公式如下：

$$-(y\log_2 p+(1-y)\log_2(1-p))$$

式中，y 是事件的实际结果；p 是事件的预测结果。

让我们将两个选举场景代入该公式中。

1. 场景 1

在这种场景下，模型预测甲方获胜概率为 0.5，甲方的实际结果为 1。

甲方的模型预测结果	甲方的实际结果
0.5	1

该模型的交叉熵如下：

$$-(1\log_2 0.5+(1-1)\log_2(1-0.5))=1$$

2. 场景 2

在这种场景下，模型预测甲方获胜概率为 0.8，甲方的实际结果为 1。

甲方的模型预测结果	甲方的实际结果
0.8	1

该模型的交叉熵如下：

$$-(1\log_2 0.8+(1-1)\log_2(1-0.8))=0.32$$

我们可以看到，与场景 1 相比，场景 2 具有更低的交叉熵。

3.2.6　最小二乘法与线性假设

假设在前面的示例中，当概率为 0.8 时，交叉熵比概率为 0.5 时要低，那么我们是否可以使用预测（Predicted）概率、实际（Actual）值之间的最小二乘差（Squared error），并以类似于线性回归的方式进行呢？本节将讨论通过最小二乘法选择交叉熵（Cross entropy）误差。

对率回归的一个典型示例是，其根据某些属性来预测癌症是良性还是恶性的应用。

让我们比较一下因变量（恶性肿瘤）为 1 的情况下的两个成本函数（最小二乘法和熵成本）：

	A	B	C	D
1	Actual	Predicted	Squared error	Cross entropy
2	1	0.01	0.98	6.64
3	1	0.1	0.81	3.32
4	1	0.2	0.64	2.32
5	1	0.3	0.49	1.74
6	1	0.4	0.36	1.32
7	1	0.5	0.25	1.00
8	1	0.6	0.16	0.74
9	1	0.7	0.09	0.51
10	1	0.8	0.04	0.32
11	1	0.9	0.01	0.15
12	1	0.99	0.00	0.01

通过上面内容获得如下公式：

	A	B	C	D
1	Actual	Predicted	Squared error	Cross entropy
2	1	0.01	=(A2-B2)^2	=-(A2*LOG(B2,2)+(1-A2)*LOG(1-B2,2))
3	1	0.1	=(A3-B3)^2	=-(A3*LOG(B3,2)+(1-A3)*LOG(1-B3,2))
4	1	0.2	=(A4-B4)^2	=-(A4*LOG(B4,2)+(1-A4)*LOG(1-B4,2))
5	1	0.3	=(A5-B5)^2	=-(A5*LOG(B5,2)+(1-A5)*LOG(1-B5,2))
6	1	0.4	=(A6-B6)^2	=-(A6*LOG(B6,2)+(1-A6)*LOG(1-B6,2))
7	1	0.5	=(A7-B7)^2	=-(A7*LOG(B7,2)+(1-A7)*LOG(1-B7,2))
8	1	0.6	=(A8-B8)^2	=-(A8*LOG(B8,2)+(1-A8)*LOG(1-B8,2))
9	1	0.7	=(A9-B9)^2	=-(A9*LOG(B9,2)+(1-A9)*LOG(1-B9,2))
10	1	0.8	=(A10-B10)^2	=-(A10*LOG(B10,2)+(1-A10)*LOG(1-B10,2))
11	1	0.9	=(A11-B11)^2	=-(A11*LOG(B11,2)+(1-A11)*LOG(1-B11,2))
12	1	0.99	=(A12-B12)^2	=-(A12*LOG(B12,2)+(1-A12)*LOG(1-B12,2))

请注意，与二乘法相比，交叉熵对高预测误差的惩罚也很高：较低的误差值在二乘法和交叉熵中具有相似的损失，但是对于实际值和预测值之间的较大差异，交叉熵比二乘法惩罚更多。因此，我们将坚持使用交叉熵误差作为我们的误差指标，而对于离散变量的预测，我们更喜欢二乘法误差。

对于前面提到的 Setosa 分类问题，我们使用交叉熵误差而不是二乘法误差，如下：

	A	B	C	D	E	F	G	H	I	L	M	N
1	Slength	Swidth	Plength	Pwidth	Setosa	a+b*x part of estimation	sigmoid activation	Cross entropy error				
2	5.1	3.5	1.4	0.2	1	11.2	1.00	0.00				
3	4.9	3	1.4	0.2	1	10.5	1.00	0.00				
4	4.7	3.2	1.3	0.2	1	10.4	1.00	0.00			a	1
5	4.6	3.1	1.5	0.2	1	10.4	1.00	0.00			b	1
6	5	3.6	1.4	0.2	1	11.2	1.00	0.00			c	1
7	5.4	3.9	1.7	0.4	1	12.4	1.00	0.00			d	1
8	4.6	3.4	1.4	0.3	1	10.7	1.00	0.00			e	1
9	5	3.4	1.5	0.2	1	11.1	1.00	0.00				
10	4.4	2.9	1.4	0.2	1	9.9	1.00	0.00				
11	7	3.2	4.7	1.4	0	17.3	1.00	24.96				
12	6.4	3.2	4.5	1.5	0	16.6	1.00	23.95				
13	6.9	3.1	4.9	1.5	0	17.4	1.00	25.10				
14	5.5	2.3	4	1.3	0	14.1	1.00	20.34				
15	6.5	2.8	4.6	1.5	0	16.4	1.00	23.66				
16	5.7	2.8	4.5	1.3	0	15.3	1.00	22.07				
17	6.3	3.3	4.7	1.6	0	16.9	1.00	24.38				
18	4.9	2.4	3.3	1	0	12.6	1.00	18.18				
19	6.6	2.9	4.6	1.3	0	16.4	1.00	23.66				
20							Overall error	206.31				

现在我们已经设置好了问题，让我们以这样一种方式来改变参数，使总体误差最小化。这一步同样通过梯度下降来执行，并可以通过使用 Excel 中的规划求解（Solver）功能来完成。

3.3 在R中运行对率回归

现在，我们已经具备了一些对率回归的背景知识，我们将深入研究R中相同的实现细节（代码参见github中“logisticgress. R”）。

```
# 导入数据集
data=read.csv("D:/Pro ML book/Logistic regression/iris_sample.csv")
# 建立对率回归模型
lm=glm(Setosa~.,data=data,family=binomial(logit))
# 汇总模型
summary(lm)
```

代码中的第二行指定我们将使用glm（广义线性模型），其中考虑了二项式族。注意，通过指定“~”，我们确保所有变量都被视为独立变量。

对率模型的汇总给出了一种高级的汇总，类似于我们在线性回归中得到汇总结果的方式，即

```
Call:
glm(formula = Setosa ~ ., family = binomial(logit), data = data)

Deviance Residuals:
       Min          1Q      Median          3Q         Max
-1.197e-05  -2.110e-08   0.000e+00   9.930e-07   1.292e-05

Coefficients:
              Estimate Std. Error z value Pr(>|z|)
(Intercept) -2.425e+01  4.704e+05       0        1
Slength      1.755e+00  4.541e+05       0        1
Swidth       1.570e+01  5.191e+05       0        1
Plength      4.451e+00  7.499e+05       0        1
Pwidth      -6.007e+01  1.384e+06       0        1

(Dispersion parameter for binomial family taken to be 1)

    Null deviance: 2.4953e+01  on 17  degrees of freedom
Residual deviance: 4.1464e-10  on 13  degrees of freedom
AIC: 10
```

3.4 在Python中运行对率回归

现在，让我们看看如何在Python中构建对率回归（参见github中“logistic regression. ipynb”）。

```
# 导入相关的包
# pandas包用于导入数据
# statsmodels用于调用在lm中提供帮助的函数
import pandas as pd
import statsmodels.formula.api as smf
```

一旦导入包，在对率回归中使用 logit 方法如下：

```
# 导入数据集
data = pd.read_csv('D:/Pro ML book/Logistic regression/iris_sample.csv')
# 运行回归
est = smf.logit(formula='Setosa~Slength+Swidth+Plength+Pwidth',data=data)
est2=est.fit()
print(est2.summary())
```

代码中的 summary 函数提供模型的汇总，类似于我们在线性回归中获得汇总结果的方式。

3.5 确定兴趣的度量

在线性回归中，我们将方均根误差（RMSE）视为一种测量误差的方法。

在对率回归中，我们测量模型性能的方式与线性回归中的测量方式不同。让我们来探讨一下为什么线性回归中的误差度量不能用于对率回归。

我们将研究建立一个模型来预测欺诈交易。假设总交易中有 1% 是欺诈交易。我们要预测交易是否可能是欺诈性的。在这种特殊情况下，我们利用一组自变量，利用对率回归对因变量欺诈交易进行预测。

为什么我们不能使用精度度量？假设所有交易中只有 1% 是欺诈行为，那么我们考虑一下所有预测均为 0 的情况。在这种情况下，我们的模型的精度为 99%。但是该模型对于减少欺诈交易根本没有用，因为它预测每个交易都不是欺诈性的。

在典型的现实世界的场景中，我们将建立一个模型来预测交易是否可能是欺诈性的，并且仅标记欺诈的可能性很高的交易。然后，已标记的交易将发送给运营团队以进行人工审查，从而降低了欺诈交易率。

尽管我们通过让运营团队审查欺诈可能性高的交易来降低欺诈交易的发生率，但是由于需要人工来审查交易，因此我们要付出额外的人力成本。

欺诈交易预测模型可以帮助我们减少需要人工（运营团队）审查的交易数量。让我们假设总共有 1000000 笔交易。在这 100 万笔交易中，有 1% 是欺诈交易，因此，总共有 10000 笔交易是欺诈交易。

在这种情况下，如果没有模型，则平均每 100 笔交易中就有 1 笔是欺诈交易。下面显示了随机猜测模型的性能，即

审查的交易数	通过随机猜测捕获到的欺诈累积
—	—
100000	1000
200000	2000
300000	3000
400000	4000
500000	5000
600000	6000
700000	7000
800000	8000
900000	9000
1000000	10000

如果我们要绘制这些数据，其如图 3-3 所示。

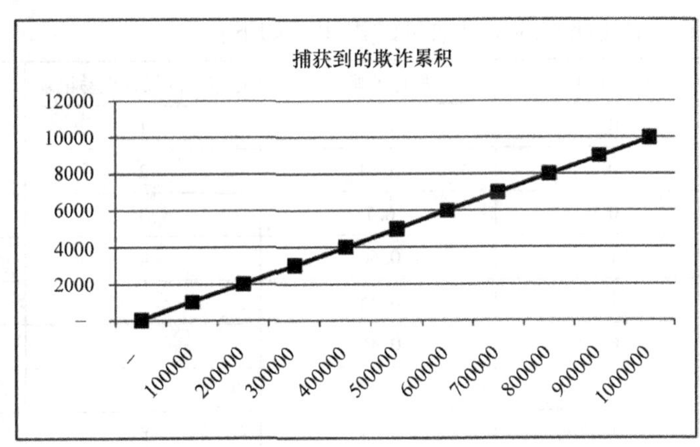

图 3-3　通过随机猜测捕获到的欺诈累积

现在让我们来看看构建模型有什么帮助。我们将创建一个简单的示例来指出一个错误度量。

1）将数据集作为输入并计算每个交易编号的概率，如下：

交易编号	实际欺诈	欺诈的概率
1	1	0.56
2	0	0.7
3	1	0.39
4	1	0.55
5	1	0.03
6	0	0.84
7	0	0.05
8	0	0.46
9	0	0.86
10	1	0.11

2）按欺诈概率从高到低对数据集进行排序。直觉上，当概率按降序排序后，数据集顶部的“实际欺诈”数量超过1时，模型将运行良好，如下：

交易编号	实际欺诈	欺诈的概率
9	0	0.86
6	0	0.84
2	0	0.7
1	1	0.56
4	1	0.55
8	0	0.46
3	1	0.39
10	1	0.11
7	0	0.05
5	1	0.03

3）计算从排序表中捕获到的交易数量的累积，如下：

交易编号	实际欺诈	欺诈的概率	已审查的累计交易记录	捕获到的欺诈累积
9	0	0.86	1	0
6	0	0.84	2	0
2	0	0.7	3	0
1	1	0.56	4	1
4	1	0.55	5	2
8	0	0.46	6	2
3	1	0.39	7	3
10	1	0.11	8	4
7	0	0.05	9	4
5	1	0.03	10	5

在这种情况下，假设10笔交易中有5笔是欺诈交易，那么平均2笔交易中就有1笔是欺诈交易。因此，使用该模型与使用随机猜测所捕获到的欺诈累积如下：

交易编号	实际欺诈	已审查的累计交易记录	捕获到的欺诈累积	通过随机猜测捕获到的欺诈累积
9	0	1	0	0.5
6	0	2	0	1
2	0	3	0	1.5
1	1	4	1	2
4	1	5	2	2.5
8	0	6	2	3
3	1	7	3	3.5
10	1	8	4	4
7	0	9	4	4.5
5	1	10	5	5

我们可以绘制由随机模型和对率回归模型捕获到的欺诈累积，如图 3-4 所示。

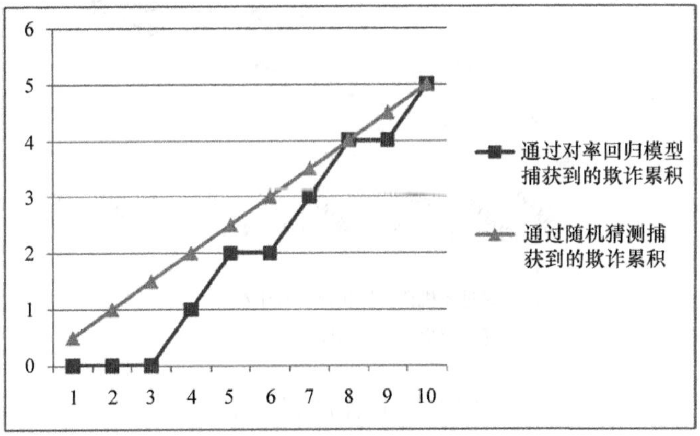

图 3-4　模型的比较

在这种特殊情况下，对于前面列出的示例，随机猜测比对率回归模型在最初的几次猜测中表现更好，随机猜测比该模型做出了更好的预测。

现在，让我们回到之前的欺诈交易的示例场景中，假设模型的结果如下：

审查的交易数	捕获到的欺诈累积	模型捕获到的欺诈累积
	通过随机猜测捕获到的欺诈累积	
—	—	0
100000	1000	4000
200000	2000	6000
300000	3000	7600
400000	4000	8100
500000	5000	8500
600000	6000	8850
700000	7000	9150
800000	8000	9450
900000	9000	9750
1000000	10000	10000

我们将通过随机猜测捕获到的欺诈累积与通过模型捕获到的欺诈累积进行比较，并绘制了图形，如图 3-5 所示。

请注意，随机猜测线和模型线之间围成的区域的面积越大，模型性能越好。测量模型线下覆盖面积的度量称为曲线下面积（AUC）。

因此，AUC 指标是一个更好的指标，有助于我们评估一个对率回归模型的性能。

在实践中，将计分后的数据集根据概率分为十个存储桶（组）时，低概率事件建模的输

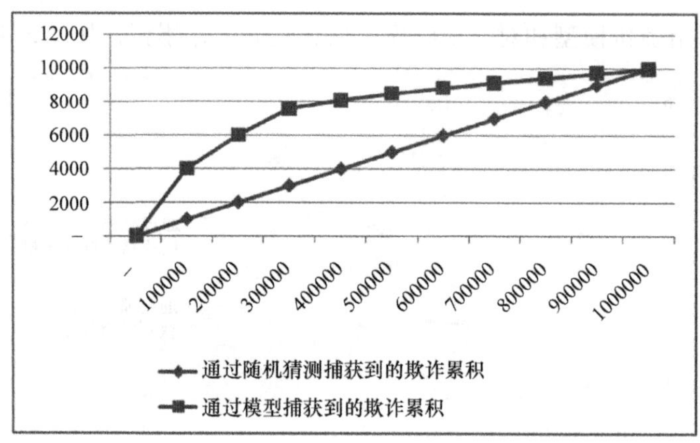

图 3-5　两种方法的比较

出如下（参见 github 中“credit default prediction. ipynb”）：

	prediction avg_default	total_observations	SeriousDlqin2yrs avg_default	sum
prediction_rank				
1	0.005497	2250.0	0.003111	7
2	0.007639	2250.0	0.005333	12
3	0.009819	2250.0	0.007556	17
4	0.012689	2250.0	0.011556	26
5	0.017062	2250.0	0.015556	35
6	0.024761	2250.0	0.025778	58
7	0.038529	2250.0	0.042222	95
8	0.063098	2250.0	0.070222	158
9	0.120814	2250.0	0.123111	277
10	0.374364	2250.0	0.371556	836

上面中的 prediction_rank 表示概率的十分位数，即在按概率对每个交易进行排序后，根据其所属的十分位数将其分组到存储桶之中。注意，第三列（total observations）在每个十分位数中具有相同数量的观察值。

第二列（prediction avg_default）表示我们构建的模型获得的平均违约概率。第四列（SeriousDlqin2yrs avg_default）表示每个存储桶中的平均实际违约值。第五列表示每个存储桶中捕获到的实际违约数量。

请注意，在理想情况下，所有违约值都应捕获在最高概率存储桶中。还要注意的是，在上面内容中，该模型在最高概率存储桶中捕获到大量的欺诈行为。

3.6　常见陷阱

本节讨论分析人员在建立分类模型时应注意的一些常见陷阱。

3.6.1　预测和事件发生之间的时间

让我们看一个案例研究：预测客户违约。

我们应该说，今天预测某人明天可能违约是没有用的。预测某人将要违约的时间和实际发生之间应该有一定的时间间隔。其原因是运营团队需要一些时间进行介入，并帮助减少违约交易的数量。

3.6.2 自变量中的异常值

与自变量中的异常值会影响线性回归中的总体误差相类似，在对率回归中最好对异常值进行限制，以便使其不会对回归造成太大的影响。请注意，与线性回归不同，对率回归在输入有异常值时，不会产生大的异常值输出；在对率回归中，输出始终限制在 0 ~ 1 之间，并且相应的交叉熵损失也与此相关。

但是存在异常值的问题仍然会导致较高的交叉熵损失，因此，对异常值进行限制是一个不错的办法。

3.7 总结

在本章中，我们学习了以下内容：

1）对率回归用于预测二进制（类别）事件，而线性回归则用于预测连续事件。

2）对率回归是线性回归的扩展，其中线性方程通过 Sigmoid 激活函数传递。

3）对率回归中使用的主要损失指标之一是交叉熵误差。

4）Sigmoid 曲线有助于将值的输出限定在 0 ~ 1 之间，从而估算与事件相关的概率。

5）AUC 指标是评价对率回归模型的较好指标。

第 4 章 决 策 树

在前面的内容中，考虑了基于回归的算法，该算法通过改变某个系数或权重来对特定的指标进行优化。决策树构成了基于树的算法的基础，这些算法有助于识别用于分类或预测我们感兴趣事件或变量的规则。此外，与对回归或分类进行了优化的线性回归或对率回归不同，决策树能够同时执行这两种操作。

决策树的主要优点来自于它们对业务用户友好的事实，即决策树的输出是直观的，并且对于业务用户而言很容易解释。

在本章中，将学习以下内容：

1）决策树在分类和回归练习中是如何工作的。

2）当自变量是连续或离散的时候，决策树是如何工作的。

3）提出最优决策树时所涉及的各种技术。

4）各种超参数对决策树的影响。

5）如何在 Excel、R 和 Python 中实现决策树。

决策树是一种有助于对事件进行分类或预测变量输出值的算法。可以将决策树可视化为一组规则，基于这些规则可以预期不同的结果，如图 4-1 所示。

	分类	分类	连续	类别
Tid	退款	婚姻状况	应纳税所得额	骗税
1	是	单身	125K	否
2	否	已婚	100K	否
3	否	单身	70K	否
4	是	已婚	120K	否
5	否	离婚	95K	是
6	否	已婚	60K	否
7	是	离婚	220K	否
8	否	单身	85K	是
9	否	已婚	75K	否
10	否	单身	90K	是

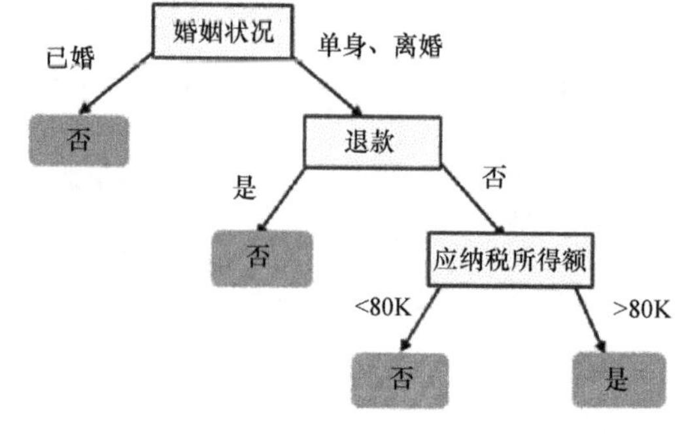

图 4-1　一个决策树的示例

在图4-1中，可以看到一个数据集（左表）使用连续变量（应纳税所得额）和类别变量（退款、婚姻状况）作为自变量来分辨某人是否在骗税（分类因变量）。

在图4-1中，右边的树有几个组成部分：根节点、决策节点和叶节点（将在下节中详细介绍），通过它们来对某人是否会骗税进行分类（是/否）。

通过树可知，用户可以得出以下规则：

1）婚姻状况为“是”的人通常不是骗子。

2）离婚但也较早获得退款的人也不会骗税。

3）离婚且没有获得退款，但应纳税所得额少于80K的人也不是骗子。

4）不属于上述任何类别的人都是该特定数据集中的骗税者。

与回归类似，我们推导了一个公式（例如根据客户特征预测信用违约），决策树也可以根据客户特征（例如前面示例中的婚姻状况、退款和应纳税所得额）预测或预测事件。

当新客户申请信用卡时，规则引擎（后端运行的决策树）将检查客户在通过决策树的所有规则后是否会进入风险存储桶或非风险存储桶。在通过这些规则后，系统将根据用户进入的存储桶类型，来通过或拒绝信用卡的申请。

决策树的明显优势是其直观的输出和可视化功能。这种可视化功能可帮助业务用户做出决策。与典型的回归技术相比，决策树对分类中的异常值也不太敏感。此外，就构建模型、解释模型甚至实现模型方面而言，决策树是较为简单的算法之一。

4.1 决策树的构成部分

决策树的所有的构成部分如图4-2所示。

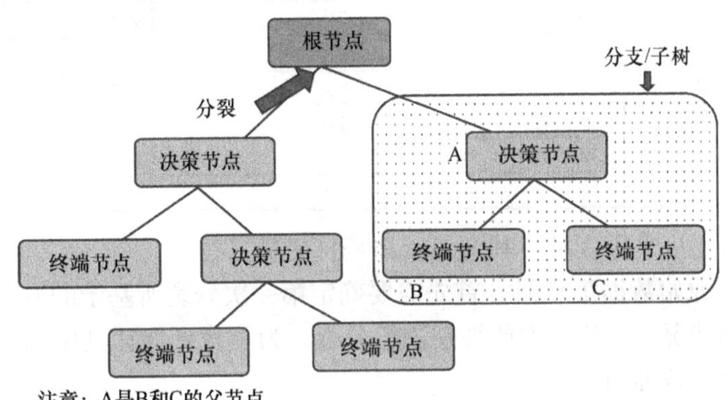

图4-2 一个决策树的构成

这些构成部分包括：

1）根节点：这种节点代表总体或整个样本，并可分为两个或多个同构集合。

2）分裂：根据一定的规则将一个节点分裂为两个或多个子节点的过程。

3）决策节点：当一个子节点分裂为更多子节点时，称其为决策节点。

4）叶节点/终端节点：决策树中的最后一个节点。

5）剪枝：从决策节点中删除子节点的过程，与分裂相反。

6）分支/子树：整个树的一个子部分称为分支或子树。

7）父节点和孩子节点（子节点）：如果从一个节点分裂出一些下级节点，则称这个节点为这些下级节点的父节点，这些下级节点为这个父节点的孩子节点（子节点）。

4.2 存在多个离散自变量的分类决策树

在根节点处进行分裂的标准会根据预测的变量类型不同而有所不同，具体取决于因变量是连续变量还是分类变量。在本节中，将通过一个示例来说明从根节点到决策节点的分裂是如何发生的。在该示例中，试图通过一些独立变量（教育程度、婚姻状况、种族类型和性别）来预测员工工资（emp_sal）。

这个数据集如下（参见 github 中"categorical dependent and independent variables.xlsx"）：

	A	B	C	D	E
1	教育程度	婚姻状况	种族类型	性别	工资
2	学士	未婚	白人	男性	≤50K
3	学士	已婚	白人	男性	≤50K
4	高中毕业	离婚	白人	男性	≤50K
5	11年教育	已婚	黑人	男性	≤50K
6	学士	已婚	黑人	女性	≤50K
7	硕士	已婚	白人	女性	≤50K
8	9年教育	已婚分居	黑人	女性	≤50K
9	高中毕业	已婚	白人	男性	>50K
10	硕士	未婚	白人	女性	>50K
11	学士	已婚	白人	男性	>50K
12	大学在读	已婚	黑人	男性	>50K
13	学士	已婚	黄种人	男性	>50K
14	学士	未婚	白人	女性	≤50K
15	副学士	未婚	黑人	男性	≤50K

在这里，教育程度是因变量，其余变量都是自变量。

分裂根节点（原始数据集）时，首先需要确定第一次分裂所基于的变量，例如是否要基于教育程度、婚姻状况、种族类型或性别进行分裂。为了找到能让其中的一种自变量入围的方法，使用了信息增益准则。

4.2.1 信息增益

通过将信息增益与不确定性相关联可以更好地理解信息增益。假设有两个政党在两个不同州举行的选举中竞争。在一个州中，每一方获胜的机会为50: 50，而在另一个州中，甲方获胜的机会为90%，乙方获胜的机会为10%。

如果要预测选举结果，后一个州比前一个州更容易预测，因为在那个州不确定性最小（甲方获胜的概率是90%）。因此，信息增益是分裂节点后不确定性的度量。

4.2.2 计算不确定性：熵

不确定性（也称为熵）由以下公式计算：

$$-(p\log_2 p + q\log_2 q)$$

式中，p 是事件 1 发生的概率；q 是事件 2 发生的概率。

让我们考虑一下两方的获胜场景，如下：

场景	甲方不确定性	乙方不确定性	总体不确定性
平等获胜机会	$-0.5\log_2(0.5)=0.5$	$-0.5\log_2(0.5)=0.5$	$0.5+0.5=1$
甲方有 90% 的机会获胜	$-0.9\log_2(0.9)\approx 0.1368$	$-0.1\log_2(0.1)\approx 0.3321$	$0.1368+0.3321\approx 0.47$

可以看到，根据前面的公式，第二种情况比第一种情况具有更小的总体不确定性，因为第二种情况甲方获胜的概率为 90%。

4.2.3 计算信息增益

我们可以将根节点视为存在最大不确定性的地方。随着我们智能地进一步分裂，不确定性将减小。因此，如何进行分裂（分裂所基于的变量）取决于哪些变量最能减小不确定性。

为了了解计算是如何进行的，让我们基于数据集构建一个决策树。

4.2.4 原始数据集中的不确定性

在原始数据集中，有 9 个观测值的工资≤50K，有 5 个观测值的工资 >50K，如下：

≤50K	>50K	总计
9	5	14

让我们计算 p 和 q 的值，以便能计算出总体不确定性，如下：

	B	C
4	≤50K	>50K
5	9	5
6		
7	p	q
8	0.64	0.36

p 和 q 的公式如下：

	B	C
4	≤50K	>50K
5	9	5
6		
7	p	q
8	=B5/D5	=C5/D5

因此，根节点中的总体不确定性如下：

≤50K 的不确定性	>50K 的不确定性	总体不确定性
$-0.64\times\log_2(0.64)\approx 0.41$	$-0.36\times\log_2(0.36)\approx 0.53$	$0.41+0.53=0.94$

根节点的总体不确定性为0.94。

来看一下为了能完成第一步，而选择入围变量的过程。如果考虑第一次分裂的所有4个自变量，我们将计算出总体不确定性减小程度。对于第一次分裂，我们将考虑教育程度（将找出不确定性的改善程度），接下来将以同样的方式考虑婚姻状况，然后是种族类型，最后是性别。最能减小不确定性的变量将是我们第一次分裂时应使用的变量。

4.2.5 衡量不确定性的改善

要想知道如何计算不确定性的改善，请参考以下示例。让我们考虑一下是否要按性别分裂变量，如下：

	A	B	C	D
1				
2				
3	教育程度	列标签		
4	行标签	≤50K	>50K	总计
5	女性	4	1	5
6	男性	5	4	9
7	总计	9	5	14

我们计算每个变量的不同值的不确定性——$-(p\log_2 p+q\log_2 q)$。其中一个变量（性别）的不确定性计算如下：

性别	p	q	$-(p\log_2 p)$	$-(q\log_2 q)$	$-(p\log_2 p+q\log_2 q)$	加权不确定性
女性	4/5	1/5	0.257	0.46	0.72	0.72×5/14=0.257
男性	5/9	4/9	0.471	0.52	0.99	0.99×9/14=0.636
总体						0.893

将进行类似的计算以测量所有变量的总体不确定性。如果通过性别（Sex）变量分裂根节点，则信息获取如下：

$$原始熵-熵(如果以性别变量进行分裂)=0.94-0.893=0.047$$

基于总体不确定性，将选择最大化信息增益（不确定性减小）的变量来分裂树。

在这个示例中，可变的总体不确定性如下：

变量	总体不确定性	减小来自根节点的不确定性
教育程度	0.679	0.94-0.679=0.261
婚姻状况	0.803	0.94-0.803=0.137
种族	0.803	0.94-0.803=0.137
性别	0.893	0.94-0.893=0.047

由此可以观察到，分裂决策应该基于教育程度而不是任何其他变量，因为正是这个变量最大限度地减小了整体不确定性（从0.94减小到0.679）。

一旦做出了关于分裂的决策后，下一步（在我们的示例中，对于具有两个以上不同值的变量）将是确定在根节点后，哪个特定值应进入右侧的决策节点，哪个特定值应进入左侧的决策节点。

让我们研究一下所有的有关教育程度的特定值，因为它是最能减小不确定性的变量，如下：

特定值	观测值百分比≤50K
11年教育	100%
9年教育	100%
副学士	100%
学士	67%
高中毕业	50%
硕士	50%
大学在读	0%
总计	64%

4.2.6　哪些特定值进入左侧或右侧节点

在上节中，得出了结论，教育程度应是决策树中第一个分裂的变量。下一个要做出的决定是哪些教育程度的特定值进入左侧节点，哪些教育程度的特定值进入右侧节点。

在这种场景下，基尼杂质指标会很有用。

1. 基尼杂质

基尼杂质是指节点内不平等的程度。如果一个节点拥有属于一个类的所有值，那么它就是最纯粹的节点。如果一个节点拥有属于一个类的50%的观测值，以另一个类的其余观测值，则它是一个节点的最不纯形式。

基尼杂质定义为$1-(p^2+q^2)$，式中p和q是与每个类相关的概率。

考虑以下场景：

p	q	基尼指数值
0	1	$1-0^2-1^2=0$
1	0	$1-1^2-0^2=0$
0.5	0.5	$1-0.5^2-0.5^2=0.5$

让我们将基尼杂质用于员工工资预测问题：从上节中的信息增益计算中，我们观察到教育程度是用作第一个分裂的变量。

要计算出哪些不同的值属于左侧节点，哪些属于右侧节点，让我们进行如下计算：

	观测值			左侧节点		右侧节点		杂质		观测值		
	≤50K	>50K	总计	p	q	p	q	左侧节点	右侧节点	左侧节点	右侧节点	加权杂质
11 年教育	1		1	100%	0%	62%	38%	—	0.47	1	13	0.44
9 年教育	1		1	100%	0%	58%	42%	—	0.49	2	12	0.42
副学士	1		1	100%	0%	55%	45%	—	0.50	3	11	0.39
学士	4	2	6	78%	22%	40%	60%	0.35	0.48	9	5	0.39
高中毕业	1	1	2	73%	27%	33%	67%	0.40	0.44	11	3	0.41
硕士	1	1	2	69%	31%	0%	100%	0.43	—	13	1	0.40
大学在读		1	1									

可以通过以下步骤来理解上面内容：

1）根据属于某个类的观测值的百分比对特定值进行排序。

这将导致特定值被重新排序如下：

特定值	观测值百分比≤50K
11 年教育	100%
9 年教育	100%
副学士	100%
学士	67%
高中毕业	50%
硕士	50%
大学在读	0%

2）在第1）步中，假设只有对应于“11 年教育”的特定值进入左侧节点，其余观测值对应于右侧节点。

左侧节点中的杂质为0，因为它只有一个观测值；而右侧节点中将是杂质，因为8个观测值属于一个类别，而5个则属于另一个类别。

3）总杂质计算如下：

[(左侧节点杂质 × 观测值．左侧节点) + (右侧节点杂质 × 观测值．右侧节点)]
/(总体．观测值)

4）重复步骤2）和3)，但是这次在左侧节点中同时包含“9 年教育”和“11 年教育”，在右侧节点中包含其余的特定值。

5）重复该过程，直到在左侧节点中考虑所有不同的值。

6）总体加权杂质最少的组合是将在左侧节点和右侧节点中选择的组合。

在上面的示例中，{11 年教育，9 年教育，副学士} 的组合进入左侧节点，其余进入右侧节点，因为该组合具有最小的加权杂质。

2. 进一步分裂子节点

根据到目前为止的分析，我们将分裂原始数据，如下：

3	教育程度列标签的数量			
4	行标签	≤50K	>50K	总计
5	左侧节点	3		3
6	右侧节点	6	5	11
7	总计	9	5	14

现在有机会进一步分裂右侧节点。让我们来看看下一个分裂的决策是怎样的。剩下要分裂的数据是属于右侧节点的所有数据点，如下：

教育程度	婚姻状况	种族类型	性别	工资
学士	未婚	白人	男性	≤50K
学士	已婚	白人	男性	≤50K
高中毕业	离婚	白人	男性	≤50K
学士	未婚	白人	女性	≤50K
学士	已婚	黑人	女性	≤50K
硕士	已婚	白人	女性	≤50K
学士	已婚	黄种人	男性	>50K
高中毕业	已婚	白人	男性	>50K
硕士	未婚	白人	女性	>50K
学士	已婚	白人	男性	>50K
大学在读	已婚	黑人	男性	>50K

根据上述数据，将执行以下步骤：

1）使用信息增益度量来识别用于分裂数据的变量。

2）使用基尼指数计算变量中应属于左侧节点或应属于右侧节点的特定值。

前面数据集的父节点中的总体杂质如下：

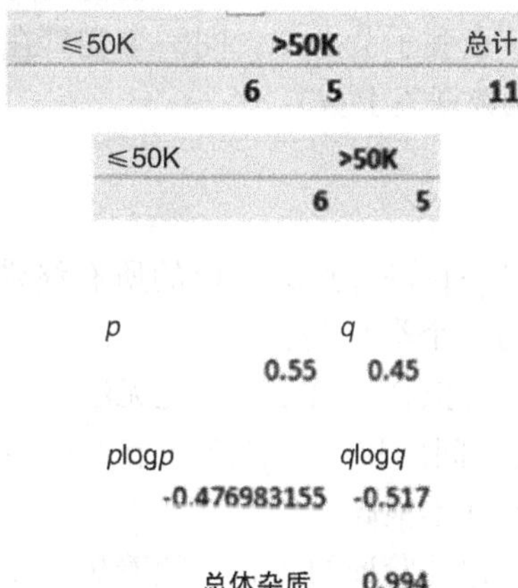

≤50K	>50K	总计
6	5	11

≤50K	>50K
6	5

p	q
0.55	0.45

$p\log p$	$q\log q$
-0.476983155	-0.517

总体杂质 0.994

现在，总体杂质约为0.99，让我们看一下能最大限度减小总体杂质的变量。我们将要执行的步骤与整个数据集上一次迭代中的步骤相同。请注意，当前版本与先前版本之间的唯一区别在于，在根节点中考虑了总数据集，而在子节点中仅考虑了数据的子集。

让我们分别计算每个变量获得的信息增益（类似于上节中的计算方法）。以婚姻状况为变量的总体杂质计算如下：

4	行标签	≤50K	>50K	总计	*p*	*q*	*p*log*p*	*q*log*p*	-(*p*log*p*+*q*log*q*)
5	离婚	1		1	1.00	-	-	-	-
6	已婚	3	4	7	0.43	0.57	(0.52)	(0.46)	0.99
7	未婚	2	1	3	0.67	0.33	(0.39)	(0.53)	0.92
8	总计	6	5	11				总体杂质	0.88

以类似的方式，与员工种族类型有关的杂质计算如下：

4	行标签	≤50K	>50K	总计	*p*	*q*	*p*log*p*	*q*log*p*	-(*p*log*p*+*q*log*q*)
5	黄种人		1	1	-	1.00	-	-	-
6	黑人	1	1	2	0.50	0.50	(0.50)	(0.50)	1.00
7	白人	5	3	8	0.63	0.38	(0.42)	(0.53)	0.95
8	总计	6	5	11				总体杂质	0.88

与员工性别有关的杂质计算如下：

4	行标签	≤50K	>50K	总计	*p*	*q*	*p*log*p*	*q*log*p*	-(*p*log*p*+*q*log*q*)
5	女性	3	1	4	0.75	0.25	(0.31)	(0.50)	0.81
6	男性	3	4	7	0.43	0.57	(0.52)	(0.46)	0.99
7	总计	6	5	11				总体杂质	0.92

与员工教育程度有关的杂质计算如下：

4	行标签	≤50K	>50K	总计	*p*	*q*	*p*log*p*	*q*log*p*	-(*p*log*p*+*q*log*q*)
5	学士	4	2	6	0.67	0.33	(0.39)	(0.53)	0.92
6	高中毕业	1	1	2	0.50	0.50	(0.50)	(0.50)	1.00
7	硕士	1	1	2	0.50	0.50	(0.50)	(0.50)	1.00
8	大学在读		1	1	-	1.00	-	-	-
9	总计	6	5	11				总体杂质	0.86

从上面的内容可知，将员工的教育程度作为变量，是从父节点最大限度地减少杂质的一种方法。也就是说，从员工教育程度变量获得的信息收益最高。

请注意，巧合的是，在父节点和子节点中，同一个变量在父节点和子节点中两次分裂了数据集。此模式可能不会在其他数据集上重复。

4.2.7 分裂过程何时停止

从理论上讲，分裂过程可以一直进行到决策树的所有终端（叶子/最后一个）节点都是纯节点（它们都属于一个类或另一个类）为止。

但是，这种过程的缺点是它过拟合了数据，可能无法推广。因此，决策树是树的复杂性（树中终端节点的数量）与精度之间的权衡。在终端节点很多的情况下，训练数据的精度可能很高，但验证数据的精度可能并不很高。

这带来了树的复杂性参数和包外验证的概念。随着树的复杂性增加，即树的深度变得更深——训练数据集上的精度将不断增加，但测试数据集上的精度可能会在超过树的某个深度时开始降低。

分裂过程应该在验证数据集的精度没有进一步提高的时候停止。

4.3 连续自变量的分类决策树

到目前为止，我们已经考虑到自变量和因变量都是分类的。但是实际上，也可能将连续变量作为自变量进行处理。本节讨论如何为连续变量构建决策树。

在下面内容中，我们将使用以下数据集来研究如何为分类因变量和连续自变量构建决策树（参见 github 中“categorical dependent continuous independent variable. xlsx”）。

幸存	年龄
1	16
1	7
1	15
1	10
1	3
1	20
0	28
0	94
0	62
0	76
0	34
0	26

在这个数据集中，我们将根据年龄变量来预测一个人是否能活下来。

因变量是“幸存”（Survived），而自变量是“年龄”（Age）。

1）通过增加自变量对数据集进行排序。因此，数据集将转换为以下内容：

幸存	年龄
1	3
1	7
1	10
1	15
1	16
1	20
0	26
0	28
0	34
0	62
0	76
0	94

2）测试多个规则。例如，当年龄 <7 岁时，或 <10 岁时，我们可以同时在左右侧节点中测试杂质，依此类推，直到年龄 <94 岁。

3）基尼杂质计算如下：

	观测值				左侧节点			右侧节点			
年龄	幸存	幸存人数	左侧节点	右侧节点	p	q	杂质	p	q	杂质	总体杂质
3	1	1		11							
7	1	1	2	10	100%	0%	—	40%	60%	0.48	0.44
10	1	1	3	9	100%	0%	—	33%	67%	0.44	0.36
15	1	1	4	8	100%	0%	—	25%	75%	0.38	0.27
16	1	1	5	7	100%	0%	—	14%	86%	0.24	0.16
20	1	1	6	6	100%	0%	—	0%	100%	—	—
26	0	1	7	5	86%	14%	0.24	0%	100%	—	0.13
28	0	1	8	4	75%	25%	0.38	0%	100%	—	0.24
34	0	1	9	3	67%	33%	0.44	0%	100%	—	0.32
62	0	1	10	2	60%	40%	0.48	0%	100%	—	0.39
76	0	1	11	1	55%	45%	0.50	0%	100%	—	0.45
94	0	1	12								

由上面内容可知，自变量值<26 时，基尼杂质最少。

因此，我们将选择年龄<26 岁作为分割原始数据集的规则。

请注意，以年龄>20 岁和年龄<26 岁分裂数据集，会得到相同大小的错误率。在这种情况下，需要想出一种方法，能在两个规则中选择出一个规则。将取这两个规则的平均值，因此年龄≤23 岁将是介于这两个规则之间的规则，因此比这两个规则都好。

4.4 有多个自变量时的分类决策树

想要了解当多个自变量连续时决策树是如何工作的，请参考下面的数据集（参见 github 中“categorical dependent multiple continuous independent variables. xlsx”）。

幸存	年龄	未知
1	30	79
1	7	67
1	100	53
1	15	33
1	16	32
1	20	5
0	26	14
0	28	16
0	34	70
0	62	35
0	76	66
0	94	22

到目前为止，我们已经按照以下步骤进行了计算：

1）通过使用信息增益来确定应首先用于分裂的变量。

2）一旦确定了一个变量，如果是离散变量，就要确定一个唯一的值，它应该是属于左侧节点还是属于右侧节点。

3）在连续变量的情况下，测试所有的规则，并列出导致总体杂质最小的规则。

在这种情况下，我们将翻转这个场景，也就是说，如果要在任何变量上进行分裂，首先要找出分裂到左侧节点还是右侧节点的规则。确定左侧节点和右侧节点后，将计算通过分裂获得的信息增益，从而列出应该分裂整个数据集的变量。

首先，将计算这两个变量的最优分裂。将从年龄作为第一个变量开始，如下：

年龄	幸存
7	1
15	1
16	1
20	1
26	0
28	0
30	1
34	0
62	0
76	0
94	0
100	1

	观测值				左侧节点			右侧节点			
年龄	幸存	幸存人数	左侧节点	右侧节点	p	q	杂质	p	q	杂质	总体杂质
7	1	1		11							
15	1	1	2	10	100%	0%	—	40%	60%	0. 48	0. 40
16	1	1	3	9	100%	0%	—	33%	67%	0. 44	0. 33
20	1	1	4	8	100%	0%	—	25%	75%	0. 38	0. 25
26	0	1	5	7	80%	20%	0. 32	29%	71%	0. 41	0. 37
28	0	1	6	6	67%	33%	0. 44	33%	67%	0. 44	0. 44
30	1	1	7	5	71%	29%	0. 41	20%	80%	0. 32	0. 37
34	0	1	8	4	63%	38%	0. 47	25%	75%	0. 38	0. 44
62	0	1	9	3	56%	44%	0. 49	33%	67%	0. 44	0. 48
76	0	1	10	2	50%	50%	0. 50	50%	50%	0. 50	0. 50
94	0	1	11	1	45%	55%	0. 50	100%	0%	—	0. 45
100	1	1	12								

从数据中可以看出，导出的规则应为年龄≤20 岁或年龄≥26 岁。因此，我们再次使用中间值：年龄≤23 岁。

现在已经得出了规则，让我们计算与分裂相对应的信息增益。在计算信息增益之前，我们将计算原始数据集中的熵。

0	1	总计
6	6	12

假设 0 和 1 对应的数字都是 6（各占 50% 的概率），则总熵为 1。

我们注意到，如果首先使用年龄变量分裂数据集，则熵将从1减少到0.54，如下：

	幸存						
	0	1	总计	p	q	$-(p\log p+q\log q)$	加权熵
年龄≤23		4	4	0	1	0	0
年龄>23	6	2	8	0.75	0.25	0.811278	0.540852
总计	6	6	12		总熵		0.540852

类似地，如果通过名为“未知”（Unknown）的列分裂数据集，则当“未知”≤22时，会出现最小值，如下：

	观测值				左侧节点			右侧节点			
未知	幸存	幸存人数	左侧节点	右侧节点	p	q	杂质	p	q	杂质	总体杂质
5	1	1		11							
14	0	1	2	10	50%	50%	0.50	50%	50%	0.50	0.50
16	0	1	3	9	33%	67%	0.44	56%	44%	0.49	0.48
22	0	1	4	8	25%	75%	0.38	63%	38%	0.47	0.44
32	1	1	5	7	40%	60%	0.48	57%	43%	0.49	0.49
33	1	1	6	6	50%	50%	0.50	50%	50%	0.50	0.50
35	0	1	7	5	43%	57%	0.49	60%	40%	0.48	0.49
53	1	1	8	4	50%	50%	0.50	50%	50%	0.50	0.50
66	0	1	9	3	44%	56%	0.49	67%	33%	0.44	0.48
67	1	1	10	2	50%	50%	0.50	50%	50%	0.50	0.50
70	0	1	11	1	45%	55%	0.50	100%	0%	—	0.45
79	1	1	12								

因此，所有≤22的值都属于一个组（左侧节点），其余值属于另一个组（右侧节点）。请注意，实际上，我们将采用介于22~32之间的中间值。

如果用“未知”（Unknown）变量进行分裂，则总熵如下：

	幸存						
	0	1	总计	p	q	$-(p\log p+q\log q)$	加权熵
未知≤22	3	1	4	0.75	0.25	0.81	0.27
未知>22	3	5	8	0.375	0.625	0.95	0.64
总计	6	6	12		总熵		0.91

从数据中可以看出，由于通过“未知”变量的分裂，信息增益只有0.09。因此，分裂将基于年龄变量，而不是“未知”变量。

4.5 存在连续自变量和离散自变量时的分类决策树

我们已经看到了当所有自变量都为连续和离散时建立分类决策树的方法。

如果一些自变量是连续的，而其余的是离散的时候，则构建决策树的方式与前面内容中构建的方式非常相似：

1）对于连续自变量，计算最佳分裂点。

2）一旦计算出最佳分裂点，就可以计算出与之相关的信息增益。

3）对于离散变量，通过计算基尼杂质以找出各个自变量内不同值的分组。

4）信息增益最大化的变量就是首先分裂决策树的变量。

5）继续前面的步骤，进一步构建树的了节点。

4.6 如果响应变量是连续的怎么办

如果响应变量是连续的，则在上节中构建决策树的步骤保持不变，只是不计算基尼杂质或信息增益，而是计算平方差（类似于在回归技术中最小化平方差总和的方法）。减少数据集总体方均误差的变量将是分裂数据集的变量。

为了了解决策树在连续因变量和自变量的情况下是如何工作的，可以参考下面数据集的示例（参见 github 中“continuous variable dependent and independent variables. xlsx”）。

variable	response
-0. 37535	1590
-0. 37407	2309
-0. 37341	815
-0. 37316	2229
-0. 37263	839
-0. 37249	2295
-0. 37248	1996

这里，自变量为 variable，因变量为 response。第一步是按照自变量对数据集进行排序，就像在分类决策树示例中所做的那样。

一旦按感兴趣的自变量对数据集进行了排序，下一步就是确定将数据集分裂为左侧节点和右侧节点的规则。我们可能会想出多个可能的规则。我们将要进行的练习将有助于选择一个最佳分裂数据集的规则。

		平均 response		平方差		
variable	response	左侧节点	右侧节点	左侧节点	右侧节点	总平方差
-0. 37535	1590					
-0. 37407	2309	1590	1747	—	2603561	2603561
-0. 37341	815	1950	1635	258481	2224773	2483253
-0. 37316	2229	1571	1840	1116541	1384683	2501223
-0. 37263	839	1736	1710	1440935	1182662	2623597
-0. 37249	2295	1556	2146	2084263	44701	2128964
-0. 37248	1996					

	F	G	H	I	J	K	L
3			平均response		平方差		
4	variable	respons	左侧节点	右侧节点	左侧节点	右侧节点	总平方差
5	-0.37534	1590					
6	-0.37406	2309	=AVERAGE($G$5:G5)	=AVERAGE(G6:$G$11)	=(G5-H6)^2	=(G6-I6)^2+(G7-I6)^2+(G8-I6)^2+	=SUM(J6:K6)
7	-0.37340	815	=AVERAGE($G$5:G6)	=AVERAGE(G7:$G$11)	=(G5-H7)^2+(G6-H7)^2	=(G7-I7)^2+(G8-I7)^2+(G9-I7)^2+	=SUM(J7:K7)
8	-0.37315	2229	=AVERAGE($G$5:G7)	=AVERAGE(G8:$G$11)	=(G5-H8)^2+(G6-H8)^2+(G7-H8)^	=(G8-I8)^2+(G9-I8)^2+(G10-I8)^2	=SUM(J8:K8)
9	-0.37262	839	=AVERAGE($G$5:G8)	=AVERAGE(G9:$G$11)	=(G5-H9)^2+(G6-H9)^2+(G7-H9)^	=(G9-I9)^2+(G10-I9)^2+(G11-I9)^	=SUM(J9:K9)
10	-0.37249	2295	=AVERAGE($G$5:G9)	=AVERAGE(G10:$G$11)	=(G5-H10)^2+(G6-H10)^2+(G7-H1	=(G10-I10)^2+(G11-I10)^2	=SUM(J10:K10)
11	-0.37247	1996					

由上可知，当变量 < -0.37249 时，总平方差最小。因此，属于左侧节点的点将具有1556的“平均 response”，并且属于右侧节点的点将具有2146的“平均 response”。请注意，1556是小于先前得出的阈值的所有变量值的“平均 response”。同样，大于或等于得出的阈值（0.37249）的所有变量值的“平均 response”为2146。

4.6.1 连续因变量与多个连续自变量

在分类中，将信息增益视作为一个度量来决定应该首先分裂原始数据集的变量。类似地，对于在预测连续变量中存在多个相互竞争的自变量的情况，我们将列出使总平方差最小的变量。

我们将向先前考虑的数据集中添加一个附加变量，如下：

var2	variable	response
0.84	-0.37535	1590
0.51	-0.37407	2309
0.75	-0.37341	815
0.44	-0.37316	2229
0.3	-0.37263	839
0.78	-0.37249	2295
0.1	-0.37248	1996

我们已经在上节中计算了变量的各种可能规则的总平方差。现在计算 var2 中各种可能规则的总平方差。

第一步是通过增加 var2 的值对数据集进行排序。因此，我们将要处理的数据集转换为

var2	response
0.1	1996
0.3	839
0.44	2229
0.51	2309
0.75	815
0.78	2295
0.84	1590

可使用 var2 开发的各种可能规则的总平方差计算如下：

		平均 response		平方差		
var2	response	左侧节点	右侧节点	左侧节点	右侧节点	总平方差
0. 1	1996					
0. 3	839	1996	1680	—	2538872	2538872
0. 44	2229	1418	1848	669325	1691143	2360468
0. 51	2309	1688	1752	1108346	1509311	2617657
0. 75	815	1843	1567	1397577	1096017	2493593
0. 78	2295	1638	1943	2243415	248513	2491928
0. 84	1590					

注意，当 var2 <0. 44 时，总平方差最小。但是，当我们比较 variable 产生的最小总平方差和 var2 产生的最小总平方差时，variable 产生的总平方差最小，因此它应该是分裂数据集的变量。

4.6.2 连续因变量与离散自变量

为了了解如何使用离散自变量来预测连续因变量，我们将使用以下数据集作为示例进行说明，其中“var”是自变量，“response”是因变量。

var	response
a	1590
b	2309
c	815
a	2229
b	839
c	2295
a	1996

按如下方式转换数据集。

行标签	平均 **response**
a	1938.33
b	1574.00
c	1555.00
总计	**1724.71**

将通过增加“平均 response”值来对数据集进行排序，如下：

行标签	平均 **response**
c	1555.00
b	1574.00
a	1938.33
总计	**1724.71**

现在将计算最优左侧节点和右侧节点组合。在第一个场景中，只有 c 在左侧节点中，而

a 和 b 在右侧节点中。左侧节点的“平均 response”为 1555，右侧节点的“平均 response”为 {1574，1938} = {1756}。

在这种场景下，总平方差计算如下：

var	response	预测	平方差
a	1590	1756	27611
b	2309	1756	305625
c	815	1555	547600
a	2229	1756	223571
b	839	1756	841195
c	2295	1555	574600
a	1996	1756	57520
		总平方差	2550722

在第二种场景下，将同时考虑 {c，b} 属于左侧节点和 {a} 属于右侧节点。在这种场景下，左侧节点中的平均响应将是 {1555，1574} = {1564.5} 的平均值。

这种场景下，总平方差计算如下：

var	response	预测	平方差
a	1590	1938	121336
b	2309	1565	554280
c	815	1565	561750
a	2229	1938	84487
b	839	1565	526350
c	2295	1565	533630
a	1996	1938	3325
		总平方差	2385160

可以看到，与前一个组合相比，后一个左右侧节点组合产生的总平方差较小。所以，在这种场景下，理想的分裂方式是 {b，c} 属于一个节点，而 {a} 属于另一个节点。

4.6.3 连续因变量与离散、连续自变量

在有多个自变量的情况下，如果有些变量是离散的，有些变量是连续的，我们将遵循与前面相同的步骤：

1）分别确定每个变量的最佳截止点。

2）了解最能减小不确定性的变量。

要遵循的步骤与前面内容相同。

4.7 在 R 中实现决策树

分类的实现与回归（连续变量预测）的实现不同。因此，需要指定模型类型作为输入。

以下代码段显示了如何在 R 中实现决策树（参见 github 中“Decision tree. R”）。

```
# 导入数据集
t=read.csv("D:/Pro ML book/Decision tree/dt_continuous_dep_indep.csv")
library(rpart)
# 利用rpart函数拟合决策树
fit=rpart(response~variable,method="anova", data=t
    ,control=rpart.control(minsplit=1,minbucket=2,maxdepth=2))
```

决策树是使用名为 rpart 的包中提供的函数来实现的。帮助构建决策树的函数也称为 rpart。请注意，在 rpart 中，指定了方法参数。

当因变量是连续的时候，将使用方差分析；当因变量是离散的时候，将使用类方法。

还可以指定其他参数：minsplit、minbucket 和 maxdepth。

4.8 在 Python 中实现决策树

分类问题的 Python 实现将利用 sklearn 包中的 DecisionTreeClassifier 函数（参见 github 中 “Decision tree. ipynb”）。

```
from sklearn.tree import DecisionTreeClassifier
depth_tree = DecisionTreeClassifier()
depth_tree.fit(X, y)
```

对于回归问题，Python 实现将使用 sklearn 包中的 DecisionTreeRegressor 函数，如下：

```
from sklearn.tree import DecisionTreeRegressor
depth_tree = DecisionTreeRegressor()
depth_tree.fit(X, y)
```

4.9 创建树的常见技术

前面可以看到，复杂性参数（终端节点的数量）可能是在检查包外验证时要优化的一个参数。其他常用的技术包括：

1）将每个终端节点中的观测数限制为最小值（例如一个节点中至少有 20 个观测值）。

2）人工指定树的最大深度。

3）指定节点中的最小观测数，以供算法考虑进一步分裂。

这样做是为了避免树过拟合数据。为了理解过拟合的问题，让我们看一下以下场景：

1）树总共有 90 个深度级别（maxdepth = 90）。在这种场景下，构建的树会有太多的分支，使其在训练数据集上过拟合，但不一定在测试数据集上泛化。

2）与 maxdepth 的问题类似，终端节点中的最小观测数也可能导致过拟合。如果未指定 maxdepth，并且在终端节点参数的最小观测数中具有较少数量，则生成的树可能又会很大，有多个分支，并且很可能再次导致过拟合训练数据集，而不是针对测试数据集进行泛化。

3）要进一步分裂的节点中的最小观测数是一个与节点中的最小观测数非常相似的参数，只是此参数限制父节点而不是子节点中的观测数。

4.10 可视化树的构建

在 R 中，可以使用 rpart 包中提供的 plot 函数来绘制树的结构。plot 函数绘制树的骨架，text 函数编写在树的各个部分派生的规则。下面是可视化决策树的示例实现：

```
# 导入数据集
t=read.csv("D:/Pro ML book/Decision tree/dt_continuous_dep_discrete_
indep.csv")
library(rpart)
# 用rpart函数拟合决策树
fit=rpart(response~variable,method="anova",data=t
     ,control=rpart.control(minsplit=1,minbucket=2,maxdepth=2))
plot(fit, margin=0.2)
text(fit, cex=.8)
```

前面代码的输出如下：

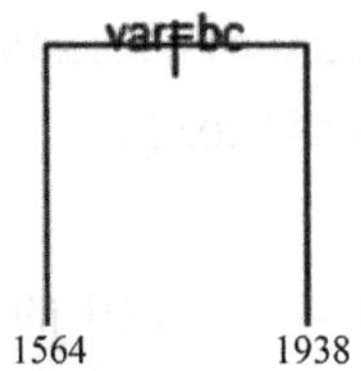

从上面内容可以推断，当 var 为 b 或 c 时，则输出为 1564。如果不是，则输出为 1938。

在 Python 中，可视化决策树的一种方法是使用一组具有帮助显示功能的包，例如 Ipython. display、sklearn. externals. six、sklearn. tree、pydot 和 os。

```
from IPython.display import Image
from sklearn.externals.six import StringIO
from sklearn.tree import export_graphviz
import pydot
features = list(data.columns[1:])
import os
os.environ["PATH"] += os.pathsep + 'C:/Program Files (x86)/Graphviz2.38/bin/'
dot_data = StringIO()
export_graphviz(depth_tree, out_file=dot_data,feature_names=features,
filled=True,rounded=True)
graph = pydot.graph_from_dot_data(dot_data.getvalue())
Image(graph[0].create_png())
```

在上面的代码中，你必须更改数据帧的名称，以代替在第一个代码段中使用的（data. columns [1:]）。本质上，我们提供自变量名作为特征。

在第二个代码段中，你必须指定安装 graphviz 的文件夹位置，并将决策树名称更改为用户在第四行中给定的名称（将 dtree 替换为你为 DecisionTreeRegressor 或 DecisionTreeClassifier 创建的变量名称）。

上面的代码段的输出如图 4-3 所示。

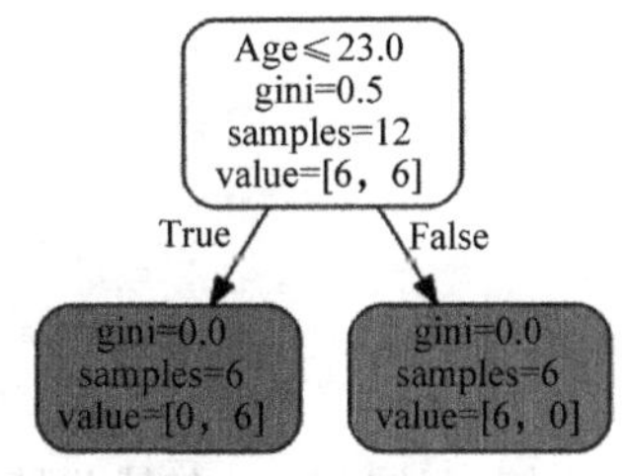

图 4-3　代码输出

4.11　异常值对决策树的影响

在前面的内容中，我们已经看到异常值在线性回归中有很大的影响。然而，在决策树中，异常值对分类的影响很小，因为考虑了多个可能的规则，并在对感兴趣的变量进行排序后列出了使信息增益最大化的规则。假设是按自变量对数据集进行排序，那么自变量中就没有异常值的影响。

但是，如果数据集中存在异常值，则在连续变量预测的情况下，因变量的异常值将具有挑战性。这是因为使用总平方差作为最小化的度量。如果因变量包含一个异常值，它会导致类似的问题，就像我们在线性回归中看到的那样。

4.12　总结

决策树的构建简单且易于理解。建立决策树的主要方法是当因变量为分类变量时，信息增益和基尼杂质结合。当因变量为连续变量时，信息增益和总平方差结合。

第5章 随机森林

在第4章中，我们研究了构建决策树的过程。在某些情况下，例如，当因变量中存在异常值时，决策树可能会过拟合数据。具有相关的自变量也可能导致选择不正确的变量来分裂根节点。

随机森林通过构建多个决策树来克服这些挑战，其中每个决策树处理一个数据样本。我们来分解一下这个术语：随机是指从原始数据集中随机抽取数据，森林是指建立多个决策树，每个决策树对应一个随机数据样本（明白了吧，它是多棵树的组合，因此被称为森林）。

在本章中，将学习以下内容：

1）随机森林的工作细节。

2）相较于决策树，随机森林的优势。

3）各种超参数对决策树的影响。

4）如何在 Python 和 R 中实现随机森林。

5.1 一个随机森林的场景

为了说明为什么随机森林是决策树的一种改进，让我们来看一个场景，在这个场景中，我们尝试对你是否喜欢电影进行分类：

（1）你向一个人（A）寻求建议。

1）A 问了一些问题来了解你的喜好。

① 假设将仅提供 20 个详尽的问题。

② 将添加一个限制条件，任何人都可以从 20 个问题中随机选择 10 个问题。

③ 给出这 10 个问题，理想情况下，这个人安排这些问题的方式是让其能够从你那里获取最大的信息。

2）根据你的回答，A 提出了一系列的电影推荐。

（2）你向另一个人（B）寻求建议。

1）像以前一样，B 问问题来了解你的喜好。

① 在 20 个问题的详尽清单中，B 也只能问 10 个问题。

② 根据随机选择的 10 个问题，B 再次对它们进行排序，以使从你的喜好中最大化获得的信息。

③ 请注意，A 和 B 的问题集尽管有一些重叠，但可能是不同的。

2）根据你的回答，B 提出建议。

（3）为了获得一些随机性，你可能已经告诉 A，《教父》是你看过的最好的电影。但你只是告诉 B，你很喜欢看《教父》。

这样一来，虽然原始信息没有改变，但两个不同的人学习信息的方式却是不同的。

（4）你与你的 n 个朋友进行了相同的实验。

通过前面的步骤，你基本上已经构建了决策树的集合（其中集合表示树或森林的组合）。

（5）最后的推荐将是所有 n 个朋友的平均推荐。

5.1.1 Bagging

Bagging 是 Bootstrap AGGregatING 的缩写。Bootstrap 是指随机选择几行（原始数据集的一个样本），而 AGGregatING 是指获取预测的平均值，而这个预测来自于建立在样本数据集上的所有决策树。

这样一来，由于异常情况很少（因为可能使用样本数据构建了一些树，而样本数据没有任何异常值），因此预测不太可能出现偏差。随机森林采用 Bagging 方法进行预测。

5.1.2 随机森林的工作细节

构建随机森林的算法如下：

1）对原始数据进行子集划分，使决策树只建立在原始数据集的一个样本上。

2）在建立决策树时，也要对自变量（特征）进行子集划分。

3）基于子集数据构建决策树，其中行和列的子集用作数据集。

4）对测试或验证数据集进行预测。

5）重复步骤 1）~步骤 3）n 次，其中 n 是所构建的树的数量。

6）测试数据集上的最终预测是所有 n 个树的预测平均值。

用 R 构建前面的算法（参见 github 中 "rf_code. R"），如下：

```
t=read.csv("train_sample.csv")
```

所描述的数据集有 140 列、10000 行。前 8000 行用于训练模型，其余行用于测试：

```
train=t[1:8000,]
test=t[8001:9999,]
```

鉴于正在使用决策树来构建随机森林，因此让我们利用 rpart 包：

```
library(rpart)
```

在测试数据集中初始化名为 prediction 的新列，如下：

```
test$prediction=0

for(i in 1:1000){ # 我们运行了1000次，即1000个决策树
  y=0.5
  x=sample(1:nrow(t),round(nrow(t)*y))  # 采样总行数的50%，因为y为0.5
```

```
t2=t[x, c(1,sample(139,5)+1)]       # 随机抽样5列，保留第1列作为因变量
dt=rpart(response~.,data=t2)    # 在上述数据子集(抽样的行和列)上构建决策树
 pred1=(predict(dt,test))  # 根据刚建的树进行预测
 test$prediction=(test$prediction+pred1)  #添加先前构建的决策树的所有迭代的预测
}
test$prediction = (test$prediction)/1000  #该值的最终预测是所有迭代预测的平均值
```

5.2 在 R 中实现随机森林

可以使用 randomForest 包在 R 中实现随机森林。在下面的代码片段中，我们尝试预测一个人在“泰坦尼克号”数据集中是否能够生存（参见 github 中“rf_code2. R”）。

为简单起见，我们将不处理缺失值，只考虑那些没有缺失值的行，如下：

```
t=read.csv("D:/Pro ML book/Random forest/titanic_train.csv")
head(t)
t2=na.omit(t)
library(randomForest)
rf=randomForest(Survived~.,data=t2,ntree=10)
```

在该代码中，我们构建了一个随机森林，其中有 10 棵树提供预测。该代码段的输出如下：

```
> rf=randomForest(Survived~.,data=t2,ntree=10)
Error in randomForest.default(m, y, ...) :
  Can not handle categorical predictors with more than 53 categories.
In addition: Warning message:
In randomForest.default(m, y, ...) :
  The response has five or fewer unique values.  Are you sure you want to do
regression?
```

注意，上面的错误消息指向了两件事：

1）某些分类自变量中不同值的数量很高。

2）此外，它假设必须指定回归而不是分类。

让我们看一下为什么分类变量具有大量不同值时，随机森林可能会给出错误。请注意，随机森林是多个决策树的实现。在决策树中，当存在更多不同值时，大多数不同值出现的频率非常低。当频率较低时，不同值的纯度可能较高（或杂质较低）。但这是不可靠的，因为数据点的数量可能很低（在变量的不同值的数量很高的情况下）。因此，当分类变量中不同值的数量很高时，随机森林不会运行。

考虑上面输出结果中的错误消息：“响应具有5个或更少的唯一值。你确定要进行回归吗?”注意，名为Survived的列在类中是数字。因此，默认情况下，算法假设需要执行回归。

为了避免这种情况，你需要将因变量转换为分类变量或因子变量，如下：

```
t=read.csv("D:/Pro ML book/Random forest/titanic_train.csv")
head(t)
t2=na.omit(t)
t2$Survived=as.factor(t2$Survived)
library(randomForest)
rf=randomForest(Survived~Pclass+Sex+Age+SibSp+Parch+Fare+Embarked
                ,data=t2,ntree=10)
```

现在我们可以期待随机森林预测。

如果将它的输出与决策树进行比较，一个主要的缺点是决策树的输出能够可视化为一棵树，而随机森林的输出不能可视化为一棵树，因为它是多棵决策树的组合。理解变量重要性的一种方法是观察由于不同变量的分裂而导致的总体杂质减少的程度。

变量重要性可以通过importance函数在R中计算，如下：

```
> importance(rf)
         MeanDecreaseGini
Pclass          33.482304
Sex             88.140101
Age             46.483852
SibSp           17.759594
Parch            9.735269
Fare            39.454729
Embarked         7.469889
```

如何计算Sex（性别）变量的平均下降基尼（Mean Decrease Gini）如下：

```
library(rpart)
samp=sample(nrow(t2),600)
train=t2[samp,]
test=t2[-samp,]
dt=rpart(Survived~Sex,data=train)
pred=predict(dt,test)
table(pred[,1],test$Survived)
```

在上面的代码片段中，选择了原始数据集的示例。该样本被视为训练数据集，其余样本被视为测试数据集。

基于训练数据集构建决策树。根据现成的数据（即测试数据集）进行预测，如下：

```
> table(pred[,1],test$Survived)

                     0  1
  0.264840182648402  6 36
  0.79002624671916  59 13
```

		p	q	$plogp$	$qlogq$	观测值	熵
测试	原始的	0.42982	0.570175	-0.5236	-0.46214	114	0.985744
测试	左侧节点	0.26484	0.73516	-0.50765	-0.32632	42	0.833963
	右侧节点	0.79003	0.209974	-0.26863	-0.4728	72	0.741433
					总熵		0.775523

从表上面内容可以看出，总熵从0.9857降低到0.7755。

类似地，让我们考虑另一个极端，最不重要的变量——“Embarked（上船）”，如下：

		p	q	$plogp$	$qlogq$	观测值	熵
测试	原始的	0.42982	0.570175	-0.5236	-0.46214	114	0.985744
测试	左侧节点	0.35185	0.648148	-0.53023	-0.40548	24	0.935711
	右侧节点	0.65244	0.347561	-0.40196	-0.52991	90	0.931871
					总熵		0.932679

从上面内容可以看出，总熵从0.9857降低到0.9326。因此，与Sex变量相比，总熵的降低要小得多。这意味着，Sex变量比变量Embarked更重要。

变量的重要性图如图5-1所示。

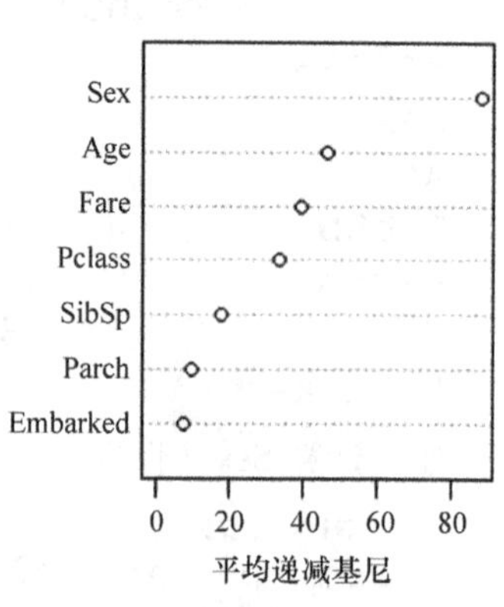

图5-1 变量重要性图

5.2.1 随机森林中的参数调整

在上面讨论的场景中，我们注意到随机森林是基于决策树的，同时它是基于运行的多个树来生成平均预测。因此，在随机森林中调整的参数将与用于调整决策树的参数非常相似。

因此，主要参数如下：

1）树的数量。

2）树的深度。

为了查看树的数量对测试数据集AUC的影响，我们将运行下面代码。AUC使用以下代码计算：

```
library(ROCR)
pred_ROCR <- prediction(pred[,2], test$Survived)
auc_ROCR <- performance(pred_ROCR, measure = "auc")
auc_ROCR@y.values[[1]]
```

在下面的代码中，将树的数量每次增加10，并查看AUC如何随树的数量变化而变化，如下：

```
auc=c()
no_of_trees=c()
for (i in 1:20){
  rf=randomForest(Survived~Pclass+Sex+Age+SibSp+Parch+Fare+Embarked
                  ,data=train,ntree=(10*i))
  pred=predict(rf,test,type="prob")
  pred_ROCR <- prediction(pred[,2], test$Survived)
  auc_ROCR <- performance(pred_ROCR, measure = "auc")
  auc=c(auc,auc_ROCR@y.values[[1]])
  no_of_trees=c(no_of_trees,(10*i))
}
plot(no_of_trees,auc)
```

在前两行中，我们初始化了空向量，并将在不同数量的树的 for 循环中不断填充这些空向量。在初始化之后，运行一个循环，其中每一次树的数量都增加 10。在运行随机森林之后，计算测试数据集上预测的 AUC，并不断增加 AUC。

图 5-2 绘制了 AUC 在不同数量的树上的最终图像。

从图 5-2 中可以看出，随着树的数量的增加，测试数据集的 AUC 通常会增加。但在迭代几次后，AUC 可能不会进一步增加。

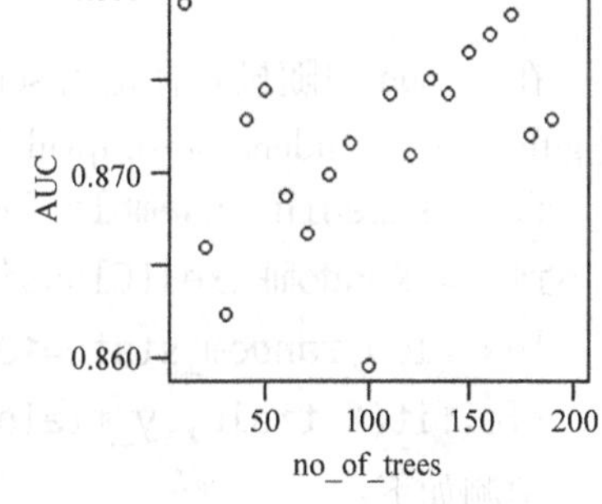

图 5-2　不同数量的树上的 AUC

5.2.2　树的深度对 AUC 的影响

在上节中，我们注意到当树的数目接近 200 时，AUC 出现最大值。

在本节中，将考虑树的深度对精度度量（即 AUC）的影响。在第 4 章中，我们看到节点的大小直接影响树的最大深度。例如，如果可能的最小节点很高，则深度会自动变低，反之亦然。因此，让我们将节点大小作为参数进行调整，并查看 AUC 如何随节点大小而变化，如下：

```
auc=c()
node_size=c()
for (i in 1:100){
  rf=randomForest(Survived~Pclass+Sex+Age+SibSp+Parch+Fare+Embarked
                  ,data=train,nodesize=(5*i),ntree=200)
  pred=predict(rf,test,type="prob")
  pred_ROCR <- prediction(pred[,2], test$Survived)
  auc_ROCR <- performance(pred_ROCR, measure = "auc")
  auc=c(auc,auc_ROCR@y.values[[1]])
  node_size=c(node_size,(5*i))
}
plot(node_size,auc)
```

注意，上面的代码与我们为树的数量变化编写的代码非常相似。唯一增加的是参数 node_size。

上面代码的输出如图 5-3 所示。

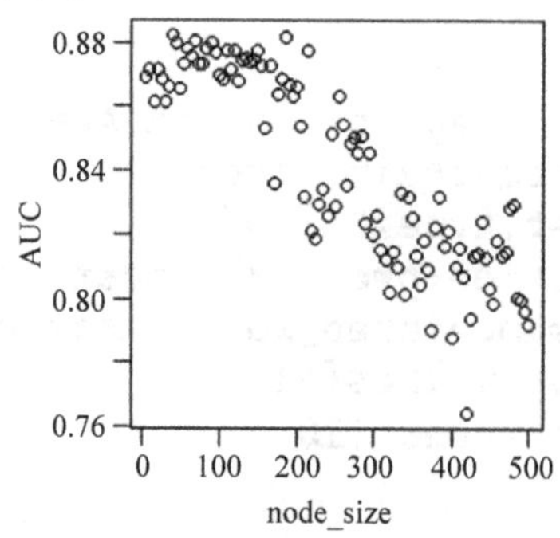

图 5-3　不同节点大小上的 AUC

从图 5-3 中可以看出，随着节点大小的大幅增加，测试数据集的 AUC 随之降低。

5.3　在 Python 中实现随机森林

在 Python 中随机森林是用 scikit - learn 库实现的。这里显示了随机森林的实现细节（参见 github 中 "random forest. ipynb"），如下：

```
from sklearn.ensemble import RandomForestClassifier
rfc = RandomForestClassifier(n_estimators=100,max_depth=5,min_samples_
leaf=100,random_state=10)
rfc.fit(X_train, y_train)
```

预测如下：

```
rfc_pred=rfc.predict_proba(X_test)
```

一旦做出预测，AUC 计算如下：

```
from sklearn.metrics import roc_auc_score
roc_auc_score(y_test, rfc_pred[:,1])
```

5.4　总结

在本章中，学习了随机森林是如何通过采用平均预测方法改进决策树的。还看到了在随机森林中需要调整的主要参数：树的深度和树的数量。从本质上讲，随机森林是一种Bagging（Bootstrap AGGregatING）算法，它结合了多个决策树的输出进行预测。

第6章 梯度提升机

到目前为止，我们已经研究了决策树和随机森林算法。我们看到随机森林是一种Bagging（Bootstrap AGGregatING）算法，它结合了多个决策树的输出来进行预测。通常，在Bagging算法中，树是并行生长的，以此获得所有树的平均预测值，其中每个树都建立在原始数据的样本上。

另一方面，梯度提升使用不同的方式进行预测。除了并行化树的构建过程之外，提升还采用了顺序方法来获取预测。在梯度提升中，每个决策树都会预测前一个决策树的错误，从而改善（提升）误差（梯度）。

在本章中，你将学习以下内容：

1）梯度提升的工作细节。

2）梯度提升和随机森林有什么不同。

3）AdaBoost（自适应提升）算法的工作细节。

4）各种超参数对提升的影响。

5）如何在R和Python中实现梯度提升。

6.1 梯度提升机介绍

梯度是指建立模型后得到的误差或残差。提升是指改善。该技术称为梯度提升机（Gradient Boosting Machine，GBM）。梯度提升是一种逐渐改善（减小）误差的方法。

要想了解GBM是如何工作的，让我们从一个简单的示例开始。假设你得到了一个模型 M（基于决策树），对其进行改善。假设目前的模型精度是80%。我们想要改善一下。

将模型表示如下：

$$Y = M(x) + \text{error}$$

式中，Y 是因变量；$M(x)$ 是使用 x 为自变量的决策树。

现在我们将从上面的决策树中预测误差（error），如下：

$$\text{error} = G(x) + \text{error2}$$

式中，$G(x)$ 是另一个试图使用 x 为自变量来预测错误的决策树。

在下一步中，与前面一步类似，我们建立了一个模型，并尝试使用 x 为自变量预测“error 2”，如下：

$$\text{error2} = H(x) + \text{error3}$$

现在，我们将所有这些结合在一起，如下：

$Y = M(x) + G(x) + H(x) + error3$

由于单独的模型 M（单个决策树）具有 80% 的精度，因此上式的精度可能大于 80%，而在上式中，我们正在考虑 3 个决策树。

下节将探讨 GBM 是如何工作的，以及相关细节。在下节中，我们将看到 AdaBoost（自适应提升）算法的工作原理。

6.2 GBM 的工作细节

以下是梯度提升的算法：

1）用简单的决策树初始化预测。

2）计算残差，这是（实际预测）值。

3）建立另一个浅层决策树，根据所有自变量值预测残差。

4）用新预测乘以学习率来更新原始预测。

5）重复步骤 2）~ 步骤 4）进行一定次数的迭代（迭代次数将是树的数量）。

实现上述算法的代码如下（参见 github 中“GBM working details. ipynb”）：

```
import pandas as pd
# 导入数据集
data=pd.read_csv('F:/course/Logistic regression/credit_training.csv')
# 删除不相关变量
data=data.drop(['Unnamed: 0'],axis=1)
# 替换空值
data['MonthlyIncome']=data['MonthlyIncome'].fillna(value=data
['MonthlyIncome'].median())
data['NumberOfDependents']=data['NumberOfDependents'].fillna(value=data
['NumberOfDependents'].median())
from sklearn.model_selection import train_test_split
# 创建自变量
X = data.drop('SeriousDlqin2yrs',axis=1)
# 创建因变量
y = data['SeriousDlqin2yrs']
# 创建训练和测试数据集
X_train, X_test, y_train, y_test = train_test_split(X, y, test_size=0.30,
random_state=42)
```

在上面的代码中，我们将数据集分为 70% 的训练数据集和 30% 的测试数据集。

```
# 建立决策树
from sklearn.tree import DecisionTreeClassifier
depth_tree = DecisionTreeClassifier(criterion = "gini",max_depth=4,
```

```
min_samples_leaf=10)
depth_tree.fit(X_train, y_train)
```

在上面的代码中，我们将在原始数据上构建一个简单的决策树，其中 SeriousDlqin2yrs 作为因变量，其余的变量作为自变量。

```
#在训练数据集顶部获取预测
dt_pred = depth tree.predict_proba(X_train)
X_train['prediction']=dt_pred[:,1]
```

在上面的代码中，我们正在预测第一个决策树的输出。这将帮助我们得出残差。

```
#在测试数据集顶部获取预测
X_test['prediction']=depth_tree.predict_proba(X_test)[:,1]
```

在上面的代码中，虽然我们计算了测试数据集中的输出概率，但请注意，我们无法计算残差，因为实际上，我们不被允许窥视测试数据集的因变量。作为上面代码的延续，我们将在下面的代码中构建 20 个残差决策树，如下：

```
from sklearn.tree import DecisionTreeRegressor
import numpy as np
from sklearn.metrics import roc_auc_score
depth_tree2 = DecisionTreeRegressor(criterion = "mse",max_depth=4,
min_samples_leaf=10)
for i in range(20):
    # 计算残差
    train_errorn=y_train-X_train['prediction']
    # 删除之前附加到自变量的预测变量
    X_train2=X_train.drop(['prediction'],axis=1)
    X_test2=X_test.drop(['prediction'],axis=1)
```

注意，在上面的代码中，我们正在计算第 n 个决策树的残差。我们将从 X_train2 数据集中删除预测列，因为预测列不能是在 for 循环的下一次迭代中构建的后续模型中的自变量。

```
# 建立决策树以使用自变量预测残差
dt2=depth_tree2.fit(X_train2, train_errorn)
# 预测残差
dt_pred_train_errorn = dt2.predict(X_train2)
```

在上面的代码中，我们拟合决策树，其中因变量是残差，自变量是数据集的原始自变量。

一旦决策树适合，下一步工作就是预测残差（其是因变量），如下：

```
# 根据预测残差更新预测
X_train['prediction']=(X_train['prediction']+dt_pred_train_errorn*1)
```

```
# 计算AUC
train_auc=roc_auc_score(y_train,X_train['prediction'])
print("AUC on training data set is: "+str(train_auc))
```

在该代码中，原始预测（存储在 X_train 数据集中）使用在上一步中获得的预测残差进行更新。

注意，我们正在通过残差（dt_pred_ train_errorn）的预测来更新预测。我们在前面的代码中明确给出了 ×1，因为收缩率或学习率的概念将在下节中解释（将 ×1 替换为 ×learning_rate）。

一旦预测更新后，我们将在训练数据集上计算 AUC，如下：

```
# 根据测试数据集的预测残差更新预测
dt_pred_test_errorn = dt2.predict(X_test2)
X_test['prediction']=(X_test['prediction']+dt_pred_test_errorn)
# 计算AUC
test_auc=roc_auc_score(y_test,X_test['prediction'])
print("AUC on test data set is: "+str(test_auc))
```

这里我们更新测试数据集上的预测。因为不知道测试数据集的残差，但是我们基于决策树构建了用来预测训练数据集残差的决策树，从而更新了对测试数据集的预测。理想情况下，如果测试数据集没有残差，则预测残差应接近 0，如果测试数据集的原始决策树有一些残差，则预测残差将远离 0。

一旦测试数据集的预测被更新，我们就输出测试数据集的 AUC。

让我们看看上面代码的输出，如下：

```
AUC on training data set is: 0.848050623873
AUC on test data set is: 0.846682999544
AUC on training data set is: 0.853994647817
AUC on test data set is: 0.85192324761
AUC on training data set is: 0.859648767973
AUC on test data set is: 0.856681743799
AUC on training data set is: 0.859446889291
AUC on test data set is: 0.856626792978
AUC on training data set is: 0.861012776958
AUC on test data set is: 0.856121639446
AUC on training data set is: 0.861480302384
AUC on test data set is: 0.855853840437
AUC on training data set is: 0.862978701454
AUC on test data set is: 0.856643395073
AUC on training data set is: 0.863623994208
AUC on test data set is: 0.856491053006
AUC on training data set is: 0.863943741279
AUC on test data set is: 0.856382618954
```

```
AUC on training data set is: 0.86496378239
AUC on test data set is: 0.856646258466
AUC on training data set is: 0.865035697503
AUC on test data set is: 0.854946352302
AUC on training data set is: 0.865532766858
AUC on test data set is: 0.856335153632
AUC on training data set is: 0.865925302458
AUC on test data set is: 0.855010651024
AUC on training data set is: 0.866548883759
AUC on test data set is: 0.854685265118
AUC on training data set is: 0.86685703723
AUC on test data set is: 0.854614126956
AUC on training data set is: 0.867480486612
AUC on test data set is: 0.853665458607
AUC on training data set is: 0.868237899156
AUC on test data set is: 0.85230809079
AUC on training data set is: 0.868531976496
AUC on test data set is: 0.851979051865
AUC on training data set is: 0.868999146757
AUC on test data set is: 0.852059793161
AUC on training data set is: 0.86917359293
AUC on test data set is: 0.851634196484
```

注意，训练数据集的 AUC 会随着树的增加而不断增加。但是测试数据集的 AUC 在经过一定的迭代后会降低。

6.3 收缩率

GBM 是基于决策树的。因此，与随机森林算法一样，GBM 算法的精度取决于所考虑的树的深度、建立的树的数量以及终端节点的最小观测数。收缩率是 GBM 中的附加参数。让我们看看如果改变学习率或收缩率，训练和测试数据集 AUC 的输出会发生什么。

将学习率初始化为 0.05，并运行更多的树，如下：

```
from sklearn.model_selection import train_test_split
# 创建自变量
X = data.drop('SeriousDlqin2yrs',axis=1)
# 创建因变量
y = data['SeriousDlqin2yrs']
# 创建训练和测试数据集
X_train, X_test, y_train, y_test = train_test_split(X, y, test_size=0.30,
random_state=42)

from sklearn.tree import DecisionTreeClassifier
```

```
depth_tree = DecisionTreeClassifier(criterion = "gini",max_depth=4,
min_samples_leaf=10)
depth_tree.fit(X_train, y_train)
#在训练和测试数据集顶部获取预测
dt_pred = depth_tree.predict_proba(X_train)
X_train['prediction']=dt_pred[:,1]
X_test['prediction']=depth_tree.predict_proba(X_test)[:,1]
from sklearn.tree import DecisionTreeRegressor
import numpy as np
from sklearn.metrics import roc_auc_score
depth_tree2 = DecisionTreeRegressor(criterion = "mse",max_depth=4,
min_samples_leaf=10)
learning_rate = 0.05
for i in range(20):
    # 计算残差
    train_errorn=y_train-X_train['prediction']
    # 删除之前附加到自变量的预测变量
    X_train2=X_train.drop(['prediction'],axis=1)
    X_test2=X_test.drop(['prediction'],axis=1)
    # 利用自变量建立决策树预测残差
    dt2=depth_tree2.fit(X_train2, train_errorn)
    # 预测残差
    dt_pred_train_errorn = dt2.predict(X_train2)
    # 根据预测残差更新预测
    X_train['prediction']=(X_train['prediction']+dt_pred_train_
    errorn*learning_rate)
    # 计算AUC
    train_auc=roc_auc_score(y_train,X_train['prediction'])
    print("AUC on training data set is: "+str(train_auc))
    # 根据测试数据集的预测残差更新预测
    dt_pred_test_errorn = dt2.predict(X_test2)
    X_test['prediction']=(X_test['prediction']+dt_pred_test_
    errorn*learning_rate)
```

```
# 计算AUC
test_auc=roc_auc_score(y_test,X_test['prediction'])
print("AUC on test data set is: "+str(test_auc))
```

上面代码的输出如下，这里是前面几个树的输出：

```
AUC on training data set is: 0.834919832926
AUC on test data set is: 0.841572089467
AUC on training data set is: 0.83507772301
AUC on test data set is: 0.841509310179
AUC on training data set is: 0.835129216483
AUC on test data set is: 0.84156401098
AUC on training data set is: 0.851181471112
AUC on test data set is: 0.854494097151
AUC on training data set is: 0.851599769713
AUC on test data set is: 0.854700147423
AUC on training data set is: 0.850998154059
AUC on test data set is: 0.854503409398
AUC on training data set is: 0.851765152435
AUC on test data set is: 0.855041760727
AUC on training data set is: 0.853647845371
AUC on test data set is: 0.856149694228
AUC on training data set is: 0.853668334254
AUC on test data set is: 0.856128589996
```

这里是最后几个树的输出：

```
AUC on training data set is: 0.867592316056
AUC on test data set is: 0.865735946552
AUC on training data set is: 0.867612424811
AUC on test data set is: 0.865733165501
AUC on training data set is: 0.867669261648
AUC on test data set is: 0.865792064346
AUC on training data set is: 0.867720524457
AUC on test data set is: 0.865766428181
AUC on training data set is: 0.867784973217
AUC on test data set is: 0.865834936517
AUC on training data set is: 0.86782647483
AUC on test data set is: 0.865877706892
AUC on training data set is: 0.867898524015
AUC on test data set is: 0.865924891117
AUC on training data set is: 0.867910592573
AUC on test data set is: 0.865914267744
AUC on training data set is: 0.867927083994
AUC on test data set is: 0.865922932573
```

与之前的情况不同，在这里 learning_rate = 1，较低的 learning_rate 导致测试数据集 AUC

会随着训练数据集 AUC 一起增长。

6.4 AdaBoost

在继续讨论其他提升方法之前，先对前面几章内容进行比较。在计算对率回归的误差度量时，我们可以使用传统的平方差。但是我们转向了熵误差，因为它对高误差有更多的惩罚作用。

以类似的方式，残差计算可以由于因变量的类型而有所不同。对于连续因变量，残差计算可以是 Gaussian（因变量的实际值 - 因变量的预测值），而对于离散变量，残差计算可以不同。

6.4.1 AdaBoost 理论

AdaBoost（Adaptive Boosting，自适应提升）是高级算法，如下：

1）只使用几个自变量建立一个弱学习者（在本示例中是决策树技术）。

注意，在建立第一个弱学习者时，与每个观测值相关的权重是相同的。

2）识别根据弱学习者分类不正确的观测结果。

3）更新观测值的权重，以使之前的弱学习者中的错误分类得到更大的权重，而对之前的弱学习者中的正确分类给予更小的权重。

4）根据预测的精度为每个弱学习者分配权重。

5）最终预测将基于多个弱学习者的加权平均预测。

Adaptive（自适应）是指根据先前的分类是正确还是不正确，来更新观测值的权重。Boosting（提升）是指将权重分配给每个弱学习者。

6.4.2 AdaBoost 的工作细节

让我们看一个 AdaBoost 的示例，如下：

1）建立一个弱学习者。假设数据集是下表中的前两列（参见 github 中“ adaboost.xlsx”），如下：

		左侧节点			右侧节点			观测值		
X	*Y*	*p*	*q*	杂质	*p*	*q*	杂质	左侧节点	右侧节点	加权杂质
1	1	1.00	—	—	0.44	0.56	0.49	1	9	4.44
2	1	1.00	—	—	0.38	0.63	0.47	2	8	3.75
3	1	1.00	—	—	0.29	0.71	0.41	3	7	2.86
4	1	1.00	—	—	0.17	0.83	0.28	4	6	1.67
5	0	0.80	0.20	0.32	0.20	0.80	0.32	5	5	3.20
6	0	0.67	0.33	0.44	0.25	0.75	0.38	6	4	4.17
7	0	0.57	0.43	0.49	0.33	0.67	0.44	7	3	4.76
8	1	0.63	0.38	0.47	—	1.00	—	8	2	3.75
9	0	0.56	0.44	0.49	—	1.00	—	9	1	4.44
10	0	0.50	0.50	0.50	—	1.00	—	10	0	5.00

一旦有了数据集，就可以根据上表中右边列出的数据构建一个弱学习者（决策树）。从表中可以看出，$X \leqslant 4$ 是第一个决策树的最优分裂标准。

2）计算误差度量（下表中“改变的Y”和“Yhat”成为新列的原因将在步骤4）之后解释），如下：

X	*Y*	改变的 *Y*	权重	预测	准确的	Yhat	误差
1	1	1	0.1	1	是	1	0
2	1	1	0.1	1	是	1	0
3	1	1	0.1	1	是	1	0
4	1	1	0.1	1	是	1	0
5	0	−1	0.1	0	是	−1	0
6	0	−1	0.1	0	是	−1	0
7	0	−1	0.1	0	是	−1	0
8	1	1	0.1	0	否	−1	0.1
9	0	−1	0.1	0	是	−1	0
10	0	−1	0.1	0	是	−1	0
					总体误差		0.1

用于获取上表的公式如下：

	E	F	G	H	I	J	K	L
16								
17	*X*	*Y*	改变的*Y*	权重	预测	准确的	Yhat	误差
18	1	1	=IF(F18=1,1,-1)	0.1	1	Yes	=IF(I18=1,1,-1)	=H18*IF(I18=F18,0,1)
19	2	1	=IF(F19=1,1,-1)	0.1	1	Yes	=IF(I19=1,1,-1)	=H19*IF(I19=F19,0,1)
20	3	1	=IF(F20=1,1,-1)	0.1	1	Yes	=IF(I20=1,1,-1)	=H20*IF(I20=F20,0,1)
21	4	1	=IF(F21=1,1,-1)	0.1	1	Yes	=IF(I21=1,1,-1)	=H21*IF(I21=F21,0,1)
22	5	0	=IF(F22=1,1,-1)	0.1	0	Yes	=IF(I22=1,1,-1)	=H22*IF(I22=F22,0,1)
23	6	0	=IF(F23=1,1,-1)	0.1	0	Yes	=IF(I23=1,1,-1)	=H23*IF(I23=F23,0,1)
24	7	0	=IF(F24=1,1,-1)	0.1	0	Yes	=IF(I24=1,1,-1)	=H24*IF(I24=F24,0,1)
25	8	1	=IF(F25=1,1,-1)	0.1	0	No	=IF(I25=1,1,-1)	=H25*IF(I25=F25,0,1)
26	9	0	=IF(F26=1,1,-1)	0.1	0	Yes	=IF(I26=1,1,-1)	=H26*IF(I26=F26,0,1)
27	10	0	=IF(F27=1,1,-1)	0.1	0	Yes	=IF(I27=1,1,-1)	=H27*IF(I27=F27,0,1)
28						总体误差		=SUM(L18:L27)

3）计算与第一个弱学习者相关的权重，如下：

$$0.5 \times \log((1 - \text{error}) / \text{error}) = 0.5 \times \log(0.9 / 0.1) = 0.5 \times \log(9) = 0.477$$

4）更新与每个观测值相关的权重，以使之前的弱学习者的错误分类具有较大的权重，而正确的分类具有较小的权重（本质上，我们正在调整与每个观测值相关的权重，以便在新的迭代中，我们尝试确保对错误分类进行更准确的预测），如下：

X	Y	改变的 Y	权重	预测	准确的	Yhat	误差	更新的权重
1	1	1	0.1	1	是	1	0	0.06
2	1	1	0.1	1	是	1	0	0.06
3	1	1	0.1	1	是	1	0	0.06
4	1	1	0.1	1	是	1	0	0.06
5	0	-1	0.1	0	是	-1	0	0.06
6	0	-1	0.1	0	是	-1	0	0.06
7	0	-1	0.1	0	是	-1	0	0.06
8	1	1	0.1	0	否	-1	0.1	0.16
9	0	-1	0.1	0	是	-1	0	0.06
10	0	-1	0.1	0	是	-1	0	0.06
					总体误差		0.1	

注意，更新的权重是通过以下式计算的：

$$原始权重 \times e^{(学习者权重 \times Yhat \times 改变的Y)}$$

该式解释了将 Y 的离散值从｛0，1｝更改为｛-1，1｝的必要性。通过将 0 改为 -1，我们可以更好地执行乘法。还要注意的是，在上式中，与学习者相关的权重通常是正的。

当 Yhat 和改变的 Y 相同时，公式的指数部分将是一个较小的数字（因为式中负的学习者权重乘以 Yhat 再乘以改变的 Y 的结果将为负，而负数的指数则为小数）。

如果 Yhat 和改变的 Y 是不同的值，则指数将是一个较大的数字，因此更新的权重将大于原始权重。

5）可以观察到，我们先前获得的更新的权重总和不等于 1。所以更新每个权重，通过这种方式使所有观测值的权重之和等于 1。注意，在引入权重的那一刻，我们可以将其视为回归训练。

现在，每个观测值的权重已更新，重复前面的步骤，直到错误分类观测值的权重增大到足以能正确分类的程度为止，如下：

				平均 Y		1/0 预测		误差		
X	Y	权重	规则	左侧节点	右侧节点	左侧节点	右侧节点	左侧节点	右侧节点	总体误差
1	1	0.09	X≤1	1.00	0.44	1.00	—	—	0.48	0.48
2	1	0.09	X≤2	1.00	0.38	1.00	—	—	0.40	0.40
3	1	0.09	X≤3	1.00	0.29	1.00	—	—	0.31	0.31
4	1	0.09	X≤4	1.00	0.17	1.00	—	—	0.22	0.22
5	0	0.9	X≤5	0.80	0.20	1.00	—	0.09	0.22	0.31
6	0	0.09	X≤6	0.67	0.25	1.00	—	0.17	0.22	0.40
7	0	0.09	X≤7	0.57	0.33	1.00	—	0.26	0.22	0.48
8	1	0.22	X≤8	0.63	—	1.00	—	0.26	—	0.26
9	0	0.09	X≤9	0.56	—	1.00	—	0.34	—	0.34
10	0	0.09	X≤10	0.50	—	1.00	—	0.43	—	0.43

注意，上表中第三列中的权重是根据之前在规范化后导出的公式更新得到的（确保权重之和为 1）。

应该能够看到与错误分类相关的权重（自变量值为8的第八个观测值）比任何其他观测值都要大。

注意，尽管在预测的那列的前面，一切都与典型的决策树相似，但误差计算强调了观测值的权重。左侧节点中的误差是左侧节点和右侧节点中错误分类的每个观测值的权重之和。

总体误差是两个节点之间的误差总和（左侧节点误差 + 右侧节点误差）。

在这种情况下，第四个观测值的总体误差仍然最小。

根据上一步更新的权重如下：

X	Y	权重	规则	总体误差	最终预测	误差	更新的权重	规范化权重
1	1	0.09	$X\leqslant1$	0.48	1	0	0.07	0.07
2	1	0.09	$X\leqslant2$	0.40	1	0	0.07	0.07
3	1	0.09	$X\leqslant3$	0.31	1	0	0.07	0.07
4	1	0.09	$X\leqslant4$	0.22	1	0	0.07	0.07
5	0	0.09	$X\leqslant5$	0.31	0	0	0.07	0.07
6	0	0.09	$X\leqslant6$	0.40	0	0	0.07	0.07
7	0	0.09	$X\leqslant7$	0.48	0	0	0.07	0.07
8	1	0.22	$X\leqslant8$	0.26	0	0.2239173	0.29	0.33
9	0	0.09	$X\leqslant9$	0.34	0	0	0.07	0.07
10	0	0.09	$X\leqslant10$	0.43	0	0	0.07	0.07
					总体误差	0.2239173		

X	Y	权重	规则	总体误差	最终预测	误差	更新的权重	规范化权重
1	1	0.09	$X\leqslant1$	0.48	1	0	0.07	0.07
2	1	0.09	$X\leqslant2$	0.40	1	0	0.07	0.07
3	1	0.09	$X\leqslant3$	0.31	1	0	0.07	0.07
4	1	0.09	$X\leqslant4$	0.22	1	0	0.07	0.07
5	0	0.09	$X\leqslant5$	0.31	0	0	0.07	0.07
6	0	0.09	$X\leqslant6$	0.40	0	0	0.07	0.07
7	0	0.09	$X\leqslant7$	0.48	0	0	0.07	0.07
8	1	0.22	$X\leqslant8$	0.26	0	0.2239173	0.29	0.33
9	0	0.09	$X\leqslant9$	0.34	0	0	0.07	0.07
10	0	0.09	$X\leqslant10$	0.43	0	0	0.07	0.07
					总体误差	0.2239173		

从上表中可以看出，由于与第八个观测值相关的权重比其他观测值大得多，因此本次迭代的总体误差在 $X\leqslant8$ 时最小，并且总体误差在第八个观测值时最小。但是注意，与前面两个树相关联的权重较低，因为与前面两个树相比，该树的精度较低。

6）一旦做出所有预测，就将观测值的最终预测计算为与每个弱学习者相关的权重之和乘以每个观测值的输出概率。

6.5 GBM 的附加功能

在上节中，我们了解了如何手动构建 GBM。在本节中，我们将研究可以内置的其他参数：

1）行采样：在随机森林中，我们看到对随机选择的行进行采样会得到更通用和更好的模型。同样在 GBM 中，我们可以对行进行采样以进一步提高模型性能。

2）列采样：与行采样类似，可以通过对每个决策树的列进行采样来避免一些过拟合。

随机森林和 GBM 技术均基于决策树。然而，一个随机森林可以被认为是并行地构建多个树，最终我们取所有多个树的平均值作为最终预测。在 GBM 中，我们构建了多个树，但是是按顺序构建的，其中每个树都试图预测其前一个树的残差。

6.6 在 Python 中实现 GBM

GBM 可以使用 scikit-learn 库，在 Python 中实现，如下（参见 github 中“GBM.ipynb”）：

```
from sklearn import ensemble
gb_tree = ensemble.GradientBoostingClassifier(loss='deviance',
learning_rate=0.05,n_estimators=100,min_samples_leaf=10,max_depth=13,
max_features=2,subsample=0.7,random_state=10)
gb_tree.fit(X_train, y_train)
```

注意，输入的关键参数是损失函数（无论是常规残差方法还是基于 AdaBoost 的方法）、学习率、树的数量、每个树的深度、列采样和行采样。

构建 GBM 后，可以按以下方式进行预测：

```
from sklearn.metrics import roc_auc_score
gb_pred=gb_tree.predict_proba(X_test)
roc_auc_score(y_test, gb_pred[:,1])
```

6.7 在 R 中实现 GBM

R 中的 GBM 与 Python 中的 GBM 具有相似的参数。GBM 实现如下：

```
gbm(formula = formula(data),
    distribution = "bernoulli",
    data = list(),
    weights,
    var.monotone = NULL,
    n.trees = 100,
    interaction.depth = 1,
    n.minobsinnode = 10,
    shrinkage = 0.001,
    bag.fraction = 0.5,
    train.fraction = 1.0,
```

```
cv.folds=0,
keep.data = TRUE,
verbose = "CV",
class.stratify.cv=NULL,
n.cores = NULL)
```

在该实现中，我们用以下方式指定因变量和自变量：dependent_variable（是要使用的自变量集）。

该分布指定它是高斯算法、伯努利算法还是 AdaBoost 算法。

1）n. trees 指定要构建的树的数量。

2）interaction. depth 是树的 max_depth（树的最大深度）。

3）n. minobsinnode 是节点中观测值的最小数目。

4）shrinkage 是学习率。

5）bag. fraction 是随机选择的训练集观测值的一部分，用于展开中提出下一个树。

R 中的 GBM 算法运行如下：

```
library(gbm)
gb=gbm(SeriousDlqin2yrs~.,data=train,n.trees=10,interaction.depth=5,
shrinkage=0.05)
```

可以进行以下预测：

```
pred=predict(gb,test,n.trees=10,type="response")
```

6.8 总结

在本章中，我们学习了以下内容：

1）GBM 是一种基于决策树的算法，它试图预测所给定决策树中的前一个决策树的残差。

2）收缩率和深度是 GBM 中需要调整的一些更为重要的参数。

3）梯度提升和自适应提升的区别。

4）如何调整学习率参数以便可以提高 GBM 中的预测精度。

第 7 章 人工神经网络

人工神经网络是一种有监督的学习算法，它利用多个超参数的混合来逼近输入和输出之间的复杂关系。人工神经网络中的一些超参数包括：

1）隐层数。

2）隐层单元数。

3）激活函数。

4）学习率。

在本章中，我们将学习以下内容：

1）神经网络的工作细节。

2）各种超参数对神经网络的影响。

3）前馈和反向传播。

4）学习率对权重更新的影响。

5）避免过拟合神经网络的方法。

6）如何在 Excel、R 和 Python 中实现神经网络。

神经网络的产生源于这样一个事实，即并非所有的东西都可以用线性或对率回归来近似——数据中可能存在只能用复杂函数来近似描述的潜在复杂形状。函数越复杂（以某种方式处理过拟合），预测的精度就越好。我们将首先研究神经网络如何将数据拟合到模型中。

7.1 神经网络的结构

神经网络的典型结构如图 7-1 所示。

图 7-1 中的输入级（层）通常是用于预测输出（因变量）级（层）的自变量。通常，在回归问题中，输出层中只有一个节点，而在分类问题中，输出层包含的节点数与因变量中存在的类（不同值）数相同。隐层用于将输入变量转换为高阶函数。隐层转换输出的方式如图 7-2 所示。

在图 7-2 中，x_1 和 x_2 是自变量，b_0 是偏差项（类似于线性/对率回归中的偏差）。w_1 和 w_2 是给每个输入变量的权重。如果 a 是隐层中的单元/神经元之一，则得

$$a = f\left(\sum_{i=0}^{N} w_i x_i\right)$$

上式中的函数是在求和基础上应用的激活函数，这样就得到了非线性关系（我们需要非

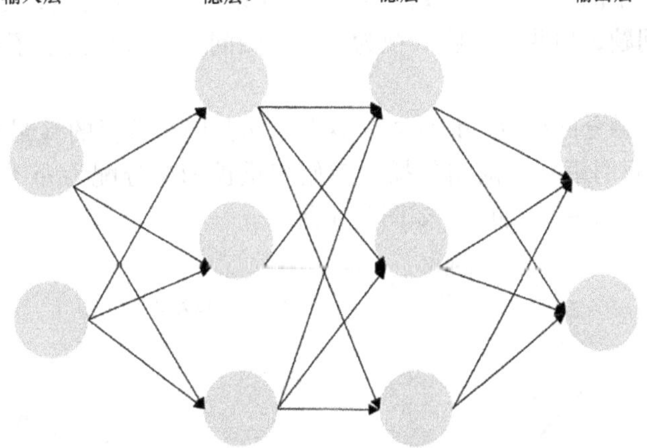

图 7-1 神经网络结构

线性关系，这样模型就可以学习复杂的模式）。在后面内容中，将更详细地讨论不同的激活函数。

此外，具有一个以上的隐层有助于实现高非线性。我们期望能实现高非线性，因为如果没有它，神经网络将是一个巨大的线性函数。

当神经网络必须理解非常复杂的、上下文相关的或不明显的事物时，隐层是必要的，例如图像识别。“深度学习”一词来自于具有许多隐藏的层次的情况。这些层被称为隐层，因为它们作为网络输出时不可见。

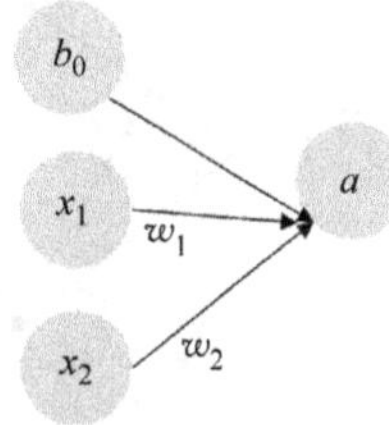

图 7-2 转换输出

7.2 训练神经网络的工作细节

训练神经网络基本上意味着通过重复两个关键步骤来校准所有的权重：前向传播和反向传播。

在前向传播中，我们对输入数据应用一组权重并计算输出。对于第一个前向传播，权重值集将随机初始化。

在反向传播中，我们测量输出的误差幅度，并相应地调整权值以减小误差。

神经网络重复前向和反向传播，直到校正权重以准确预测输出。

7.2.1 前向传播

让我们看一个简单的训练神经网络的示例，以说明训练过程中的每个步骤，这个网络起到异或（XOR）操作的作用。XOR 函数可以通过输入和输出的映射来表示，见下表，我们将使用它来训练数据。给定 XOR 函数可接受的任何输入，它应提供正确的输出。

输入	输出
(0, 0)	0
(0, 1)	1
(1, 0)	1
(1, 1)	0

让我们使用上表中的最后一行（1，1）=>0 来演示前向传播，如图 7-3 所示。注意，虽然这是一个分类问题，但我们仍将其视为一个回归问题，只是为了了解前向传播和反向传播是如何工作的。

现在给所有的突触分配权重。请注意，这些权重是随机选择的（最常见的方法是基于高斯分布），因为这是我们第一次前向传播。初始权重被随机分配为介于 0～1 之间（但请注意，最终权重不必介于 0～1 之间），如图 7-4 所示。

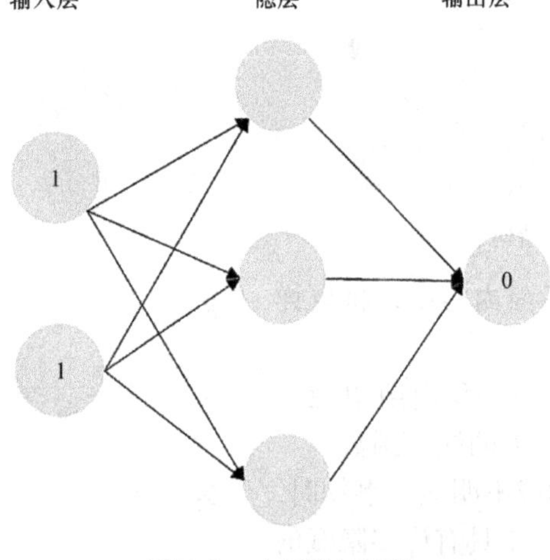

图 7-3　应用神经网络

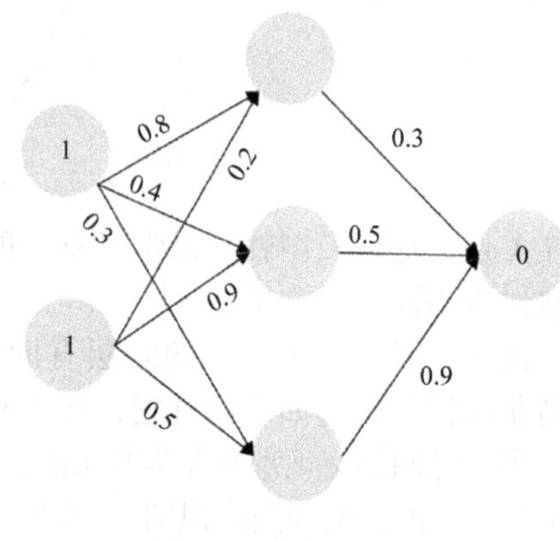

图 7-4　突触的权重

将输入乘积与其对应的权重集相加，得出隐层的第一个值（见图 7-5）。可以将权重视为输入节点对输出产生影响的度量，如下：

$$1\times0.8+1\times0.2=1$$

$$1\times0.4+1\times0.9=1.3$$

$$1\times0.3+1\times0.5=0.8$$

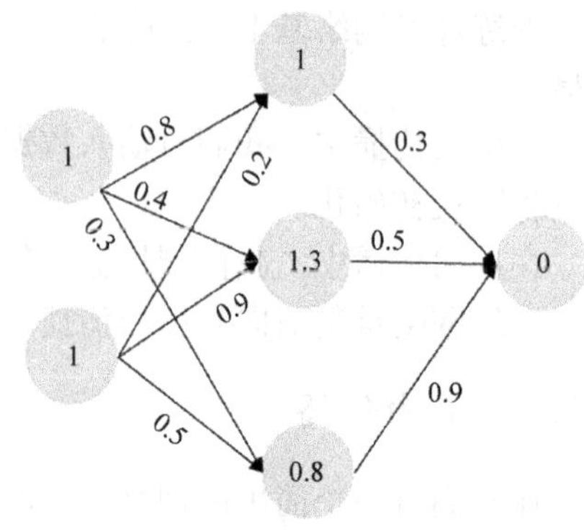

图 7-5　隐层的值

7.2.2　应用激活函数

激活函数应用于神经网络的隐层。激活函数的目的是将输入信号转换为输出信号。它们是神经网络对复杂的非线性模式建模所必需的，而简单的模型可能会忽略这些模式。

一些主要的激活函数如下：

$$\text{Sigmoid}=1/(1+e^{x})$$

$$\text{Tanh}=\frac{e^{x}-e^{-x}}{e^{x}+e^{-x}}$$

如果 $x>0$，则校正的线性单元 $=x$，否则为 0。

在我们的示例中，我们使用 Sigmoid 函数进行激活。然后将 Sigmoid（x）应用于三个隐层总和，如图 7-6 所示。

$$\text{Sigmoid}(1.0)=0.731$$
$$\text{Sigmoid}(1.3)=0.785$$
$$\text{Sigmoid}(0.8)=0.689$$

然后，将隐层的结果与第二组权重（也是第一次随机确定的）的乘积相加，以确定输出和（见图 7-7），如下：

$$0.73\times0.3+0.79\times0.5+0.69\times0.9=1.235$$

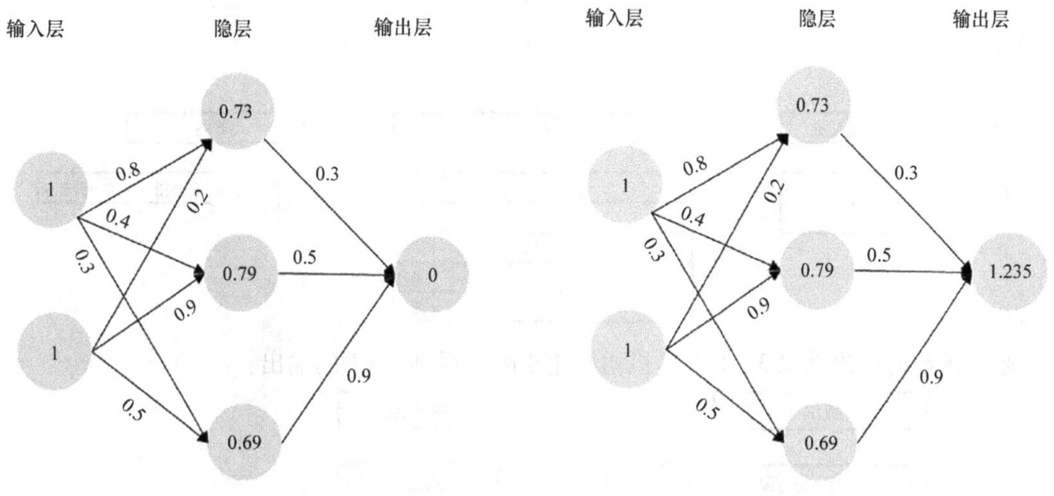

图 7-6　将 Sigmoid 应用于隐层总和

图 7-7　应用激活函数

因为使用了一组随机的初始权重，所以在这种情况下，输出神经元的值偏离了 1.235（因为目标是 0）。

在 Excel 中，上述内容如下（参见 github 中“NN. xlsx”）：

1）输入层有两个输入（1，1），因此输入层的尺寸为 1×2（因为每个输入都有两个不同的值）。

2）1×2 的隐层与 2×3 的随机初始化矩阵相乘。

3）输入到隐层的输出为 1×3 的矩阵。

输入层
1
1

预激活		
1	1.3	0.8

隐层权重		
0.8	0.4	0.3
0.2	0.9	0.5

激活		
0.731059	0.785835	0.689974

获得上述输出的方法如下：

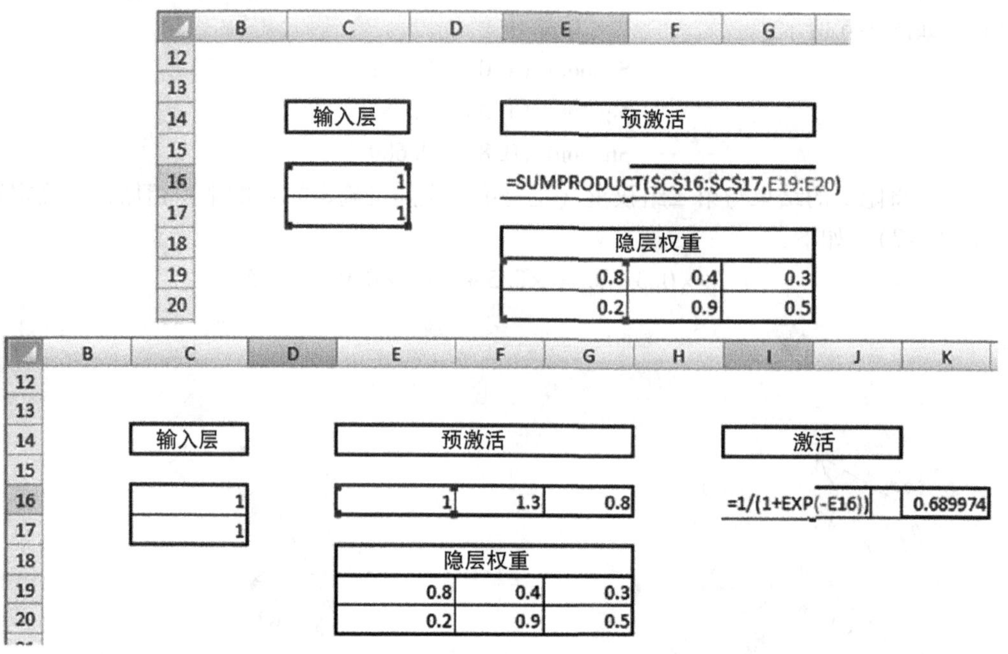

激活函数的输出乘以 3 ×1 的随机初始化矩阵，得到 1 ×1 的输出：

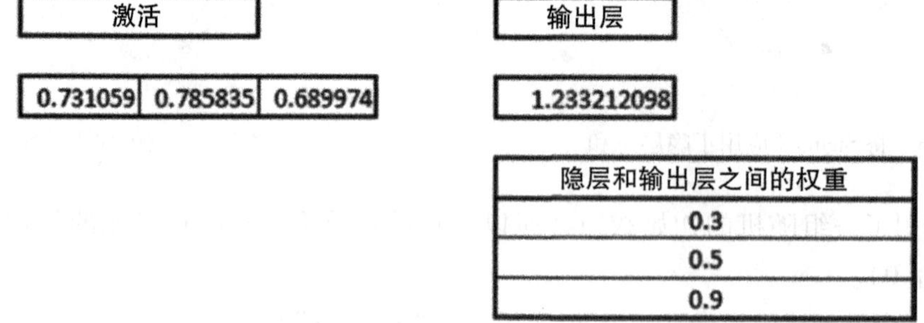

获得上述输出的方法如下：

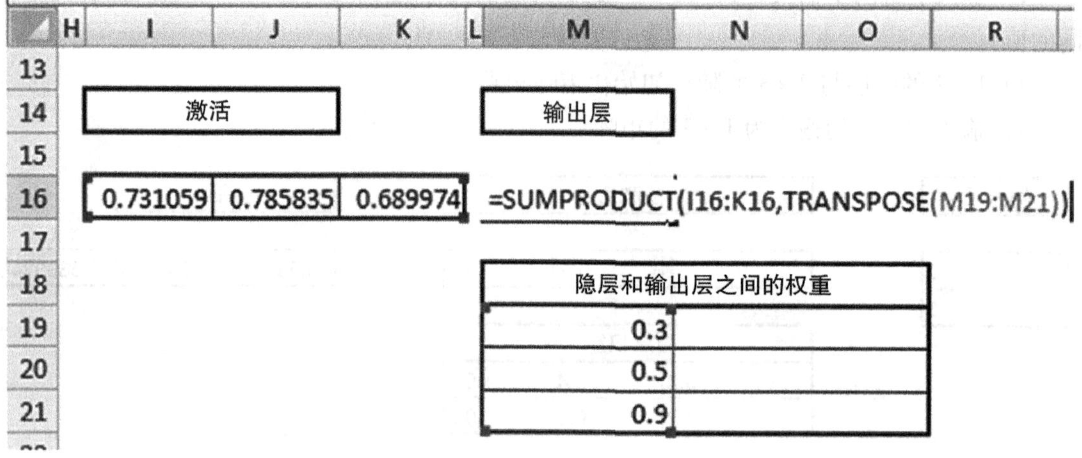

同样地，虽然这是分类练习，在这里我们使用交叉熵误差作为损失函数，但我们仍将使用平方差损失函数只是为了使反向传播计算更容易理解。在下节的内容中，我们将了解分类是如何在神经网络中起作用的。

一旦有了输出，就可以计算出平方差（总平方差），也就是 $(1.233-0)^2$，如下：

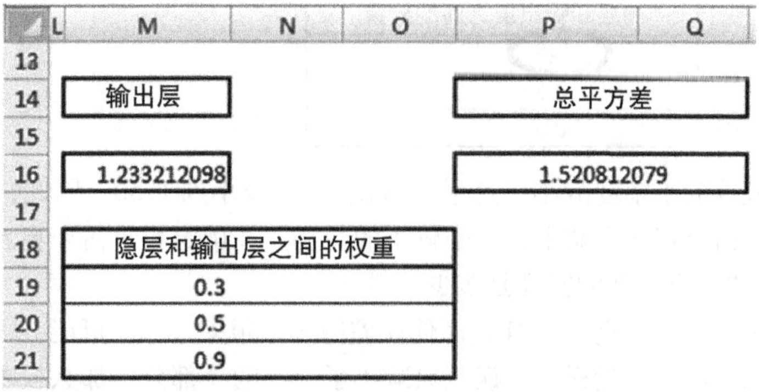

	L	M	N	O	P	Q
13						
14		输出层			总平方差	
15						
16		1.233212098			1.520812079	
17						
18		隐层和输出层之间的权重				
19		0.3				
20		0.5				
21		0.9				

从输入层获得平方差所涉及的各个步骤共同构成了前向传播。

7.2.3 反向传播

在前向传播中，我们通过一步从输入层到隐层再到输出层。在反向传播中，我们采用了相反的方法：本质上，是从最后一层开始改变每个权重，直到达到可能的最小误差。当权重改变时，总平方差不是减小就是增大。根据误差是增大还是减小，确定权重的更新方向。此外，在某些情况下，对于权重的微小变化，误差会增大或减小得相当多，并且在某些情况下误差变化会很小。

综上所述，通过少量更新权重并测量误差变化，我们能够做到以下几点：

1）决定权重需要更新的方向。

2）确定需要更新权重的大小。

在继续通过 Excel 实现反向传播之前，让我们看一下神经网络的另一个方面：学习率。学习率有助于我们在决定权重更新时建立信任。例如，在决定权重更新的大小时，可能不会一次更改所有内容，而是采取更为谨慎的方法来更缓慢地更新权重；这会在我们的模型中获得稳定性。后面将讨论学习率是如何帮助保持稳定性的。

7.2.4 计算反向传播

想要了解反向传播是如何工作的，让我们看看如何更新前面内容中随机初始化的权重值。

随机初始化权值的网络总平方差为 1.52。让我们将隐层与输出层之间的权重从 0.3 更改为 0.29，看看这对总平方差的影响，如下：

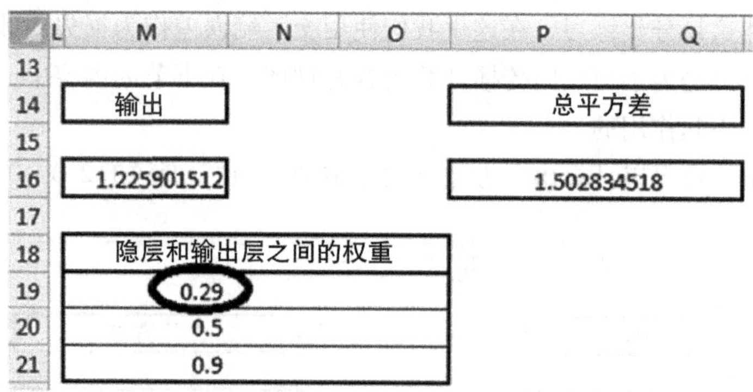

注意，随着权重的小幅度减小，总平方差从 1. 52 减小到 1. 50。因此，从前面提到的两点可以得出结论，需要将 0. 3 减小到一个较小的数字。在确定权重需要更新的方向之后，需要回答的问题是：“权重更新的幅度是多少？”

如果通过小幅度更改权重（0. 01）而使误差减小了很多，那么可能会需要更新更大幅度的权重。但如果权重值更新量很小，误差只减小了很小的一部分，那么权重值就需要缓慢更新。因此，隐层到输出层之间的权重值为 0. 3，更新如下：

0. 3 -0. 05 ×(因权重变化而减小的误差)

0. 05 是学习参数，它将由用户输入。更多关于学习率的内容将在后面介绍。因此权重值被更新为 0. 3 -0. 05 ×((1. 52 -1. 50) / 0. 01) =0. 2。

类似地，其他权重将更新为 0. 403 和 0. 815，如下：

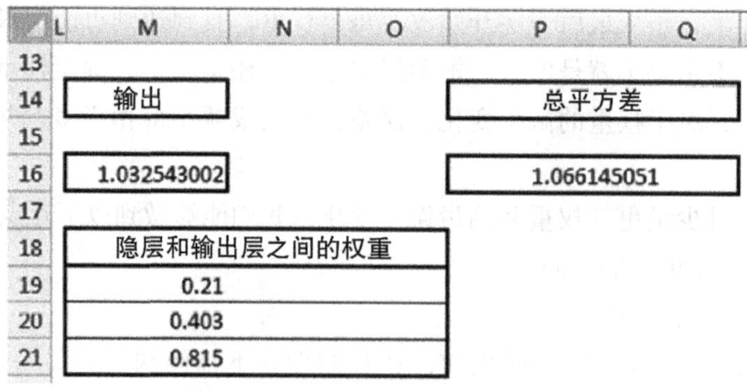

注意，通过改变连接隐层和输出层的权重值，总平方差减小了很多。

现在已经更新了一层中的权重，我们将更新网络早期部分中存在的权重，即输入层和隐层激活之间的权重。让我们更改权重值并计算误差变化，如下：

原始权重	更新的权重	误差的减小
0. 8	0. 7957	0. 0009
0. 4	0. 3930	0. 0014
0. 3	0. 2820	0. 0036
0. 2	0. 1957	0. 0009
0. 9	0. 8930	0. 0014
0. 5	0. 4820	0. 0036

考虑到每次权重值发生微小减小时误差都在减小，我们将把所有权值减小到上面计算的值。

现在权重已经更新，请注意总平方差从 1.52 降低到 1.05。我们不断重复前向和反向传播，直到总平方差尽可能小。

7.2.5 随机梯度下降

在前面讨论的场景中，梯度下降是使误差最小化的方法。梯度代表差异（实际和预测之间的差异），下降意味着减小。随机代表训练数据的子集，这种子集可以用来计算误差并由此进行权重更新（在下面内容中，有更多关于数据子集的介绍）。

7.2.6 深入了解梯度下降

为了加深对梯度下降神经网络的理解，让我们从一个已知函数开始，看看如何导出权重：现在，我们拥有已知函数 $y=6+5x$。

数据集如下（参见 github 中“gradient descent batch size. xlsx”）：

x	y
1	11
2	16
3	21
4	26
5	31
6	36
7	41
8	46
9	51
10	56

让我们将参数 a 和 b 的值随机初始化为 2 和 3（其理想值应为 5 和 6）。权重的更新计算如下：

x	y	a_estimate	b_estimate	y_estimate	squared_error	error_change_a	delta_error_a	new_a	error_change_b	delta_error_b	new_b
1	11	2.00	3.00	5.00	36.00	35.88	11.99	2.12	35.88	11.99	3.12
2	16	2.12	3.12	8.36	58.37	58.22	15.27	2.27	58.07	30.52	3.43
3	21	2.27	3.43	12.55	71.44	71.27	16.89	2.44	70.93	50.62	3.93
4	26	2.44	3.93	18.17	61.36	61.20	15.66	2.60	60.73	62.50	4.56
5	31	2.60	4.56	25.38	31.58	31.47	11.23	2.71	31.02	55.95	5.12
6	36	2.71	5.12	33.41	6.73	6.68	5.18	2.76	6.42	30.77	5.42
7	41	2.76	5.42	40.73	0.07	0.07	0.54	2.77	0.04	3.33	5.46
8	46	2.77	5.46	46.42	0.18	0.19	−0.85	2.76	0.25	−7.40	5.38
9	51	2.76	5.38	51.20	0.04	0.05	−0.42	2.75	0.09	−4.50	5.34
10	56	2.75	5.34	56.13	0.02	0.02	−0.28	2.75	0.05	−3.68	5.30

请注意，我们首先用 2 和 3（第 1 行中的第 3 列和第 4 列）随机初始化 a_estimate 和 b_estimate。

计算如下：

1）使用 a 和 b 的随机初始化值计算 y 的估计值：5。

2）计算与 a 和 b 的值相对应的平方差（第 1 行中的 36）。

3）稍微改变 a 的值（增加 0.01），并计算与改变的 a 值相对应的平方差。这将存储为 error_change_a 列。

4）计算 delta_error_a 中的误差变化（它在误差/ 0.01 范围内变化）。请注意，如果我们对 a 进行损失函数的微分，则增量将非常相似。

5）根据以下值更新 a 的值：new_a = a_estimate ＋ （delta_ error_a） ×learning_rate。

在此分析中，我们认为学习率为 0.01。对更新后的 b 估算值进行相同的分析。以下是与描述的计算相对应的公式：

	K	L	M	N
2				
3	平方差	error_change_a	delta_error_a	new_a
4	=(G4-J4)^2	=(H4+0.01+I4*F4-G4)^2	=(K4-L4)/0.01	=H4+M4*$J$1
5	=(G5-J5)^2	=(H5+0.01+I5*F5-G5)^2	=(K5-L5)/0.01	=H5+M5*$J$1
6	=(G6-J6)^2	=(H6+0.01+I6*F6-G6)^2	=(K6-L6)/0.01	=H6+M6*$J$1
7	=(G7-J7)^2	=(H7+0.01+I7*F7-G7)^2	=(K7-L7)/0.01	=H7+M7*$J$1
8	=(G8-J8)^2	=(H8+0.01+I8*F8-G8)^2	=(K8-L8)/0.01	=H8+M8*$J$1
9	=(G9-J9)^2	=(H9+0.01+I9*F9-G9)^2	=(K9-L9)/0.01	=H9+M9*$J$1
10	=(G10-J10)^2	=(H10+0.01+I10*F10-G10)^2	=(K10-L10)/0.01	=H10+M10*$J$1
11	=(G11-J11)^2	=(H11+0.01+I11*F11-G11)^2	=(K11-L11)/0.01	=H11+M11*$J$1
12	=(G12-J12)^2	=(H12+0.01+I12*F12-G12)^2	=(K12-L12)/0.01	=H12+M12*$J$1
13	=(G13-J13)^2	=(H13+0.01+I13*F13-G13)^2	=(K13-L13)/0.01	=H13+M13*$J$1

	O	P	Q
2			
3	error_change_b	delta_error_b	new_b
4	=(H4+(I4+0.01)*F4-G4)^2	=(K4-O4)/0.01	=I4+P4*$J$1
5	=(H5+(I5+0.01)*F5-G5)^2	=(K5-O5)/0.01	=I5+P5*$J$1
6	=(H6+(I6+0.01)*F6-G6)^2	=(K6-O6)/0.01	=I6+P6*$J$1
7	=(H7+(I7+0.01)*F7-G7)^2	=(K7-O7)/0.01	=I7+P7*$J$1
8	=(H8+(I8+0.01)*F8-G8)^2	=(K8-O8)/0.01	=I8+P8*$J$1
9	=(H9+(I9+0.01)*F9-G9)^2	=(K9-O9)/0.01	=I9+P9*$J$1
10	=(H10+(I10+0.01)*F10-G10)	=(K10-O10)/0.01	=I10+P10*$J$1
11	=(H11+(I11+0.01)*F11-G11)	=(K11-O11)/0.01	=I11+P11*$J$1
12	=(H12+(I12+0.01)*F12-G12)	=(K12-O12)/0.01	=I12+P12*$J$1
13	=(H13+(I13+0.01)*F13-G13)	=(K13-O13)/0.01	=I13+P13*$J$1

一旦 a 和 b 的值被更新（新的 a 和 b 在第 1 行中计算），对第 2 行执行相同的分析（注意，从第 2 行开始使用从前一行获得的 a 和 b 的更新值）。不断地更新 a 和 b 的值，直到覆盖

了所有的数据点。最后，a 和 b 的更新值分别为 2.75 和 5.3。

现在，已经遍历了整个数据集，我们将以 2.75 和 5.3 重复整个过程，如下：

x	y	a_estimate	b_estimate	y_estimate	squared_error	error_change_a	delta_error_a	new_a	error_change_b	delta_error_b	new_b
1	11	2.75	5.30	8.05	8.68	8.63	5.88	2.81	8.63	5.88	5.36
2	16	2.81	5.36	13.53	6.10	6.05	4.93	2.86	6.00	9.84	5.46
3	21	2.86	5.46	19.24	3.11	3.08	3.52	2.90	3.01	10.50	5.56
4	26	2.90	5.56	25.15	0.72	0.71	1.69	2.91	0.66	6.65	5.63
5	31	2.91	5.63	31.06	0.00	0.01	(0.13)	2.91	0.01	(0.86)	5.62
6	36	2.91	5.62	36.64	0.41	0.42	(1.29)	2.90	0.49	(8.02)	5.54
7	41	2.90	5.54	41.69	0.47	0.48	(1.38)	2.88	0.57	(10.08)	5.44
8	46	2.88	5.44	46.41	0.16	0.17	(0.82)	2.88	0.24	(7.13)	5.37
9	51	2.88	5.37	51.20	0.04	0.04	(0.40)	2.87	0.08	(4.33)	5.33
10	56	2.87	5.33	56.13	0.02	0.02	(0.26)	2.87	0.05	(3.54)	5.29

a 和 b 的值从 2.75 和 5.3 开始，到 2.87 和 5.29 结束，这比上一次迭代要精确一些。随着迭代次数的增加，a 和 b 的值将收敛到最优值。

我们已经研究了基本梯度下降的工作细节，但其他一些优化程序也执行类似的功能，其中一些如下：

- RMSprop。
- Adagrad。
- Adadelta。
- Adam。
- Adamax。
- Nadam。

7.2.7 为什么要有学习率

在前面讨论的场景中，通过将学习率设置为 0.01，我们将权重从 2 和 3 更新为 2.75 和 5.3。让我们看看如果学习率为 0.05，权重将如何变化，如下：

x	y	a_estimate	b_estimate	y_estimate	squared_error	error_change_a	delta_error_a	new_a	error_change_b	delta_error_b	new_b
1	11	2.00	3.00	5.00	36.00	35.88	11.99	2.60	35.88	11.99	3.60
2	16	2.60	3.60	9.80	38.46	38.33	12.39	3.22	38.21	24.77	4.84
3	21	3.22	4.84	17.73	10.68	10.61	6.52	3.55	10.48	19.51	5.81
4	26	3.55	5.81	26.80	0.64	0.66	(1.61)	3.46	0.70	(6.56)	5.49
5	31	3.46	5.49	30.89	0.01	0.01	0.20	3.48	0.00	0.81	5.53
6	36	3.48	5.53	36.63	0.40	0.41	(1.28)	3.41	0.48	(7.97)	5.13
7	41	3.41	5.13	39.31	2.86	2.83	3.37	3.58	2.63	23.19	6.29
8	46	3.58	6.29	53.88	62.12	62.28	(15.77)	2.79	63.39	(126.75)	(0.05)
9	51	2.79	(0.05)	2.34	2367.39	2366.42	97.30	7.66	2358.64	874.99	43.70
10	56	7.66	43.70	444.66	151054.20	151061.98	(777.32)	(31.21)	151131.94	(7774.14)	(345.01)

注意，当学习率从0.01变为0.05时，在这种特殊情况下，a 和 b 的值在后面的数据点上开始有异常变化。因此，总是要首选较低的学习率。但是，请注意，较低的学习率会导致在获取最优结果时需要较长的时间（更多的迭代）。

7.3 批量训练

到目前为止，我们已经看到，a 和 b 的值会为数据集的每一行更新。但是，这可能不是一个好主意，因为变量值可能会显著影响 a 和 b 的值。因此，通常要对一批数据进行误差计算，如下所示。假设批量大小为2（在上一个示例中，批量大小为1）。

x	y	a_estimate	b_estimate	y_estimate	squared error	error_change_a	delta_error_a	new_a	error_change_b	delta_error_b	new_b
1	11	2	3	5	36	35.8801	11.99		35.8801	11.99	
2	16	2	3	8	64	63.8401	15.99		63.6804	31.96	
				总和	100	99.7202	27.98	2.2798	99.5605	43.95	3.4395

现在，对于下一批，a 和 b 的更新值分别约为2.28和3.44，如下：

x	y	a_estimate	b_estimate	y_estimate	squared error	error_change_a	delta_error_a	new_a	error_change_b	delta_error_b	new_b
3	21	2.28	3.44	12.60	70.59	70.42	16.79		70.09	50.32	
4	26	2.28	3.44	16.04	99.25	99.05	19.91		98.45	79.54	
				总和	169.83	169.47	36.71	2.65	168.54	129.86	4.74

a 和 b 的更新值现在分别为2.65和4.74，迭代仍在继续。注意，在实践中，批量大小至少为32。

7.3.1 Softmax 的概念

到目前为止，在Excel的实现中，我们执行了回归而不是分类。当执行分类时，需要注意的关键区别是输出被限制在0~1之间。在二进制分类的情况下，输出层将有两个节点而不是一个节点。一个节点对应于0的输出，另一个节点对应于1的输出。

现在来看看，在输出层有两个节点时，计算是如何变化的，如前面所讨论的（其中输入为1、1，预期输出为0）。给定输出为0，我们将对输出进行如下编码：[1，0]，其中第一个索引值对应于0的输出，第二个索引值对应于1的输出。

连接隐层和输出层的权重矩阵更改如下：代替3×1矩阵，将它变为3×2矩阵，因为隐层现在连接到两个输出节点（与回归练习不同，这里它已连接到一个节点），如下：

激活		
0.731059	0.785835	0.689974

隐层和输出层之间的权重	
0.3	0.1
0.5	0.4
0.9	0.3

注意，由于输出节点要到达，因此输出层还包含两个值，如下：

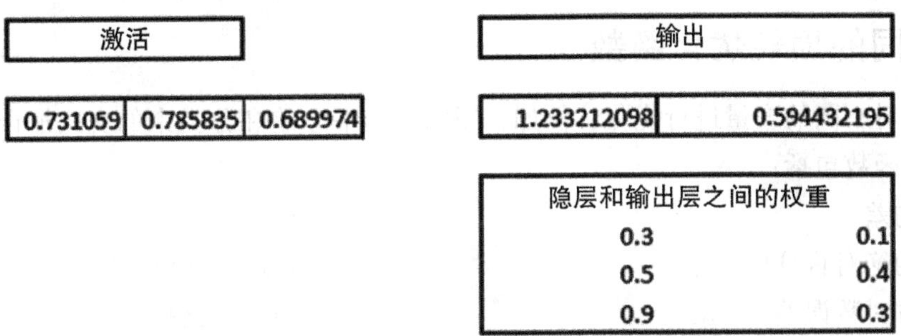

上一个输出的一个问题是它的值大于 1（在其他情况下，值也可能小于 0）。

在这种情况下，输出超出 0～1 之间的期望值时，Softmax 激活非常有用。上述输出的 Softmax 计算如下：

在下面的 Softmax 步骤 1 中，将输出提高到其指数值。请注意，3.43 是 1.233 的指数：

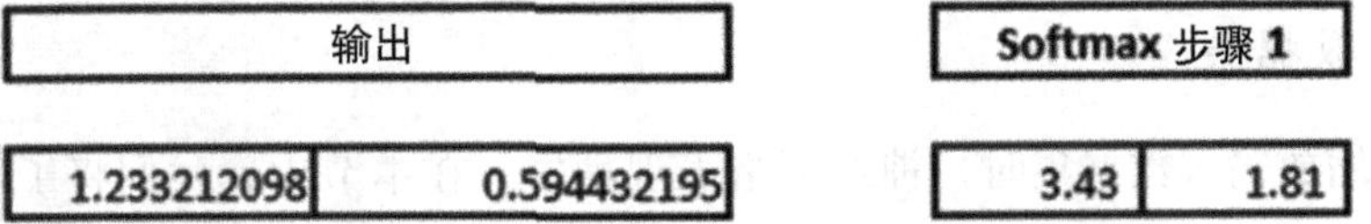

在下面的 Softmax 步骤 2 中，将 Softmax 输出归一化以获得概率，使得两个输出的概率之和为 1，如下：

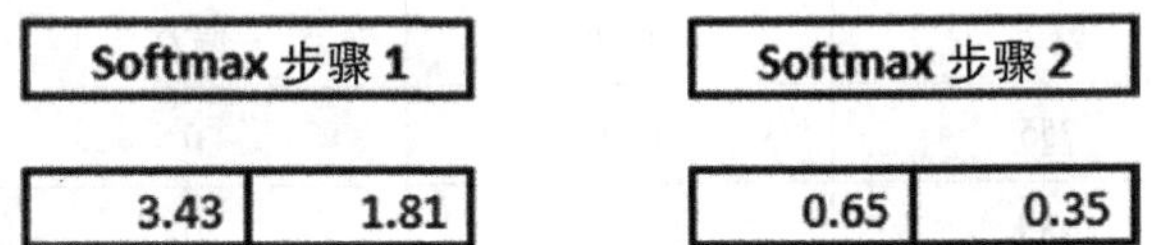

注意，0.65 是通过 3.43 /（3.43 +1.81）获得的。

现在有了概率值，继续计算交叉熵误差，而不是计算总平方差，如下：

1）最后的 Softmax 步骤与实际输出进行比较，如下：

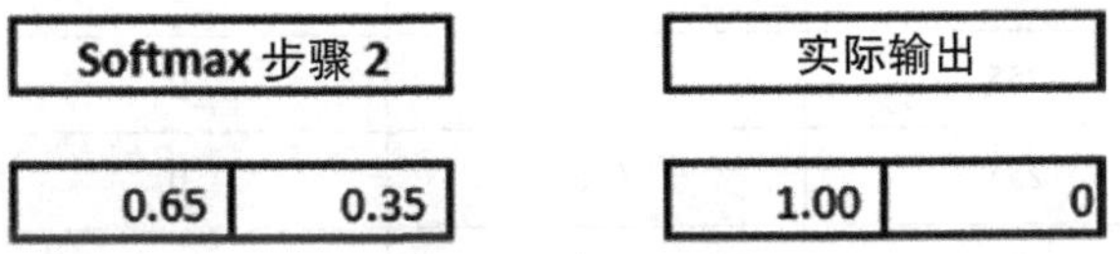

2）交叉熵误差是根据实际值和预测值（从 Softmax 步骤 2 获得的）计算得出的：

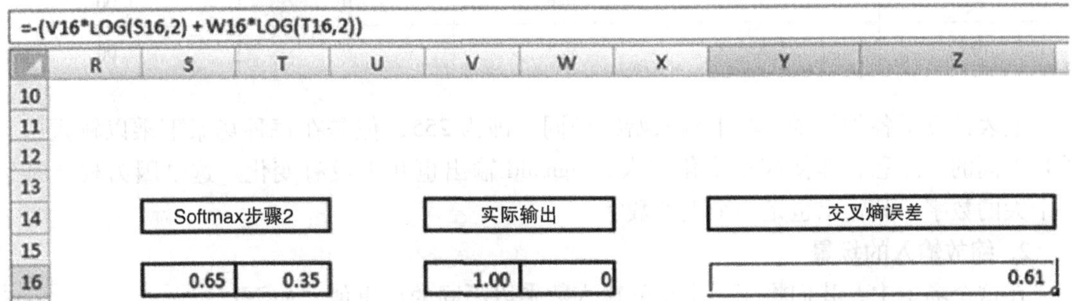

现在有了最终的误差度量，我们再次部署梯度下降来最小化总交叉熵误差。

7.4 不同的损耗优化函数

可以针对不同的度量进行优化，例如，回归中的平方差和分类中的交叉熵误差。其他可优化的损失函数包括：

- 方均差。
- 平均绝对百分比误差。
- 均方对数误差。
- 平方铰链。
- 铰链。
- 分类铰链。
- Logcosh。
- 分类交叉熵。
- 稀疏分类交叉熵。
- 二元交叉熵。
- Kullback Leibler 发散。
- 泊松。
- 余弦邻近。

7.4.1 缩放数据集

通常，当缩放输入数据集时，神经网络表现良好。在本节中，我们将了解缩放的原因。为了查看缩放对输出的影响，我们将对比两种情况。

1. 不缩放输入的场景

场景	输入	权重	偏差	Sigmoid
1	255	0.01	0	0.93
2	255	0.1	0	1.00
3	255	0.2	0	1.00
4	255	0.3	0	1.00
5	255	0.4	0	1.00
6	255	0.5	0	1.00
7	255	0.6	0	1.00
8	255	0.7	0	1.00
9	255	0.8	0	1.00
10	255	0.9	0	1.00

上表计算了各种场景，其中输入始终相同，即为 255，但是在每种场景下乘以输入的权重是不同的。注意，即使权重变化很大，Sigmoid 输出也几乎没有变化。这是因为权重乘以一个大的数字，其输出也是一个大的数字。

2. 缩放输入的场景

在这个场景中，我们将用一个小的输入数乘以不同的权重值，如下：

场景	输入	权重	偏差	Sigmoid
1	1	0.01	0	0.50
2	1	0.1	0	0.52
3	1	0.2	0	0.55
4	1	0.3	0	0.57
5	1	0.4	0	0.60
6	1	0.5	0	0.62
7	1	0.6	0	0.65
8	1	0.7	0	0.67
9	1	0.8	0	0.69
10	1	0.9	0	0.71

现在，权重乘以一个较小的数字，对于不同的权重值，Sigmoid 输出相差很大。

由于需要缓慢调整权重以达到最优权重值，因此自变量变化幅度较大的问题很明显。鉴于权重调整缓慢（根据梯度下降中的学习速率），当输入为高数值时，可能需要花费大量时间才能达到最优权重。因此，为了获得最优权重值，最好先缩放数据集，以便我们能用较小的数值作为输入。

7.5 在 Python 中实现神经网络

有几种在 Python 中实现神经网络的方法。在这里，我们将研究使用 keras 框架实现神经网络。在实现神经网络之前，必须先安装 tensorflow/theano 和 keras。

1）下载数据集并提取训练和测试数据集（参见 github 中“NN. ipynb”）。

```
from keras.datasets import mnist
import matplotlib.pyplot as plt
%matplotlib inline
# 加载（如果需要下载）MNIST数据集
(X_train, y_train), (X_test, y_test) = mnist.load_data()
# 将4幅图片绘制为灰度图
plt.subplot(221)
plt.imshow(X_train[0], cmap=plt.get_cmap('gray'))
plt.subplot(222)
plt.imshow(X_train[1], cmap=plt.get_cmap('gray'))
plt.subplot(223)
plt.imshow(X_train[2], cmap=plt.get_cmap('gray'))
plt.subplot(224)
plt.imshow(X_train[3], cmap=plt.get_cmap('gray'))
# 显示绘图
plt.show()
```

输出如图 7-8 所示。

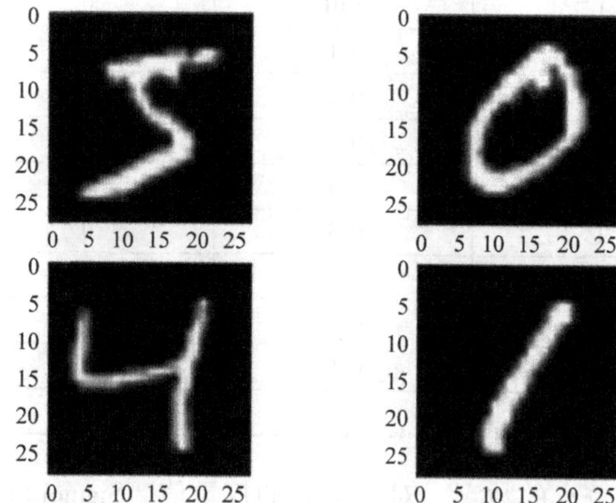

图 7-8　输出

2）导入相关包。

```
import numpy as np
from keras.datasets import mnist
from keras.models import Sequential
from keras.layers import Dense
from keras.layers import Dropout
from keras.utils import np_utils
```

3）预处理数据集：

```
num_pixels = X_train.shape[1] * X_train.shape[2]
# 重新调整输入的形状，以便可以将其传递给服务器
X_train = X_train.reshape(X_train.shape[0],num_pixels
).astype('float32')
X_test = X_test.reshape(X_test.shape[0],num_pixels).
astype('float32')
# 刻度输入
X_train = X_train / 255
X_test = X_test / 255
# 一个热编码输出
y_train = np_utils.to_categorical(y_train)
y_test = np_utils.to_categorical(y_test)
num_classes = y_test.shape[1]
```

4）建立模型。

```
# 建立模型
model = Sequential()
# 在隐层中添加1000个单位
# 在隐层中应用relu激活
model.add(Dense(1000, input_dim=num_
pixels,activation='relu'))
# 初始化输出层
model.add(Dense(num_classes, activation='softmax'))
# 编译模型
model.compile(loss='categorical_crossentropy',
optimizer='adam', metrics=['accuracy'])
# 提取模型摘要
model.summary()
```

```
_________________________________________________________________
Layer (type)                 Output Shape              Param #
=================================================================
dense_39 (Dense)             (None, 1000)              785000
_________________________________________________________________
dense_40 (Dense)             (None, 10)                10010
=================================================================
Total params: 795,010
Trainable params: 795,010
Non-trainable params: 0
_________________________________________________________________
```

5）运行模型。

```
model.fit(X_train, y_train, validation_data=(X_test,
y_test), epochs=5, batch_size=1024, verbose=1)
```

```
Train on 60000 samples, validate on 10000 samples
Epoch 1/5
60000/60000 [==============================] - 1s 19us/step - loss: 0.4960 - acc: 0.8650 - val_loss: 0.2336 - val_acc: 0.9326
Epoch 2/5
60000/60000 [==============================] - 1s 11us/step - loss: 0.2003 - acc: 0.9436 - val_loss: 0.1651 - val_acc: 0.9532
Epoch 3/5
60000/60000 [==============================] - 1s 11us/step - loss: 0.1445 - acc: 0.9598 - val_loss: 0.1332 - val_acc: 0.9622
Epoch 4/5
60000/60000 [==============================] - 1s 11us/step - loss: 0.1111 - acc: 0.9692 - val_loss: 0.1083 - val_acc: 0.9687
Epoch 5/5
60000/60000 [==============================] - 1s 11us/step - loss: 0.0870 - acc: 0.9763 - val_loss: 0.0910 - val_acc: 0.9731
```

注意，随着迭代周期（epoch）数量的增加，测试数据集的精度也会增加。此外，在 keras 中，只需要指定第一层的输入尺寸，它就会自动计算出其余层的尺寸。

7.6 利用正则化避免过拟合

尽管已经对数据集进行了缩放，但是神经网络很可能在训练数据集上过拟合，因为损失函数（平方差或交叉熵误差）可确保在不断增加的迭代周期中损失最小化。

然而，在训练损失不断减少的同时，测试数据集的损失也不一定就会减少。随着神经网络中权重（参数）数量的增加，在训练数据集上过拟合的可能性很大，因此在看不见的测试数据集上无法正则化的可能性也很高。

让我们在 MNIST 数据集上使用相同的神经网络体系结构对比两个场景，在场景 A 中，我们考虑 5 个迭代周期，因此过拟合的机会较少。而在场景 B 中，我们考虑 100 个迭代周期，所以过拟合的机会较多（参见 github 中“Need for regularization in neural network. ipynb”）。

需要注意的是，训练数据集和测试数据集的精度在最初的几个迭代周期相差不大，但随着迭代周期数的增加，训练数据集的精度会增加，而测试数据集的精度在经过一些迭代周期后可能不会增加。

在运行过程中，可以看见下面的精度指标：

场景	训练数据集	测试数据集
5epochs	97.57%	97.27%
100epochs	100%	98.28%

一旦我们绘制了权重直方图（例如将隐层连接到输出层的权重），可以注意到，与 5 个迭代周期的场景中的权重相比，100 个迭代周期的场景中的权重具有更高的分布（范围），如下：

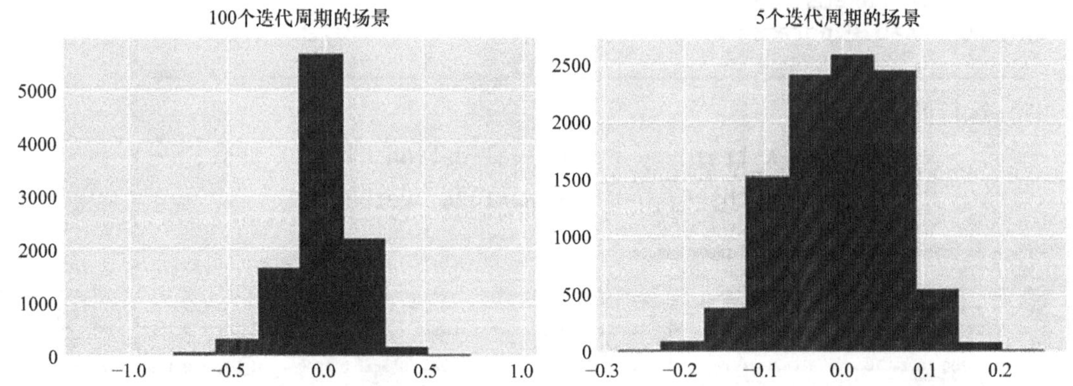

100 个迭代周期的场景具有更高的权重范围，因为它试图在以后的迭代周期内调整训练数据集中的边缘情况，而 5 个迭代周期的场景没有机会调整边缘情况。当训练数据集的边缘情况被权重更新所覆盖时，测试数据集的边缘情况没有必要表现得很相似，因此它可能没有被权重更新覆盖。另外，请注意，训练数据集中的边缘情况可以通过赋予某些像素非常高的权重来覆盖，从而快速向饱和方向移动到 Sigmoid 曲线的 1 或 0。

因此，为了通用化的目的，高权重值是不可取的。正则化在这种场景下会很有用。正则化对于较高的权重具有惩罚作用。使用的主要正则化类型是 L_1 和 L_2 正则化。

L_2 正则化将附加成本项添加到误差（损失函数）中，表示为$\sum w_i^2$。

L_1 正则化将附加成本项添加到误差（损失函数）中，表示为$\sum |w_i|$。

这样，可确保权重不能被调整为较高的值，以便它们仅适用于训练数据集中的极端边缘情况。

7.7 将权重分配给正则化项

可以注意到，在 L_2 正则化的情况下，修改后的损失函数如下：

$$总损失 = \sum(y-\hat{y})^2 + \lambda\sum w_i^2$$

式中，λ 是与正则化项相关的权重，并且是需要调整的超参数。同样，在 L_1 正则化的情况下，总损失如下：

$$总损失 = \sum(y-\hat{y})^2 + \lambda\sum |w_i|$$

L_1 和 L_2 正则化在 Python 中的实现如下：

```
from keras import regularizers
model3 = Sequential()
model3.add(Dense(1000, input_dim=784, activation='relu',
kernel_regularizer=regularizers.l2(0.001)))
model3.add(Dense(10, activation='softmax', kernel_regularizer=regularizers.
l2(0.001)))
model3.compile(loss='categorical_crossentropy', optimizer='adam',
metrics=['accuracy'])
model3.fit(X_train, y_train, validation_data=(X_test, y_test), epochs=100,
batch_size=1024, verbose=2)
```

注意，上面涉及调用一个额外的超参数——kernel_regularizer，然后指定它是否为 L_1/L_2 正则化。此外，还指定了 λ 值，该值给出了正则化的权重。

可以注意到，后正则化、训练和测试数据集的精度是相似的，其中训练数据集的精度是 97.6%，而测试数据集的精度是 97.5%。L_2 正则化后的权重直方图如下：

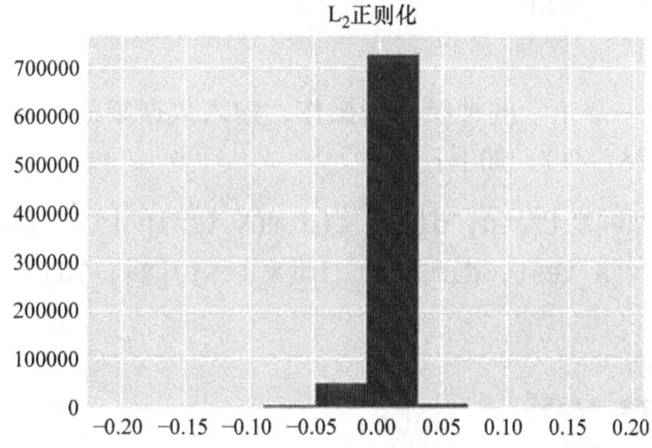

还可以注意到，与前两种场景相比，大多数权重现在更接近于 0，从而避免了由于为边

缘情况指定了高权重值而导致的过拟合问题。在 L_1 正则化的情况下，我们会看到类似的趋势。

因此，L_1 和 L_2 正则化有助于避免在训练数据集上过拟合而不在测试数据集上泛化的问题。

7.8 在 R 中实现神经网络

与在 Python 中实现神经网络的方式类似，我们将使用 keras 框架在 R 中实现神经网络。与 Python 一样，多个包可以帮助我们实现这个结果。

为了建立神经网络模型，我们将在 R 中使用 kerasR 包。考虑到 kerasR 包对 Python 的所有依赖性，以及创建虚拟环境的需求，我们将在云中执行 R（参见 github 中“NN. R”）。

1）安装 kerasR 包。

```
install.packages("kerasR")
```

2）加载安装好的包。

```
library(kerasR)
```

3）使用 MNIST 数据集进行分析。

```
mnist <- load_mnist()
```

4）检查 mnist 对象的结构。

```
str(mnist)
```

注意，在默认情况下，MNIST 数据集具有训练数据集和测试数据集。

5）提取训练数据集和测试数据集。

```
mnist <- load_mnist()
X_train <- mnist$X_train
Y_train <- mnist$Y_train
X_test <- mnist$X_test
Y_test <- mnist$Y_test
```

6）重构数据集。

假设我们正在执行一个正常的神经网络操作，输入数据集的形式为（60000，784），而 X_train 则是（60000，28，28），如下：

```
X_train <- array(X_train, dim = c(dim(X_train)[1], 784))
X_test <- array(X_test, dim = c(dim(X_test)[1], 784))
```

7）缩放数据集。

```
X_train <- X_train/255
X_test <- X_test/255
```

8）将因变量（Y_train 和 Y_test）转换为分类变量。

```
Y_train <- to_categorical(mnist$Y_train, 10)
Y_test <- to_categorical(mnist$Y_test, 10)
```

9）建立模型。

```
model <- Sequential()
model$add(Dense(units = 1000, input_shape = dim(X_train)[2],
activation = "relu"))
model$add(Dense(10,activation = "softmax"))
model$summary()
```

10）编译模型。

```
keras_compile(model,  loss = 'categorical_crossentropy',
optimizer = Adam(),metrics='categorical_accuracy')
```

11）拟合模型。

```
keras_fit(model, X_train, Y_train,batch_size = 1024,
epochs = 5,verbose = 1, validation_data = list(X_test,
Y_test))
```

上面的过程应该使我们的测试数据集的精度达到约 98%。

7.9 总结

在本章中，我们学习了以下内容：

1）神经网络可以逼近复杂的函数（由于隐层中的激活）。

2）前向和反向传播构成了神经网络功能的基础。

3）前向传播有助于估算误差，而反向传播有助于减小误差。

4）每当涉及梯度下降以达到最优权重值时，最好缩放输入数据集。

5）L_1/L_2 正则化通过惩罚高权重值有助于避免过拟合。

第 8 章 Word2vec

Word2vec 是一种基于神经网络的方法，在传统的文本挖掘分析中非常方便。

传统的文本挖掘方法的问题之一是数据的维数问题。鉴于典型文本中有大量不同的词，因此建立的列数可能会非常高。在这种方法里，每列对应一个单词，列中的每个值表明该单词是否存在于对应的文本中，稍后将对此进行详细说明。

Word2vec 能够以更好的方式来表示数据：彼此相似的单词具有相似的向量，而彼此不相似的单词则具有不同的向量。在本章中，我们将探讨计算单词向量的不同方法。

为了了解 Word2vec 是如何工作的，让我们来探讨一个问题。假设有两个输入语句：

输入语句
I enjoy playing TT
I like playing TT

语义上，我们知道“享受（enjoy）”和“喜欢（like）”是两个相似的词。然而，在传统的文本挖掘中，当我们对单词进行独热编码时，输出如下：

独立的单词

I
enjoy
playing
TT
like

独热编码

	I	enjoy	playing	TT	like
I	1	0	0	0	0
enjoy	0	1	0	0	0
playing	0	0	1	0	0
TT	0	0	0	1	0
like	0	0	0	0	1

注意，独热编码会导致为每个单词分配一列。独热编码的主要问题是，单词｛I，enjoy｝之间的欧氏距离与单词｛enjoy，like｝之间的欧氏距离相同。但是我们知道，｛I，enjoy｝之间的距离应该大于｛enjoy，like｝之间的距离，因为 enjoy 和 like 为同义词。

8.1 手工构建词向量

在构建一个词向量之前，我们将按照以下方式来阐述假设：

“相关的单词周围会有相似的单词。”

例如，“国王”和“王子”这两个单词往往会有类似的单词围绕在它们周围。基本上，这些单词的上下文（周围的单词）是相似的。

根据这个假设，让我们把每个单词看作输出，把所有上下文单词（周围的单词）看作输入。因此，我们的数据集转换如下（参见 github 中“word2vec. xlsx”）：

输入			输出
enjoy	playing	TT	I
I	playing	TT	enjoy
I	enjoy	TT	playing
I	enjoy	playing	TT
like	playing	TT	I
I	playing	TT	like
I	like	TT	playing
I	like	playing	TT

通过使用上下文单词作为输入，我们试图预测作为输出的给定单词。

前面输入和输出单词的向量形式如下（注意，第 3 行中给出的列名 {I，enjoy，playing，TT，like} 仅供参考）：

向量化输入					输出向量				
I	enjoy	playing	TT	like	I	enjoy	playing	TT	like
0	1	1	1	0	1	0	0	0	0
1	0	1	1	0	0	1	0	0	0
1	1	0	1	0	0	0	1	0	0
1	1	1	0	0	0	0	0	1	0
0	0	1	1	1	1	0	0	0	0
1	0	1	1	0	0	0	0	0	1
1	0	0	1	1	0	0	1	0	0
1	0	1	0	1	0	0	0	1	0

注意，给定输入单词 {enjoy，playing，TT}，向量形式是 {0，1，1，1，0}，因为输入中不同时包含 I 和 like，所以第一个和最后一个索引是 0（请注意在前面完成的独热编码）。

现在，假设要将五维输入向量转换为三维向量。在这种情况下，隐层有三个与之相关的神经元。神经网络如图 8-1 所示。

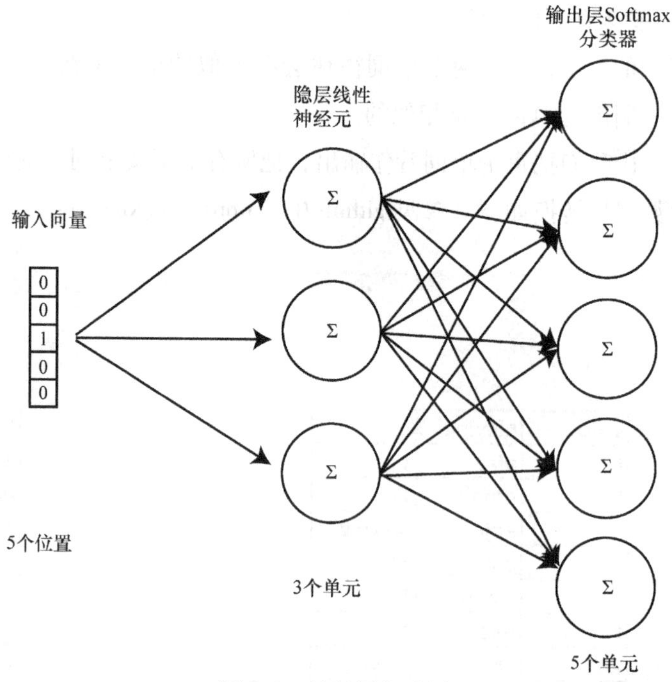

图 8-1　神经网络示例

各层尺寸如下：

层	尺寸	注释
输入层	8 × 5	因为有 8 个输入和 5 个索引（唯一的单词）
隐层权重	5 × 3	因为 3 个神经元各有 5 个输入
隐层输出	8 × 3	输入层与隐层的矩阵相乘
从隐层到输出层的权重	3 × 5	3 个隐层的输出列映射到 5 个原始输出列
输出层	8 × 5	隐层的输出与从隐层到输出层的权重之间的矩阵相乘

下面显示了每种方法的工作原理：

向量化输入

B	C	D	E	F
0	1	1	1	0
1	0	1	1	0
1	1	0	1	0
1	1	1	0	0
0	0	1	1	1
1	0	1	1	0
1	0	0	1	1
1	0	1	0	1

隐层

I	J	K
3.38	-5.78	-0.98
1.78	3.19	3.63
-5.65	-1.66	-0.24
3.11	5.18	-3.17
1.66	3.34	3.76

隐层的输出

M	N	O
-0.75	6.71	0.23
0.85	-2.26	-4.39
8.27	2.59	-0.52
-0.48	-4.26	2.41
-0.88	6.87	0.35
0.85	-2.26	-4.39
8.15	2.74	-0.39
-0.61	-4.10	2.54

注意，输入向量与随机初始化的隐层权重矩阵相乘，得到隐层的输出。鉴于输入层尺寸为 8 × 5，隐层尺寸为 5 × 3，则矩阵相乘后的输出的尺寸为 8 × 3。而且，与传统的神经网络

不同，在 Word2vec 方法中，我们不在隐层上应用任何激活，如下：

隐层的输出			从隐层到输出层的权重					输出层				
-0.75	6.71	0.23	-1.95	-2.01	8.71	-1.88	-0.78	53.20	-11.23	5.96	-12.45	-16.48
0.85	-2.26	-4.39	7.64	-1.83	1.83	-2.21	-2.49	-27.20	11.52	-1.94	-15.90	11.52
8.27	2.59	-0.52	1.88	-2.07	1.19	4.40	-1.49	2.62	-20.28	76.21	-23.55	-12.16
-0.48	-4.26	2.41						-27.06	3.76	-9.12	20.96	7.39
-0.88	6.87	0.35						54.86	-11.53	5.31	-12.00	-16.96
0.85	-2.26	-4.39						-27.20	11.52	-1.94	-15.90	11.52
8.15	2.74	-0.39						4.28	-20.58	75.57	-23.10	-12.64
-0.61	-4.10	2.54						-25.41	3.46	-9.76	21.41	6.92

一旦获得了隐层的输出，我们就用一个从隐层到输出层的权重矩阵来乘以它们。已知隐层的输出尺寸为 8 ×3，输出的隐层尺寸为 3 ×5，则输出层尺寸为 8 ×5。但是请注意，输出层具有一定范围的数字，包括正数和负数，以及大于 1 或小于 -1 的数字。

因此，正如我们在神经网络中所做的那样，我们通过 Softmax 将数字转换为 0 ~ 1 之间的数字，如下：

输出层					Softmax第1部分					Softmax第2部分				
53.20	-11.23	5.96	-12.45	-16.48	1.28E+23	1.32E-05	3.86E+02	3.91E-06	6.97E-08	1.00	0.00	0.00	0.00	0.00
-27.20	11.52	-1.94	-15.90	11.52	1.53E-12	1.00E+05	1.44E-01	1.25E-07	1.00E+05	0.00	0.50	0.00	0.00	0.50
2.62	-20.28	76.21	-23.55	-12.16	1.38E+01	1.56E-09	1.25E+33	5.91E-11	5.21E-06	0.00	0.00	1.00	0.00	0.00
-27.06	3.76	-9.12	20.96	7.39	1.77E-12	4.30E+01	1.10E-04	1.26E+09	1.63E+03	0.00	0.00	0.00	1.00	0.00
54.86	-11.53	5.31	-12.00	-16.96	6.69E+23	9.83E-06	2.03E+02	6.15E-06	4.33E-08	1.00	0.00	0.00	0.00	0.00
-27.20	11.52	-1.94	-15.90	11.52	1.53E-12	1.00E+05	1.44E-01	1.25E-07	1.00E+05	0.00	0.50	0.00	0.00	0.50
4.28	-20.58	75.57	-23.10	-12.64	7.21E+01	1.15E-09	6.59E+32	9.29E-11	3.24E-06	0.00	0.00	1.00	0.00	0.00
-25.41	3.46	-9.76	21.41	6.92	9.26E-12	3.19E+01	5.78E-05	1.98E+09	1.01E+03	0.00	0.00	0.00	1.00	0.00

为了方便起见，将 Softmax 分解为两个步骤：

1）对数字应用指数。

2）将步骤 1）的输出，除以步骤 1）的输出的行总和。

在前面的输出中，可以看到第一列的输出非常接近第一行中的 1，第二列的输出是第二行中的 0.5，等等。

一旦我们得到预测，就将其与实际值进行比较，以计算整个批次的交叉熵损失，如下：

Softmax第2部分					实际输出					交叉熵误差				
1.00	0.00	0.00	0.00	0.00	1	0	0	0	0	0.00	0.00	0.00	0.00	0.00
0.00	0.50	0.00	0.00	0.50	0	1	0	0	0	0.00	-1.00	0.00	0.00	-1.00
0.00	0.00	1.00	0.00	0.00	0	0	1	0	0	0.00	0.00	0.00	0.00	0.00
0.00	0.00	0.00	1.00	0.00	0	0	0	1	0	0.00	0.00	0.00	0.00	0.00
1.00	0.00	0.00	0.00	0.00	1	0	0	0	0	0.00	0.00	0.00	0.00	0.00
0.00	0.50	0.00	0.00	0.50	0	0	0	0	1	0.00	-1.00	0.00	0.00	-1.00
0.00	0.00	1.00	0.00	0.00	0	0	1	0	0	0.00	0.00	0.00	0.00	0.00
0.00	0.00	0.00	1.00	0.00	0	0	0	1	0	0.00	0.00	0.00	0.00	0.00

总平方差	4.00

$$交叉熵损失 = -\sum 实际值 \times \log(概率,2)$$

现在，我们已经计算出了整个交叉熵误差，下面的任务是通过使用选择的优化器来改变随机初始化的权重，从而降低总体交叉熵误差。一旦达到最优权重值，将得到如下所示的隐层。

独热编码

	I	enjoy	playing	TT	like
I	1	0	0	0	0
enjoy	0	1	0	0	0
playing	0	0	1	0	0
TT	0	0	0	1	0
like	0	0	0	0	1

隐层

3.38	-5.78	-0.98
1.78	3.19	3.63
-5.65	-1.66	-0.24
3.11	5.18	-3.17
1.66	3.34	3.76

现在我们已经计算了输入单词和隐层权重，接着可以通过将输入单词与隐层相乘，以便在较低的维度中表示这些单词。

输入层（每个单词尺寸为1×5）和隐层（权重为5×3）的矩阵乘法是大小为1×3的向量，如下：

独热编码

	I	enjoy	playing	TT	like
I	1	0	0	0	0
enjoy	0	1	0	0	0
playing	0	0	1	0	0
TT	0	0	0	1	0
like	0	0	0	0	1

隐层

3.38	-5.78	-0.98
1.78	3.19	3.63
-5.65	-1.66	-0.24
3.11	5.18	-3.17
1.66	3.34	3.76

词向量

3.38	-5.78	-0.98
1.78	3.19	3.63
-5.65	-1.66	-0.24
3.11	5.18	-3.17
1.66	3.34	3.76

如果现在考虑单词{enjoy，like}，我们应该注意到两个单词的向量非常相似（也就是说，两个单词之间的距离很小）。

这样，我们将原始输入的独热编码向量（其中{enjoy，like}之间的距离很高）转换为词向量，转换后{enjoy，like}之间的单词的向量的距离变得很小。

8.2 构建词向量的方法

我们在上节中构建词向量所采用的方法称为连续词袋（CBOW）模型。

用一句话来举例，“The quick brown fox jumped over the dog（敏捷的棕色狐狸跳过了狗）。”CBOW 模型这样处理这句话，如下：

1）确定窗口大小。也就是说，在给定单词的左侧和右侧选择 n 个单词。例如，假设窗口大小为给定单词左右各 2 个单词。

2）给定窗口大小，输入和输出向量如下：

输入单词	输出单词
{The, quick, fox, jumped}	{brown}
{quick, brown, jumped, over}	{fox}
{brown, fox, over, the}	{jumped}
{fox, jumped, the, dog}	{over}

另一种构建词向量的方法称为 skip - gram 模型。在 skip - gram 模型中，前面的步骤是相反的，如下：

输出单词	输入单词
{brown}	{The, quick, fox, jumped}
{fox}	{quick, brown, jumped, over}
{jumped}	{brown, fox, over, the}
{over}	{fox, jumped, the, dog}

无论是 skip - gram 模型还是 CBOW 模型，获得隐层向量的方法都是相同的。

8.3 Word2vec 模型中需要注意的问题

对于到目前为止讨论的计算方式，本节将介绍我们可能面临的一些常见问题。

8.3.1 常用词

典型的常用词"the"经常出现在词汇表中。在这种情况下，输出中出现类似的单词的频率更高。如果不加以处理，这可能导致大多数输出是比其他单词更频繁的单词，例如 the。我们需要有一种方法来惩罚频繁出现的单词在训练数据集中出现的次数。

在典型的 Word2vec 分析中，我们对频繁出现的单词的惩罚方式如下。选择一个单词的概率计算如下：

$$P(w_i) = \left(\sqrt{\frac{z(w_i)}{0.001}} + 1\right) \cdot \frac{0.001}{z(w_i)}$$

式中，$z(w)$ 是一个单词在所有单词中出现的次数。该公式的曲线图如图 8-2 所示。

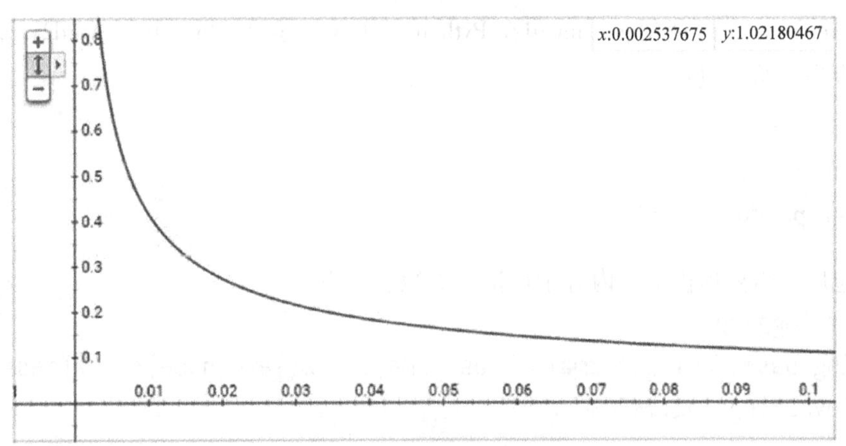

图 8-2 结果曲线

注意，随着 $z(w)$（x 轴）的增加，选择的概率（y 轴）急剧减小。

8.3.2 负采样

假设数据集中总共有 10000 个单词，也就是说，每个向量都有 10000 维。还假设我们正在从原始的 10000 维向量中创建一个 300 维向量。这意味着，从隐层到输出层，总共有 $300\times10000=3000000$ 个权重。

权重如此多带来的一个主要问题是，它可能会导致数据的过拟合。这也可能导致更长的训练时间。

负采样是克服此问题的一种方法。假设不是检查所有 10000 个维度，而是选择输出为 1 的索引（正确的标签）和标签为 0 的 5 个随机索引。这样，可以将要在一次迭代中更新的权重数量从 300 万个减少到 $300\times6=1800$ 个权重。

负索引的选择是随机的，但是在 Word2vec 的实际实现中，选择是基于一个单词与其他单词相比的频率。与使用频率较低的单词相比，使用频率较高的单词更有可能被选中。

选择 5 个负单词的概率如下：

$$P(w_i)=\frac{f(w_i)^{3/4}}{\sum_{j=0}^{n}(f(w_j)^{3/4})}$$

式中，$f(w)$ 是给定单词的频率。

一旦计算出每个单词的概率，单词选择就会发生如下情况：频率较高的单词重复频率更高，而频率较低的单词重复频率更低，并存储在表格中。鉴于高频单词的重复频率更高，当从表格中随机选择 5 个单词时，它们被拾取的机会就会更高。

8.4 在 Python 中实现 Word2vec

Word2vec 可以通过使用 gensim 包在 Python 中实现（参见 github 中“word2vec. ipynb”）。第一步是初始化包：

```
import nltk
import gensim
import pandas as pd
```

导入包后，需要提供前面内容中讨论的参数，如下：

```
import logging
logging.basicConfig(format='%(asctime)s : %(levelname)s : %(message)s',\
    level=logging.INFO)

# 设置各种参数的值
```

```
num_features = 100      # 词向量维数
min_word_count = 50     # 最小单词数
num_workers = 4         # 并行运行的线程数
context = 9             # 上下文窗口大小
downsampling = 1e-4     # 常用词的降低采样设置
```

1）logging 本质上帮助我们跟踪词向量，计算完成的程度。

2）num_features 是隐层中神经元的数量。

3）min_word_count 是计算可接受的单词频率的截止值。

4）context 是窗口大小。

5）downsampling 有助于降低选择高频繁单词的概率。

模型的输入词汇如下所示：

```
sentences[1]

['maybe',
 'i',
 'just',
 'want',
 'to',
 'get',
 'a',
 'certain']
```

注意，所有的输入句子都是标记化的。

Word2vec 模型的训练如下：

```
from gensim.models import word2vec
print("Training model...")
w2v_model = word2vec.Word2Vec(t2, workers=num_workers,
            size=num_features, min_count = min_word_count,
            window = context, sample = downsampling)
```

一旦对模型进行了训练，就可以得到词汇表中满足指定标准的任何单词的权重向量，如下所示：

```
model['word'] # 用你感兴趣的单词替换“Word”
```

类似地，与给定单词最相似的单词可以按如下方式获得：

```
model.most_similar('word')
```

8.5 总结

在本章中，我们学习了以下内容：

1）Word2vec 是一种可以帮助将文本转换成数字向量的方法。

2）这对于下游的多种方法来说是强有力的第一步，例如，可以在构建模型时使用词向量。

3）Word2vec 使用 CBOW 或 skip - gram 模型来生成向量，这种模型有助于生成向量的神经网络结构。

4）神经网络中的隐层是生成词向量的关键。

第 9 章 卷积神经网络

在第 7 章中，我们介绍了传统的神经网络（Neural Network，NN）。传统神经网络的局限性之一是它不是平移不变的，也就是说，图像右上角的猫的图像将与在图像中心有猫的图像区别对待。而卷积神经网络（Convolutional Neural Network，CNN）可以用来处理此类问题。

鉴于 CNN 可以处理图像中的平移，其被认为是非常有用的，并且 CNN 架构实际上是当前最先进的目标分类/检测技术之一。

在本章中，我们将学习以下内容：

1）CNN 的工作细节。

2）CNN 如何改善神经网络的弊端。

3）卷积和池化对解决图像平移问题的影响。

4）如何在 Python 和 R 中实现 CNN。

为了进一步了解 CNN 的需求，让我们从一个示例开始。假设我们要对图像中是否有垂直线进行分类（也许可以判断图像是否代表 1）。为了简单起见，假设图像是 5×5 的图像。垂直线（或 1）可以用以下多种方式进行表示：

0	0	1	0	0
0	0	1	0	0
0	0	1	0	0
0	0	1	0	0
0	0	1	0	0

0	0	0	1	0
0	0	1	0	0
0	0	1	0	0
0	0	1	0	0
0	1	0	0	0

0	1	0	0	0
0	1	0	0	0
0	0	1	0	0
0	0	1	0	0
0	0	1	0	0

还可以检查在 MNIST 数据集中写入数字 1 的不同方式。如图 9-1 所示，“1”的像素图像被高亮显示。

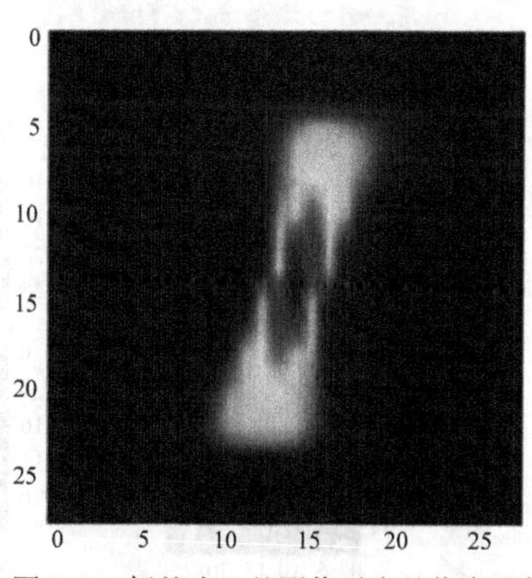

图 9-1　标签为 1 的图像对应的像素图像

在图像中，像素越红，表示人们在上面书写的次数就越多；而像素越蓝，则表示人们在上面书写的次数就越少。中间的像素最红，这表示很有可能无论人们以何种倾斜角度（垂直、向左或向右）书写“1”，大多数人都会在这些像素上书写。在下面的内容中，你会注意到，将图像平移几个单位后，神经网络的预测是不准确的。在后面的内容中，我们将了解 CNN 如何解决图像平移的问题。

9.1 传统神经网络的问题

在前面提到的场景中，只有当中间的像素被突出显示并且图像中其余像素没有被突出显示时，传统的神经网络才会将图像突出显示为 1（因为大多数人都“突出”了中间的像素）。

为了更好地理解这个问题，让我们看一下第 7 章中的代码（参见 github 中“issue with traditional NN. ipynb”）。

1）下载数据集并提取训练和测试数据集。

```
from keras.datasets import mnist
import matplotlib.pyplot as plt
%matplotlib inline
# 加载(如果需要下载)MNIST数据集
(X_train, y_train), (X_test, y_test) = mnist.load_data()
# 将4幅图像绘制为灰度图
plt.subplot(221)
plt.imshow(X_train[0], cmap=plt.get_cmap('gray'))
plt.subplot(222)
plt.imshow(X_train[1], cmap=plt.get_cmap('gray'))
plt.subplot(223)
plt.imshow(X_train[2], cmap=plt.get_cmap('gray'))
plt.subplot(224)
plt.imshow(X_train[3], cmap=plt.get_cmap('gray'))
# 显示绘图
plt.show()
```

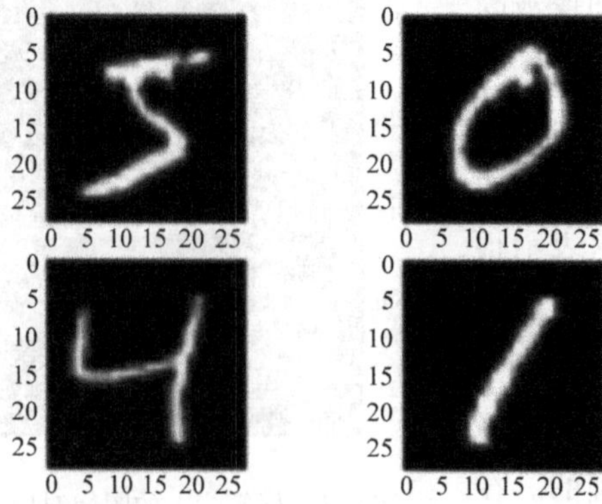

2）导入相关包。

```
import numpy as np
from keras.datasets import mnist
from keras.models import Sequential
from keras.layers import Dense
from keras.layers import Dropout
from keras.layers import Flatten
from keras.layers.convolutional import Conv2D
from keras.layers.convolutional import MaxPooling2D
from keras.utils import np_utils
from keras import backend as K
```

3）仅获取标签 1 对应的训练集。

```
X_train1 = X_train[y_train==1]
```

4）重构和规范化数据集。

```
num_pixels = X_train.shape[1] * X_train.shape[2]
X_train = X_train.reshape(X_train.shape[0],num_pixels
).astype('float32')
X_test = X_test.reshape(X_test.shape[0],num_pixels).
astype('float32')

X_train = X_train / 255
X_test = X_test / 255
```

5）对标签进行独热编码操作。

```
y_train = np_utils.to_categorical(y_train)
y_test = np_utils.to_categorical(y_test)
num_classes = y_train.shape[1]
```

6）构建模型并运行。

```
model = Sequential()
model.add(Dense(1000, input_dim=num_pixels, activation='relu'))
model.add(Dense(num_classes, activation='softmax'))
model.compile(loss='categorical_crossentropy', optimizer='adam',
metrics=[''accuracy'])
model.fit(X_train, y_train, validation_data=(X_test, y_test),
epochs=5, batch_size=1024, verbose=1)
```

```
Train on 60000 samples, validate on 10000 samples
Epoch 1/5
60000/60000 [==============================] - 1s 13us/step - loss: 0.4862 - acc: 0.8711 - val_loss: 0.2382 - val_acc: 0.9327
```

```
Epoch 2/5
60000/60000 [==============================] - 1s 10us/step - loss: 0.1983 - acc: 0.9446 - val_loss: 0.1686 - val_acc: 0.9503
Epoch 3/5
60000/60000 [==============================] - 1s 11us/step - loss: 0.1423 - acc: 0.9599 - val_loss: 0.1281 - val_acc: 0.9635
Epoch 4/5
60000/60000 [==============================] - 1s 11us/step - loss: 0.1081 - acc: 0.9703 - val_loss: 0.1085 - val_acc: 0.9674
Epoch 5/5
60000/60000 [==============================] - 1s 11us/step - loss: 0.0854 - acc: 0.9769 - val_loss: 0.0957 - val_acc: 0.9719
```

让我们画出一个典型的标签 1 的样子。

```
pic=np.zeros((28,28))
pic2=np.copy(pic)
for i in range(X_train1.shape[0]):
  pic2=X_train1[i,:,:]

    pic=pic+pic2
  pic=(pic/X_train1.shape[0])
  plt.imshow(pic)
```

结果如图 9-2 所示。

图 9-2　典型的 1 的图像

9.1.1　场景 1

在这种场景下，将创建一个新图像（见图 9-3），其中原始图像向左平移了 1 个像素。

```
for i in range(pic.shape[0]):
  if i<20:
    pic[:,i]=pic[:,i+1]
plt.imshow(pic)
```

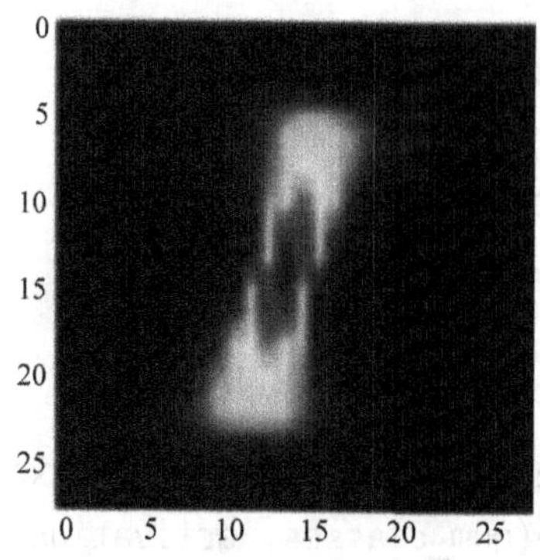

图 9-3　典型的 1 的图像向左平移 1 个像素

继续使用构建的模型预测图 9-3 中图像的标签，如下：

```
model.predict(pic.reshape(1,784))
```

```
array([[0.0000000e+00, 2.8250072e-27, 0.0000000e+00, 0.0000000e+00,
        0.0000000e+00, 0.0000000e+00, 0.0000000e+00, 0.0000000e+00,
        1.0000000e+00, 0.0000000e+00]], dtype=float32)
```

可以看到输出为 8 的错误预测。

9.1.2 场景 2

创建一个新图像（见图 9-4），其中的像素没有从原始典型的 1 的图像进行平移。

```
pic=np.zeros((28,28))
pic2=np.copy(pic)
for i in range(X_train1.shape[0]):
  pic2=X_train1[i,:,:]
  pic=pic+pic2
pic=(pic/X_train1.shape[0])
plt.imshow(pic)
```

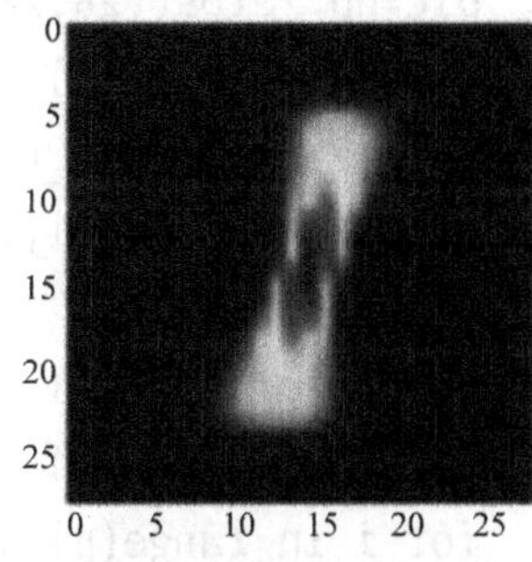

图 9-4 典型的 1 的图像

图 9-4 中图像的预测如下：

```
model.predict(pic.reshape(1,784))
```

```
array([[0., 1., 0., 0., 0., 0., 0., 0., 0., 0.]], dtype=float32)
```

可以看到输出为 1 的正确预测。

9.1.3 场景 3

创建一个新图像（见图 9-5），其中原始典型的 1 的图像向右平移了 1 个像素。

```
pic=np.zeros((28,28))
pic2=np.copy(pic)
for i in range(X_train1.shape[0]):
  pic2=X_train1[i,:,:]
  pic=pic+pic2
pic=(pic/X_train1.shape[0])
pic2=np.copy(pic)
for i in range(pic.shape[0]):
  if ((i>6) and (i<26)):
    pic[:,i]=pic2[:,(i-1)]
plt.imshow(pic)
```

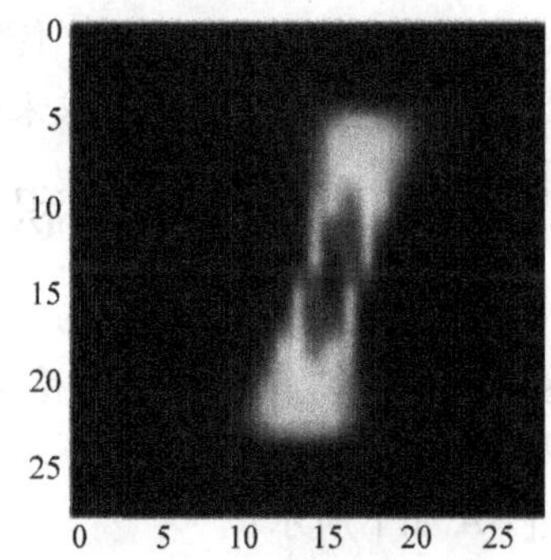

图 9-5 典型的 1 的图像向右平移 1 个像素

继续使用构建的模型预测图 9-5 中图像的标签，如下：

```
model.predict(pic.reshape(1,784))
```

```
array([[0., 1., 0., 0., 0., 0., 0., 0., 0., 0.]], dtype=float32)
```

可以看到输出为 1 的正确预测。

9.1.4 场景 4

创建一个新图像（见图 9-6），其中原始典型的 1 的图像向右平移了 2 个像素。

```
pic=np.zeros((28,28))
pic2=np.copy(pic)
for i in range(X_train1.shape[0]):
  pic2=X_train1[i,:,:]
  pic=pic+pic2
pic=(pic/X_train1.shape[0])
pic2=np.copy(pic)
for i in range(pic.shape[0]):
  if ((i>6) and (i<26)):
    pic[:,i]=pic2[:,(i-1)]
plt.imshow(pic)
```

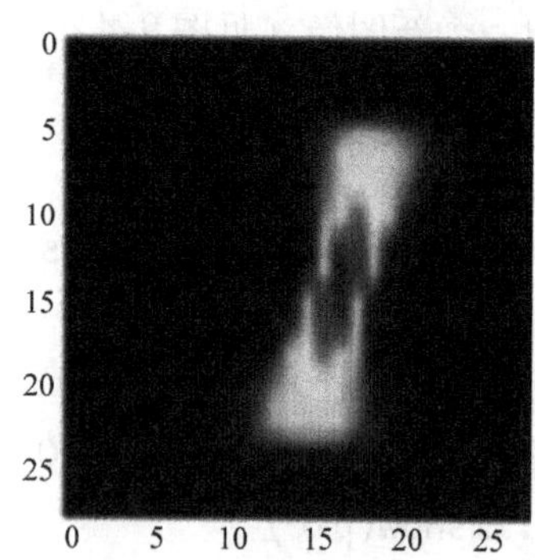

图 9-6　典型 1 的图像向右平移 2 个像素

继续使用构建的模型预测图 9-6 中图像的标签，如下：

```
model.predict(pic.reshape(1,784))
```

```
array([[0., 0., 0., 1., 0., 0., 0., 0., 0., 0.]], dtype=float32)
```

可以看到输出为 3 的错误预测。

从前面的场景中可以看到，传统的神经网络在数据发生平移时无法产生良好的结果。这些场景需要一种不同的处理方法来解决平移变化。这就是 CNN 派上用场的地方。

9.2 了解 CNN 中的卷积

你已经对典型的神经网络的工作原理有了很好的了解。在本节中，让我们探讨一下“卷积”这个词在 CNN 中的含义。卷积是两个矩阵之间的乘法，其中一个矩阵大而另一个小。

想要了解卷积，请参与以下示例。

矩阵 ***A*** 如下所示：

1	2	3	4
5	6	7	8
9	10	11	12
13	14	15	16

矩阵 ***B*** 如下所示：

1	2
3	4

在执行卷积运算时，可以将其看作是将较小的矩阵滑动到较大的矩阵上：当较小的矩阵滑动到较大矩阵的整个区域时，可能会得到9个这样的乘法。请注意，它不是矩阵乘法，如下：

1）较大矩阵的{1，2，5，6}与较小矩阵的{1，2，3，4}相乘：

$$1\times1+2\times2+5\times3+6\times4=44$$

2）较大矩阵的{2，3，6，7}与较小矩阵的{1，2，3，4}相乘：

$$2\times1+3\times2+6\times3+7\times4=54$$

3）较大矩阵的{3，4，7，8}与较小矩阵的{1，2，3，4}相乘：

$$3\times1+4\times2+7\times3+8\times4=64$$

4）较大矩阵的{5，6，9，10}与较小矩阵的{1，2，3，4}相乘：

$$5\times1+6\times2+9\times3+10\times4=84$$

5）较大矩阵的{6，7，10，11}与较小矩阵的{1，2，3，4}相乘：

$$6\times1+7\times2+10\times3+11\times4=94$$

6）较大矩阵的{7，8，11，12}与较小矩阵的{1，2，3，4}相乘：

$$7\times1+8\times2+11\times3+12\times4=104$$

7）较大矩阵的{9，10，13，14}与较小矩阵的{1，2，3，4}相乘：

$$9\times1+10\times2+13\times3+14\times4=124$$

8）较大矩阵的{10，11，14，15}与较小矩阵的{1，2，3，4}相乘：

$$10\times1+11\times2+14\times3+15\times4=134$$

9）较大矩阵的{11，12，15，16}与较小矩阵的{1，2，3，4}相乘：

$$11\times1+12\times2+15\times3+16\times4=144$$

执行前面步骤后的结果将是一个矩阵，如下所示：

44	54	64
84	94	104
124	134	144

按照惯例，较小的矩阵称为过滤器或核，较小的矩阵值通过梯度下降来统计得出（后面在介绍梯度下降时将会了解更多内容）。过滤器内的值可以视为组成权重。

9.2.1 从卷积到激活

在传统神经网络中，隐层不仅将输入值乘以权重，而且还对通过激活函数传递的数据应用了非线性特性。类似的过程也会发生在典型的CNN中，其中卷积是通过激活函数传递的。CNN支持我们迄今为止看到的传统激活函数，如Sigmoid、ReLU、Tanh。

对于前面的输出，请注意，当通过ReLU激活函数传递时，输出保持不变，因为所有数字均为正数。

9.2.2 从卷积激活到池化

现在，我们已经研究了卷积是如何工作的。在本节中，我们将考虑卷积之后的下一个典型步骤：池化。

假设卷积步骤的输出如下（没有考虑前面的示例，这是一个说明池化的新示例，其原理将在后面的内容中进行说明）：

11	22
32	65

在这种情况下，卷积的输出是 2×2 矩阵。最大池化考虑 2×2 块，如果卷积的输出是一个更大的矩阵，则给出类似的最大值作为输出，如下：

11	22	1	2
32	65	3	4
11	12	25	63
13	14	45	32

最大池化将大矩阵分为大小为 2×2 的非重叠块，如下：

11	22	1	2
32	65	3	4
11	12	25	63
13	14	45	32

从每个块中，仅选择具有最大值的元素。因此，前面矩阵上的最大池化操作的输出如下：

65	4
14	63

注意，实际上，不必总是有一个 2×2 的滤波器。

其他类型的池化，包括求和与求平均。同样，在实践中，与其他类型的池化相比，可以看到很多最大池化。

9.2.3 卷积和池化有什么帮助

在前面的 MNIST 示例中，传统神经网络的缺点之一是每个像素都与一个不同的权重相关联。

因此，如果原始像素以外的相邻像素突出显示，则输出将不会非常精确（场景 1 的示例，其中“1”稍微位于中间的左侧）。

现在解决了这个问题，因为像素共享在每个过滤器内构成的权重。将所有像素乘以构成过滤器的所有权重，并且在池化层中仅选择被激活的最大值。这样，无论突出显示的像素是在中心还是稍微远离中心，输出往往都是期望值。然而，当突出显示的像素远离中心时，问题仍然存在。

9.3 使用代码创建 CNN

从前面的传统神经网络场景中，我们看到如果像素向左平移 1 个单位，神经网络就不起作用。实际上，我们可以将卷积步骤视为识别模式的步骤，而将池化步骤视为导致平移变化的步骤。

N 个池化步骤导致至少 *N* 个单位的平移不变性。参考下面的示例，我们在卷积之后应用一个池化步骤（参见 github 中“improvement using CNN. ipynb”）：

1）导入并重构数据以适应 CNN。

```
(X_train, y_train), (X_test, y_test) = mnist.load_data()
X_train = X_train.reshape(X_train.shape[0],X_train.shape[1],
X_train.shape[1],1 ).astype('float32')

X_test = X_test.reshape(X_test.shape[0],X_test.shape[1],X_test.
shape[1],1).astype('float32')

X_train = X_train / 255
X_test = X_test / 255

y_train = np_utils.to_categorical(y_train)
y_test = np_utils.to_categorical(y_test)
num_classes = y_test.shape[1]
Step 2: Build a model
model = Sequential()
model.add(Conv2D(10, (3,3), input_shape=(28, 28,1),
activation='relu'))
model.add(MaxPooling2D(pool_size=(2, 2)))
model.add(Flatten())
model.add(Dense(1000, activation='relu'))
model.add(Dense(num_classes, activation='softmax'))
model.compile(loss='categorical_crossentropy', optimizer='adam',
metrics=['accuracy'])
model.summary()
```

```
_________________________________________________________________
Layer (type)                 Output Shape              Param #
=================================================================
conv2d_1 (Conv2D)            (None, 26, 26, 10)        100
_________________________________________________________________
max_pooling2d_1 (MaxPooling2 (None, 13, 13, 10)        0
_________________________________________________________________
flatten_1 (Flatten)          (None, 1690)              0
_________________________________________________________________
dense_1 (Dense)              (None, 100)               169100
_________________________________________________________________
dense_2 (Dense)              (None, 10)                1010
=================================================================
Total params: 170,210
Trainable params: 170,210
Non-trainable params: 0
```

2）拟合模型。

```
model.fit(X_train, y_train, validation_data=(X_test, y_test),
epochs=5, batch_size=1024, verbose=1)
```

```
Train on 60000 samples, validate on 10000 samples
Epoch 1/5
60000/60000 [==============================] - 3s 50us/step - loss: 0.3802 - acc: 0.8954 - val_loss: 0.1633 - val_acc: 0.9544
Epoch 2/5
60000/60000 [==============================] - 3s 44us/step - loss: 0.1252 - acc: 0.9644 - val_loss: 0.0964 - val_acc: 0.9711
Epoch 3/5
60000/60000 [==============================] - 3s 44us/step - loss: 0.0727 - acc: 0.9795 - val_loss: 0.0691 - val_acc: 0.9780
Epoch 4/5
60000/60000 [==============================] - 3s 44us/step - loss: 0.0483 - acc: 0.9862 - val_loss: 0.0552 - val_acc: 0.9818
Epoch 5/5
60000/60000 [==============================] - 3s 44us/step - loss: 0.0323 - acc: 0.9911 - val_loss: 0.0561 - val_acc: 0.9816
```

对于前面的卷积，在一个卷积之后是一个池化层，如果将像素向左或向右平移 1 个单位，则输出预测效果很好，但是当像素平移超过 1 个单位时，则无法进行输出预测（见图 9-7），如下：

```
pic=np.zeros((28,28))
pic2=np.copy(pic)
for i in range(X_train1.shape[0]):
  pic2=X_train1[i,:,:]
  pic=pic+pic2
pic=(pic/X_train1.shape[0])
for i in range(pic.shape[0]):
  if i<20:
    pic[:,i]=pic[:,i+1]
plt.imshow(pic)
```

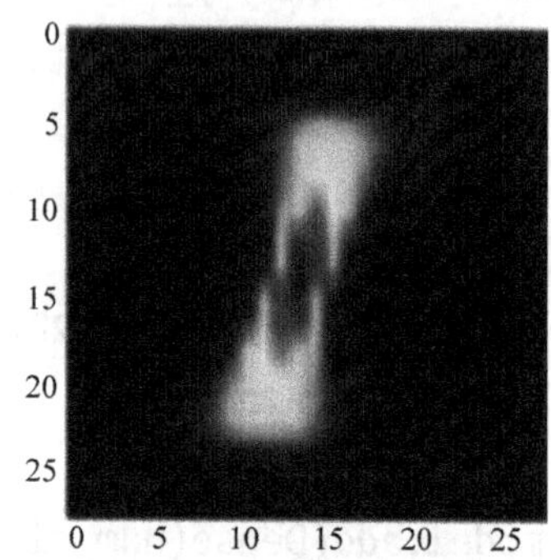

图 9-7　典型的 1 的图像向左平移 1 个像素

让我们继续预测图 9-7 的标签，如下：

```
model.predict(pic.reshape(1,28,28,1))
```

```
array([[0., 1., 0., 0., 0., 0., 0., 0., 0., 0.]], dtype=float32)
```

可以看到输出为 1 的正确预测。

在下一个场景（见图 9-8）中，我们将图像向左平移 2 个像素：

```
pic=np.zeros((28,28))
pic2=np.copy(pic)
for i in range(X_train1.shape[0]):
  pic2=X_train1[i,:,:]
  pic=pic+pic2
pic=(pic/X_train1.shape[0])
for i in range(pic.shape[0]):
  if i<20:
    pic[:,i]=pic[:,i+2]
plt.imshow(pic)
```

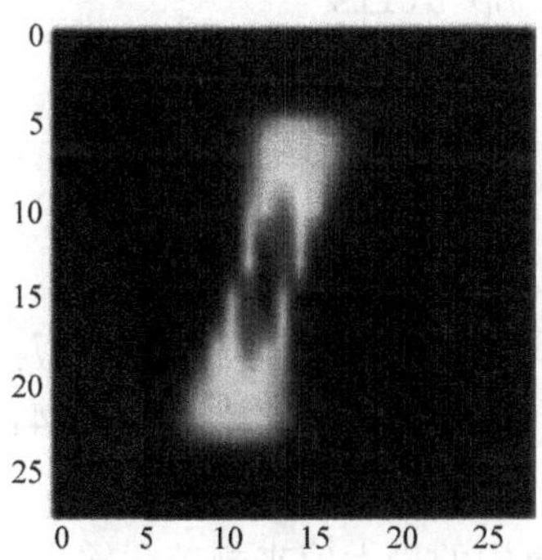

图 9-8　典型的 1 的图像向左平移 2 个像素

根据之前构建的 CNN 模型预测图 9-8 的标签，如下：

```
model.predict(pic.reshape(1,28,28,1))
```

```
array([[2.6104576e-16, 0.0000000e+00, 0.0000000e+00, 0.0000000e+00,
        0.0000000e+00, 0.0000000e+00, 1.3525975e-26, 0.0000000e+00,
        1.0000000e+00, 0.0000000e+00]], dtype=float32)
```

当图像向左平移 2 个像素时，我们得到了不正确的预测。

注意，当模型中卷积池化层的数量与图像中的平移量相同时，预测是正确的。但是，与图像中的平移相比，如果卷积池化层较少，则预测很可能是不正确的。

9.4　CNN 的工作细节

让我们用 Python 构建 CNN 代码，然后在 Excel 中实现输出，以增强我们的理解（参见 github 中“CNN simple example. ipynb”）。

1）导入相关包。

```
# 导入相关包
from keras.datasets import mnist
import matplotlib.pyplot as plt
%matplotlib inline
import numpy as np
from keras.datasets import mnist
from keras.models import Sequential
from keras.layers import Dense
from keras.layers import Dropout
from keras.utils import np_utils
from keras.layers import Flatten
from keras.layers.convolutional import Conv2D
from keras.layers.convolutional import MaxPooling2D
from keras.utils import np_utils
from keras import backend as K
from keras import regularizers
```

2）创建简单数据集。

```
# 创建简单数据集
X_train=np.array([[[1,2,3,4],[2,3,4,5],[5,6,7,8],[1,3,4,5]],
[[-1,2,3,-4],[2,-3,4,5],[-5,6,-7,8],[-1,-3,-4,-5]]])
y_train=np.array([0,1])
```

3）通过将每个值除以数据集中的最大值来规范化输入。

```
X_train = X_train / 8
```

4）独热编码的输出。

```
y_train = np_utils.to_categorical(y_train)
```

5）一旦两个大小为 4×4 的输入的简单数据集和两个输出就绪，我们首先将输入重构为所需的格式（即采样数、图像高度、图像宽度和图像通道数）：

```
X_train = X_train.reshape(X_train.shape[0],X_train.shape[1],
X_train.shape[1],1 ).astype('float32')
```

6）建立模型。

```
model = Sequential()
model.add(Conv2D(1, (3,3), input_shape=(4,4,1),
activation='relu'))
model.add(MaxPooling2D(pool_size=(2, 2)))
model.add(Flatten())
```

```
model.add(Dense(10, activation='relu'))
model.add(Dense(2, activation='softmax'))
model.compile(loss='categorical_crossentropy', optimizer='adam',
metrics=['accuracy'])
model.summary()
```

```
_________________________________________________________________
Layer (type)                 Output Shape              Param #
=================================================================
conv2d_6 (Conv2D)            (None, 2, 2, 1)           10
_________________________________________________________________
max_pooling2d_6 (MaxPooling2 (None, 1, 1, 1)           0
_________________________________________________________________
flatten_6 (Flatten)          (None, 1)                 0
_________________________________________________________________
dense_11 (Dense)             (None, 10)                20
_________________________________________________________________
dense_12 (Dense)             (None, 2)                 22
=================================================================
Total params: 52
Trainable params: 52
Non-trainable params: 0
_________________________________________________________________
```

7）拟合模型。

```
model.fit(X_train, y_train, epochs=100, batch_size=2, verbose=1)
```

```
Epoch 95/100
2/2 [==============================] - 0s 2ms/step - loss: 0.2213 - acc: 1.0000
Epoch 96/100
2/2 [==============================] - 0s 2ms/step - loss: 0.2200 - acc: 1.0000
Epoch 97/100
2/2 [==============================] - 0s 2ms/step - loss: 0.2187 - acc: 1.0000
Epoch 98/100
2/2 [==============================] - 0s 2ms/step - loss: 0.2174 - acc: 1.0000
Epoch 99/100
2/2 [==============================] - 0s 2ms/step - loss: 0.2163 - acc: 1.0000
Epoch 100/100
2/2 [==============================] - 0s 3ms/step - loss: 0.2150 - acc: 1.0000
```

上述模型的各层如下：

```
model.layers
```

```
[<keras.layers.convolutional.Conv2D at 0x7f97fe6e16d8>,
 <keras.layers.pooling.MaxPooling2D at 0x7f97fe6e1748>,
 <keras.layers.core.Flatten at 0x7f97fe748780>,
 <keras.layers.core.Dense at 0x7f97fe734f98>,
 <keras.layers.core.Dense at 0x7f97fe7340f0>]
```

与各层相对应的名称和形状如下：

```
names = [weight.name for layer in model.layers for weight in layer.weights]
weights = model.get_weights()

for name, weight in zip(names, weights):
    print(name, weight.shape)
```

```
conv2d_6/kernel:0 (3, 3, 1, 1)
conv2d_6/bias:0 (1,)
dense_11/kernel:0 (1, 10)
dense_11/bias:0 (10,)
dense_12/kernel:0 (10, 2)
dense_12/bias:0 (2,)
```

可以按以下方式提取与给定层相对应的权重：

```
model.layers[0].get_weights()
```

```
[array([[[[ 0.6502779 ]],

         [[ 0.3674555 ]],

         [[-0.04364061]]],


        [[[ 0.8205539 ]],

         [[ 0.5735873 ]],

         [[ 0.13939373]]],


        [[[-0.1292512 ]],

         [[ 0.05793982]],

         [[-0.03353929]]]], dtype=float32),
 array([-0.11086546], dtype=float32)]
```

计算第一个输入的预测如下：

```
model.predict(X_train[0].reshape(1,4,4,1))
```

```
array([[0.8906642 , 0.10933578]], dtype=float32)
```

现在我们知道先前预测的 0 的概率是 0.89066，接下来通过在 Excel 中匹配先前预测来验证到目前为止的关于 CNN 的直观感受（参见 github 中"CNN simple example. xlsx"）。

第一个输入及其相应的缩放版本，以及卷积权重和偏差（来自模型）如下：

输入			
1	2	3	4
2	3	4	5
5	6	7	8
1	3	4	5

缩放输入			
0.125	0.25	0.375	0.5
0.25	0.375	0.5	0.625
0.625	0.75	0.875	1
0.125	0.375	0.5	0.625

卷积权重		
0.6503	0.3675	-0.044
0.8206	0.5736	0.1394
-0.129	0.0579	-0.034

卷积偏差	-0.111

卷积的输出如下（请参考“ CNN simple example. xlsx”文件中的 L4 ~ M5 单元格）：

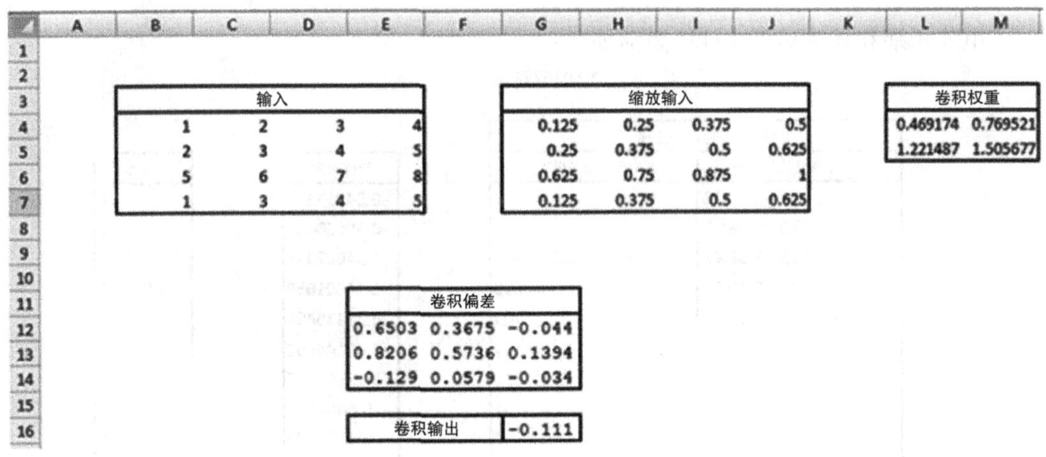

输入			
1	2	3	4
2	3	4	5
5	6	7	8
1	3	4	5

缩放输入			
0.125	0.25	0.375	0.5
0.25	0.375	0.5	0.625
0.625	0.75	0.875	1
0.125	0.375	0.5	0.625

卷积权重	
0.469174	0.769521
1.221487	1.505677

卷积偏差		
0.6503	0.3675	-0.044
0.8206	0.5736	0.1394
-0.129	0.0579	-0.034

卷积输出	-0.111

卷积的计算如下：

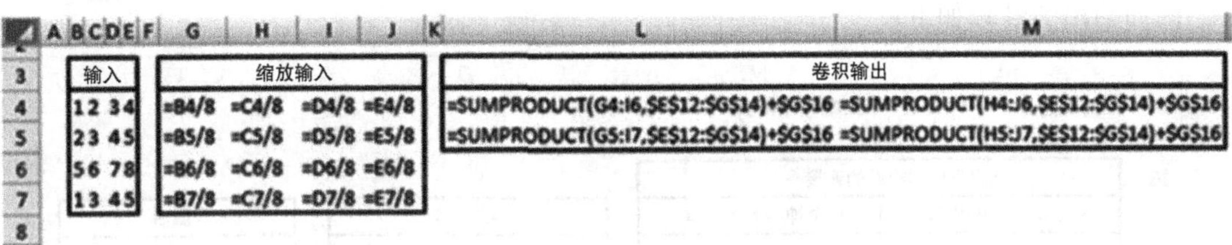

输入
12 34
23 45
56 78
13 45

缩放输入			
=B4/8	=C4/8	=D4/8	=E4/8
=B5/8	=C5/8	=D5/8	=E5/8
=B6/8	=C6/8	=D6/8	=E6/8
=B7/8	=C7/8	=D7/8	=E7/8

卷积输出	
=SUMPRODUCT(G4:I6,$E$12:$G$14)+$G$16	=SUMPRODUCT(H4:J6,$E$12:$G$14)+$G$16
=SUMPRODUCT(G5:I7,$E$12:$G$14)+$G$16	=SUMPRODUCT(H5:J7,$E$12:$G$14)+$G$16

在卷积层之后，可以按以下方式执行最大池化：

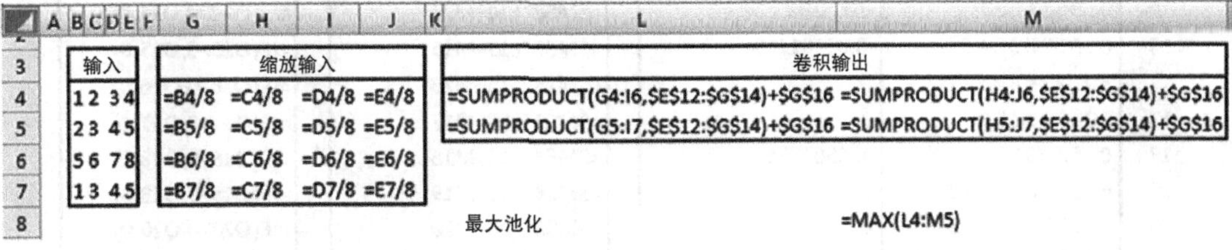

输入
12 34
23 45
56 78
13 45

缩放输入			
=B4/8	=C4/8	=D4/8	=E4/8
=B5/8	=C5/8	=D5/8	=E5/8
=B6/8	=C6/8	=D6/8	=E6/8
=B7/8	=C7/8	=D7/8	=E7/8

卷积输出	
=SUMPRODUCT(G4:I6,$E$12:$G$14)+$G$16	=SUMPRODUCT(H4:J6,$E$12:$G$14)+$G$16
=SUMPRODUCT(G5:I7,$E$12:$G$14)+$G$16	=SUMPRODUCT(H5:J7,$E$12:$G$14)+$G$16
最大池化	=MAX(L4:M5)

一旦池化被执行，所有的输出都被扁平化（根据该模型中的规范）。然而，考虑到池层

只有一个输出，扁平化也会导致只有一个输出。在下一步中，扁平层连接到隐藏密集层（在该模型规范中有 10 个神经元）。每个神经元对应的权重和偏差如下：

从扁平层到隐层的连接	
每个神经元的权重	每个神经元的偏差
-0.36407083	0
-0.33606455	0
0.9516821	-0.09210245
0.95759046	-0.09281213
-0.23468167	0
-0.3994526	0
0.5209155	-0.05047754
-0.36213338	0
-0.27343172	0
-0.05375415	0

矩阵相乘和相乘后的 ReLU 激活如下：

最大池化 1.505677818

从扁平层到隐层的连接		矩阵相乘	激活
每个神经元的权重	每个神经元的偏差		
-0.36407083	0	-0.54817337	0
-0.33606455	0	-0.50600494	0
0.9516821	-0.09210245	1.34082418	1.3408242
0.95759046	-0.09281213	1.34901058	1.3490106
-0.23468167	0	-0.35335498	0
-0.3994526	0	-0.60144692	0
0.5209155	-0.05047754	0.73385337	0.7338534
-0.36213338	0	-0.5452562	0
-0.27343172	0	-0.41170008	0
-0.05375415	0	-0.08093643	0

前面输出的计算如下：

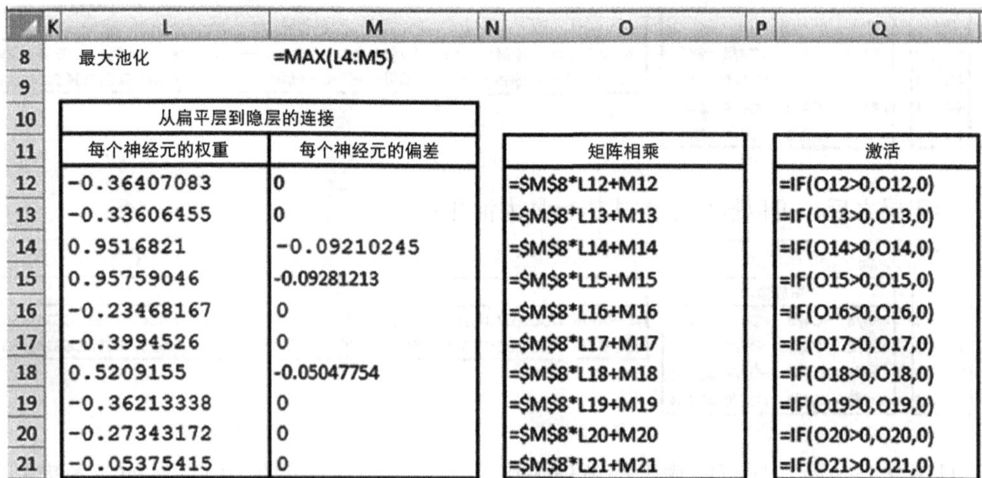

	K	L	M	N	O	P	Q
8		最大池化	=MAX(L4:M5)				
9							
10		从扁平层到隐层的连接					
11		每个神经元的权重	每个神经元的偏差		矩阵相乘		激活
12		-0.36407083	0		=$M$8*L12+M12		=IF(O12>0,O12,0)
13		-0.33606455	0		=$M$8*L13+M13		=IF(O13>0,O13,0)
14		0.9516821	-0.09210245		=$M$8*L14+M14		=IF(O14>0,O14,0)
15		0.95759046	-0.09281213		=$M$8*L15+M15		=IF(O15>0,O15,0)
16		-0.23468167	0		=$M$8*L16+M16		=IF(O16>0,O16,0)
17		-0.3994526	0		=$M$8*L17+M17		=IF(O17>0,O17,0)
18		0.5209155	-0.05047754		=$M$8*L18+M18		=IF(O18>0,O18,0)
19		-0.36213338	0		=$M$8*L19+M19		=IF(O19>0,O19,0)
20		-0.27343172	0		=$M$8*L20+M20		=IF(O20>0,O20,0)
21		-0.05375415	0		=$M$8*L21+M21		=IF(O21>0,O21,0)

现在，让我们看一下从隐层到输出层的计算。请注意，为每个输入提供了两个输出（每行的输出在维度上有两列：为 0 的概率和为 1 的概率）。从隐层到输出层的权重如下：

从隐层到输出层的连接	
权重	
-0.3295091	0.41282815
0.06540197	-0.41082588
0.31798247	-0.6045283
0.04208557	-1.054461
-0.07492512	-0.5271473
-0.61771363	0.27582282
0.3381069	-0.18967173
-0.07473397	-0.0457406
-0.34213108	0.17781854
-0.5068529	0.67832416

偏差	-0.502973	0.50297314

现在，每个神经元连接到两个权重，其中每个权重将其连接到两个输出，让我们看看从隐层到输出层的计算，如下：

从隐层到输出层的连接	
权重	
-0.3295091	0.41282815
0.06540197	-0.41082588
0.31798247	-0.6045283
0.04208557	-1.054461
-0.07492512	-0.5271473
-0.61771363	0.27582282
0.3381069	-0.18967173
-0.07473397	-0.0457406
-0.34213108	0.17781854
-0.5068529	0.67832416

偏差	-0.502973	0.50297314

输出层	
0.22828	-1.86926

	P	Q	R	S	T	U	V	W	X
8									
9									
10					从隐层到输出层的连接				
11		激活			权重				
12		=IF(O12>0,O12,0)			-0.3295091	0.41282815		输出层	
13		=IF(O13>0,O13,0)			0.06540197	-0.41082588		=SUMPRODUCT($Q$12:$Q$21,T12:T21)+T23	=SUMPRODUCT($Q$12:$Q$21,U12:U21)+U23
14		=IF(O14>0,O14,0)			0.31798247	-0.6045283			
15		=IF(O15>0,O15,0)			0.04208557	-1.054461			
16		=IF(O16>0,O16,0)			-0.07492512	-0.5271473			
17		=IF(O17>0,O17,0)			-0.61771363	0.27582282			
18		=IF(O18>0,O18,0)			0.3381069	-0.18967173			
19		=IF(O19>0,O19,0)			-0.07473397	-0.0457406			
20		=IF(O20>0,O20,0)			-0.34213108	0.17781854			
21		=IF(O21>0,O21,0)			-0.5068529	0.67832416			
22									
23				偏差	-0.5029729	0.50297314			

现在有了一些输出值，让我们接着计算输出的 Softmax 部分，如下：

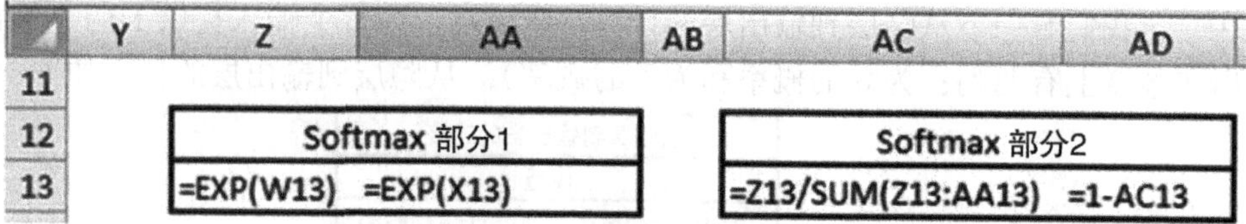

现在的输出将与我们在 keras 模型中看到的输出完全相同，如下：

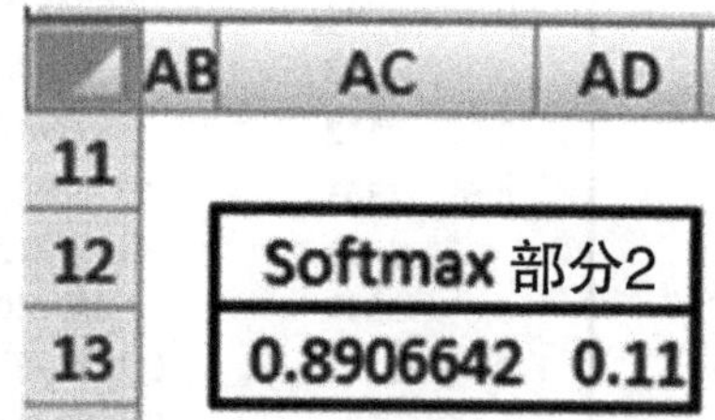

因此，我们对前面内容中列出的直观感觉的结果进行了验证。

9.5 深入研究卷积/内核

要了解内核或过滤器是如何提供帮助的，让我们来看看另一种场景。在 MNIST 数据集中，对目标进行修改。这样可以让我们仅关注图像是否为 1 的预测。

```
(X_train, y_train), (X_test, y_test) = mnist.load_data()
X_train = X_train.reshape(X_train.shape[0],X_train.shape[1],X_train.
shape[1],1 ).astype('float32')
X_test = X_test.reshape(X_test.shape[0],X_test.shape[1],X_test.shape[1],1).
astype('float32')

X_train = X_train / 255
X_test = X_test / 255

X_train1 = X_train[y_train==1]

y_train = np.where(y_train==1,1,0)
y_test = np.where(y_test==1,1,0)
y_train = np_utils.to_categorical(y_train)
y_test = np_utils.to_categorical(y_test)
num_classes = y_test.shape[1]
```

我们将提供一个简单的 CNN，其中只有两个卷积滤波器，如下：

```
model = Sequential()
model.add(Conv2D(2, (3,3), input_shape=(28, 28,1), activation='relu'))
model.add(Flatten())
model.add(Dense(1000, activation='relu'))
model.add(Dense(num_classes, activation='softmax'))
```

```
model.compile(loss='categorical_crossentropy', optimizer='adam',
metrics=['accuracy'])
model.summary()
```

```
________________________________________________________________
Layer (type)                 Output Shape              Param #
================================================================
conv2d_9 (Conv2D)            (None, 26, 26, 2)         20
________________________________________________________________
flatten_9 (Flatten)          (None, 1352)              0
________________________________________________________________
dense_27 (Dense)             (None, 1000)              1353000
________________________________________________________________
dense_28 (Dense)             (None, 2)                 2002
================================================================
Total params: 1,355,022
Trainable params: 1,355,022
Non-trainable params: 0
________________________________________________________________
```

现在，将按照以下方式运行模型：

```
model.fit(X_train, y_train, validation_data=(X_test, y_test), epochs=5,
batch_size=1024, verbose=1)
```

```
Train on 60000 samples, validate on 10000 samples
Epoch 1/5
60000/60000 [==============================] - 2s 28us/step - loss: 0.0923 - acc: 0.9605 - val_loss: 0.0169 - val_acc: 0.9956
Epoch 2/5
60000/60000 [==============================] - 1s 21us/step - loss: 0.0183 - acc: 0.9949 - val_loss: 0.0109 - val_acc: 0.9967
Epoch 3/5
60000/60000 [==============================] - 1s 21us/step - loss: 0.0126 - acc: 0.9962 - val_loss: 0.0100 - val_acc: 0.9967
Epoch 4/5
60000/60000 [==============================] - 1s 21us/step - loss: 0.0095 - acc: 0.9973 - val_loss: 0.0085 - val_acc: 0.9972
Epoch 5/5
60000/60000 [==============================] - 1s 21us/step - loss: 0.0074 - acc: 0.9977 - val_loss: 0.0080 - val_acc: 0.9976
```

可以通过以下方式提取过滤器对应的权重：

```
model.layers[0].get_weights()
```

让我们使用上一步中得出的权重手动进行卷积并应用激活（见图 9-9），如下：

```
from scipy import signal
from scipy import misc
import numpy as np
import pylab
for j in range(2):
    gradd=np.zeros((30,30))
    for i in range(6000):
        grad = signal.convolve2d(X_train1[i,:,:,0], model.layers[0].get_
        weights()[0].T[j][0])+model.layers[0].get_weights()[1][j]
```

```
        grad = np.where(grad<0,0,grad)
        gradd=grad+gradd
    grad2=np.where(gradd<0,0,gradd)
    pylab.imshow(grad2/6000)
    pylab.gray()
    pylab.show()
```

请注意，在图9-9中，左侧过滤器激活1的图像的次数比右侧过滤器激活的次数多得多。基本上，第一个过滤器有助于更多地预测1的标签，而第二个过滤器则有助于预测其他标签。

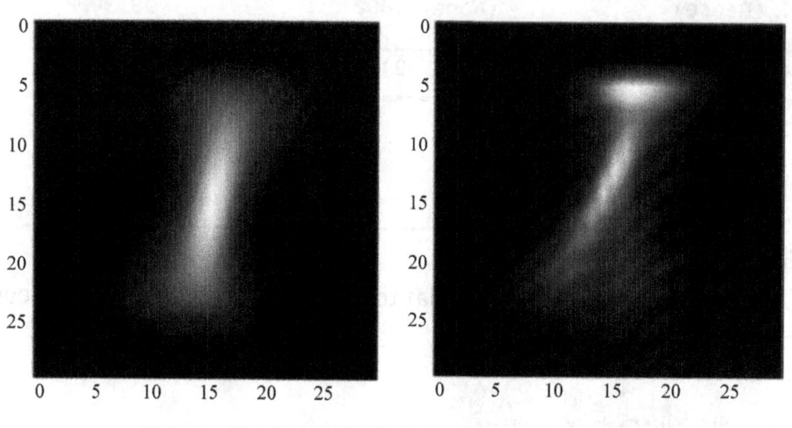

图9-9 当1的标签被通过时，典型过滤器的激活

9.6 从卷积和池化到扁平化：完全连接层

到目前为止，我们在池化层之前看到的输出都是图像。在传统神经网络中，会将每个像素视为一个自变量。这正是我们在扁平化过程中要做的。

图像的每个像素都被展开，因此这个过程称为扁平化。例如，卷积和池化后的输出图像如下所示：

1	2	3
0	4	5
7	4	3

扁平层的输出看起来如下：

1	2	3	0	4	5	7	4	3

9.6.1 从一个完全连接层到另一个完全连接层

在传统神经网络中，输入层会连接到隐层。以类似的方式，在CNN中，完全连接层会连接到通常具有更多单元的另一完全连接层。

9.6.2 从完全连接层到输出层

与传统神经网络结构类似，隐层连接到输出层，通过 Sigmoid 激活得到的输出作为一个概率。根据要解决的问题，还可以选择适当的损失函数。

9.7 连接点：前馈网络

以下是到目前为止所执行的步骤：

1）卷积。

2）池化。

3）扁平化。

4）隐层。

5）计算输出概率。

一种典型的 CNN 看起来如图 9-10 所示（其中最著名的是称为 LeNet 的示例）：

图 9-10 中的子样本等效于我们之前看到的最大池化步骤。

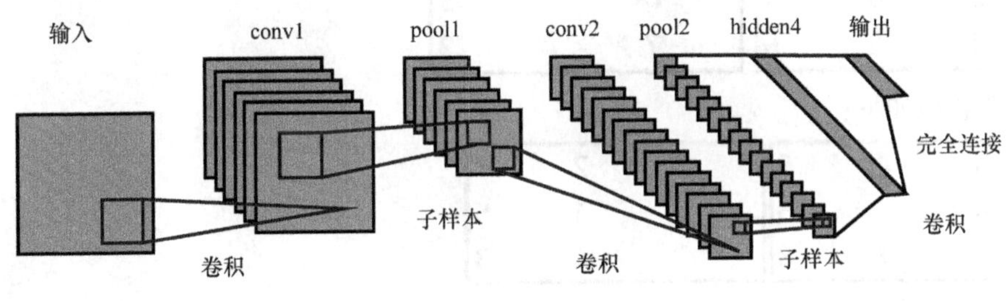

图 9-10 LeNet

9.8 CNN 的其他细节

在图 9-10 中，我们看到 conv1 步骤具有六个通道或原始图像的卷积。让我们详细了解一下，步骤如下：

1）假设我们有一个大小为 28×28 的灰度图像。六个大小为 3×3 的滤镜将生成大小为 26×26 的图像。因此，剩下了六个大小为 26×26 的图像。

2）典型的彩色图像具有三个通道（RGB）。为简单起见，可以假设在第 1 步中获得的输出图像有六个通道——每个用于六个过滤器（我们不能像三个通道版本那样将它们命名为 RGB）。在此步骤中，我们将分别在六个通道中的每个通道上执行最大池化。这将产生六个大小为 13×13 的图像（通道）。

3）在下一个卷积步骤中，我们将 13×13 的图像的六个通道乘以维数为 3×3×6 的权重。这是一个在三维图像上卷积的三维权重矩阵（其中图像的维数为 13×13×6）。这将导致每个过滤器的图像大小为 11×11。

假设我们考虑了十种不同的权重矩阵（准确地说是立方体）。这将导致图像大小为 11×11×10。

4）在每个 11×11 的图像（图像数量为 10）上进行最大池化，将得到 5×5 的图像。注意，当对具有奇数维数的图像执行最大池化时，池化为我们提供了向下舍入的图像，即 11/2 向下舍入为 5。

步长是在原始图像上卷积的过滤器从一个步骤移动到下一个步骤的量。例如，如果步长值为 2，则两个连续卷积之间的距离为 2 个像素。当步长值为 2 时，乘法将如下进行，其中左边是较大的矩阵，右边是滤波器。

1	2	3	4	5
2	3	4	5	6
4	5	6	7	8
5	6	7	8	9
6	7	8	9	10

1	2	3
0	4	5
7	4	3

第一个卷积如下：

1	2	3	1	2	3
2	3	4	0	4	5
4	5	6	7	4	3

第二个卷积如下：

3	4	5	1	2	3
4	5	6	0	4	5
6	7	8	7	4	3

第三个卷积如下：

4	5	6	1	2	3
5	6	7	0	4	5
6	7	8	7	4	3

最后的卷积如下：

6	7	8	1	2	3
7	8	9	0	4	5
8	9	10	7	4	3

注意，对于给定尺寸的矩阵，当步长值为 2 时，卷积的输出为 2×2 矩阵。

填充
注意，当执行卷积时，其结果图像的大小会减小。一种解决尺寸缩小问题的方法是在原始图像的四个边框上填充零。这样，一个 28×28 的图像将被转换成一个 30×30 的图像。因此，当 30×30 的图像被 3×3 滤波器卷积时，得到的图像将是 28×28 的图像。

9.9 CNN 中的反向传播

CNN 中的反向传播与典型的神经网络类似，在该过程中，可以计算出改变少量权重对总权重的影响。但是在代替权重值的地方，就像在神经网络中一样，需要更新权重的过滤器或矩阵，以使总体损失最小化。

有时，CNN 中通常有数百万个参数，因此正则化可能会对我们有所帮助。可以使用 Dropout 方法或 L_1 和 L_2 正则化来实现 CNN 中的正则化。Dropout 是通过选择不更新某些权重（通常是随机选择的总权重的 20%）并在所有迭代周期上训练整个网络来完成的。

9.10 将各层放在一起

下面的代码实现了三卷积池化层，然后是扁平层和完全连接层：

```
(X_train, y_train), (X_test, y_test) = mnist.load_data()
X_train = X_train.reshape(X_train.shape[0],X_train.shape[1],X_train.
shape[1],1 ).astype('float32')
X_test = X_test.reshape(X_test.shape[0],X_test.shape[1],X_test.shape[1],1).
astype('float32')

X_train = X_train / 255
X_test = X_test / 255

y_train = np_utils.to_categorical(y_train)
y_test = np_utils.to_categorical(y_test)
num_classes = y_test.shape[1]
```

下一步，将构建模型如下：

```
model = Sequential()
model.add(Conv2D(32, (3,3), input_shape=(28, 28,1), activation='relu'))
model.add(MaxPooling2D(pool_size=(2, 2)))
model.add(Conv2D(64, (3,3), activation='relu'))
model.add(MaxPooling2D(pool_size=(2, 2)))
model.add(Flatten())
model.add(Dense(1000, activation='relu'))
model.add(Dense(num_classes, activation='softmax'))
model.compile(loss='categorical_crossentropy', optimizer='adam',
metrics=['accuracy'])
model.summary()
```

```
_________________________________________________________________
Layer (type)                 Output Shape              Param #
=================================================================
conv2d_16 (Conv2D)           (None, 26, 26, 32)        320
```

```
_________________________________________________________________
max_pooling2d_7 (MaxPooling2 (None, 13, 13, 32)        0
_________________________________________________________________
conv2d_17 (Conv2D)           (None, 11, 11, 64)        18496
_________________________________________________________________
max_pooling2d_8 (MaxPooling2 (None, 5, 5, 64)          0
_________________________________________________________________
flatten_13 (Flatten)         (None, 1600)              0
_________________________________________________________________
dense_35 (Dense)             (None, 1000)              1601000
_________________________________________________________________
dense_36 (Dense)             (None, 10)                10010
=================================================================
Total params: 1,629,826
Trainable params: 1,629,826
Non-trainable params: 0
_________________________________________________________________
```

最后，将模型拟合如下：

```
model.fit(X_train, y_train, validation_data=(X_test, y_test), epochs=5,
batch_size=1024, verbose=1)
```

注意，使用上述代码训练的模型的精度约为 98.8%。但请注意，尽管此模型在测试数据集上效果最佳，但从测试 MNIST 数据集中经过平移或旋转得到的图像将无法正确分类（通常，CNN 仅在按卷积池化层数平移图像时才有帮助）。

可以通过查看典型的 1 的图像向左平移 2 个像素，在另一种场景下向左平移 3 个像素的预测来验证这一点，如下：

```
pic=np.zeros((28,28))
pic2=np.copy(pic)
for i in range(X_train1.shape[0]):
  pic2=X_train1[i,:,:,0]
  pic=pic+pic2
pic=(pic/X_train1.shape[0])
for i in range(pic.shape[0]):
  if i<20:
    pic[:,i]=pic[:,i+2]
model.predict(pic.reshape(1,28,28,1))
```

```
array([[2.4316866e-02, 9.0267426e-01, 7.1549327e-03, 2.8638367e-05,
        2.3012757e-03, 3.0512114e-03, 4.0094595e-02, 7.7957986e-04,
        1.8754713e-02, 8.4394397e-04]], dtype=float32)
```

注意，在这种情况下，如果图像向左平移 2 个像素，则预测是准确的，如下：

```
pic=np.zeros((28,28))
pic2=np.copy(pic)
```

```
for i in range(X_train1.shape[0]):
  pic2=X_train1[i,:,:,0]
  pic=pic+pic2
pic=(pic/X_train1.shape[0])
for i in range(pic.shape[0]):
  if i<20:
    pic[:,i]=pic[:,i+3]
model.predict(pic.reshape(1,28,28,1))
```

```
array([[4.3927294e-01, 2.5317281e-01, 1.6524114e-02, 9.6656995e-06,
        1.1181158e-02, 9.0220626e-03, 2.3373538e-01, 1.5526810e-03,
        3.4207623e-02, 1.3214557e-03]], dtype=float32)
```

注意，在这里，当图像被平移的像素数多于卷积池化层数时，预测是不准确的。这个问题是通过使用数据增强（下节的内容）来解决的。

9.11 数据增强

从技术上讲，平移后的图像与从原始图像生成的新图像相同。可以通过使用 keras 中的 ImageDataGenerator 函数来生成新数据，如下：

```
from keras.preprocessing.image import ImageDataGenerator
shift=0.2
datagen = ImageDataGenerator(width_shift_range=shift)
datagen.fit(X_train)
i=0
for X_batch,y_batch in datagen.flow(X_train,y_train,batch_size=100):

   i=i+1
   print(i)
   if(i>500):
     break
   X_train=np.append(X_train,X_batch,axis=0)
   y_train=np.append(y_train,y_batch,axis=0)
 print(X_train.shape)
```

通过该代码，可以对原始数据进行 50000 次随机“洗牌”，其中像素被“洗牌”了 20%。

当我们现在绘制 1 的图像（见图 9-11）时，请注意图像有一个更宽的范围，如下：

```
y_train1=np.argmax(y_train,axis=1)
X_train1=X_train[y_train1==1]
```

```
pic=np.zeros((28,28))
pic2=np.copy(pic)
for i in range(X_train1.shape[0]):
  pic2=X_train1[i,:,:,0]
  pic=pic+pic2
pic=(pic/X_train1.shape[0])
plt.imshow(pic)
```

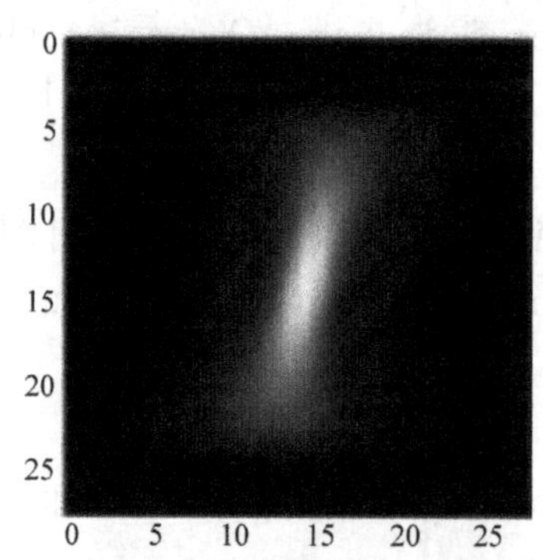

图 9-11　典型的 1 的图像的后期数据增强

现在，即使不对中心左侧或右侧的几个像素进行卷积池化运算，这些预测也会起作用。但是，对于远离中心的像素，一旦使用卷积和池化层构建模型，就会得出正确的预测。

因此，当使用 CNN 模型时，即使使用较少的卷积池化层，数据增强也有助于进一步概括跨越图像边界的图像变化。

9.12　在 R 中实现 CNN

为了在 R 中实现 CNN，我们将利用与在 R 中实现神经网络时相同的程序包，即 kerasR（参见 github 中 "kerasr_cnn_code. r"），如下：

```
# 加载、分裂、转换和缩放MNIST数据集
mnist <- load_mnist()

X_train <- array(mnist$X_train, dim = c(dim(mnist$X_train), 1)) / 255
Y_train <- to_categorical(mnist$Y_train, 10)
X_test <- array(mnist$X_test, dim = c(dim(mnist$X_test), 1)) / 255
Y_test <- to_categorical(mnist$Y_test, 10)

# 建立模型
model <- Sequential()
model$add(Conv2D(filters = 32, kernel_size = c(3, 3),input_shape = c(28, 28, 1)))
model$add(Activation("relu"))
model$add(MaxPooling2D(pool_size=c(2, 2)))
model$add(Flatten())
model$add(Dense(128))
model$add(Activation("relu"))
model$add(Dense(10))
model$add(Activation("softmax"))
# 编译并拟合模型

keras_compile(model,  loss = 'categorical_crossentropy', optimizer =
```

```
Adam(),metrics='categorical_accuracy')
keras_fit(model, X_train, Y_train, batch_size = 1024, epochs = 5, verbose = 1,
validation_data = list(X_test,Y_test))
```

上面代码的精度约为 97%。

9.13 总结

在本章中，我们学习了卷积层如何帮助识别感兴趣的结构，以及池化层如何帮助确保即使原始图像发生了平移也可以正确识别该图像。由于 CNN 能够通过卷积和池化来适应图像的平移，它能够给出比传统神经网络更好的结果。

第 10 章 递归神经网络

在第 9 章中，我们研究了卷积神经网络（CNN）与传统神经网络架构相比如何改进对图像的分类。尽管 CNN 在处理图像平移和旋转的图像分类中表现非常出色，但它们不一定有助于识别时间模式。本质上，我们可以把 CNN 看作是识别静态模式。

递归神经网络（Recurrent Neural Network，RNN）旨在解决识别时间模式的问题。

在本章中，我们将学习以下内容：

1）RNN 的工作细节。

2）在 RNN 中使用嵌入。

3）使用 RNN 生成文本。

4）利用 RNN 进行情感分类。

5）从 RNN 迁移到 LSTM。

RNN 可以采用多种方式进行架构。图 10-1 中显示了一些可能的方法。

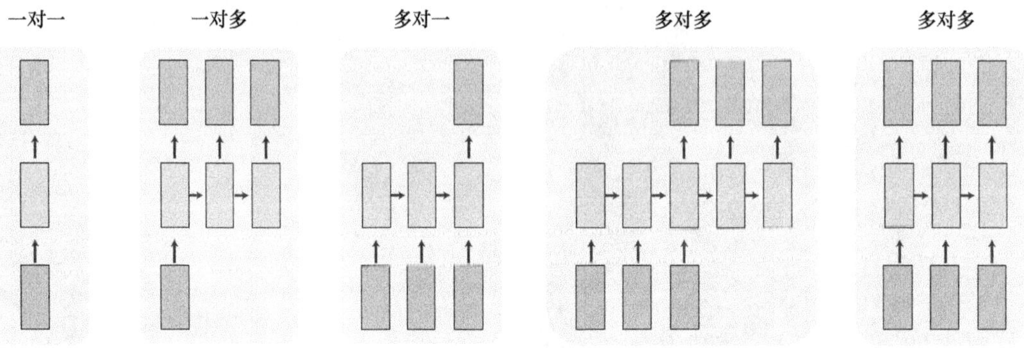

图 10-1　RNN 示例

在图 10-1 中，注意以下几点：

1）底部的方框是输入。

2）中间的方框是隐层。

3）顶部的方框是输出。

一对一架构的示例是我们在第 7 章中看到的一个典型的神经网络，在输入层和输出层之间有一个隐层。一对多卷积神经网络架构的示例是输入一个图像，而输出对图像的说明。多对一卷积神经网络架构的示例是将给定的电影评论作为输入，而将关于电影的情感（负面、正面或中性的评价）作为输出。最后，多对多卷积神经网络架构的示例是关于一种语言到另一种语言的机器翻译。

10.1 理解架构

让我们看一个示例，来更仔细地研究 RNN 架构。我们的任务是："给定一串单词，预测下一个单词。"我们将尝试预测"This is an ________（这是________）"之后的单词。假设实际句子是"This is an example（这是一个示例）"。

传统的文本挖掘技术将通过以下方式解决此问题：

1）对每个单词进行编码，如果需要，为额外的单词留出空间，如下：

```
This: {1,0,0,0}
is: {0,1,0,0}
an: {0,0,1,0}
```

2）对句子进行编码，如下：

```
"This is an": {1,1,1,0}
```

3）创建训练数据集，如下：

```
输入 --> {1,1,1,0}
输出 --> {0,0,0,1}
```

4）建立一个包含输入和输出的模型。

这里的一个主要缺点是，如果输入语句是"this is an"或"an is this"或"this an is"，则输入表示形式不会改变。但我们知道，每一个句子都是非常不同的，不能用相同的数学结构来表示。

这种实现需要有一个不同的架构，例如如图 10-2 所示的架构。

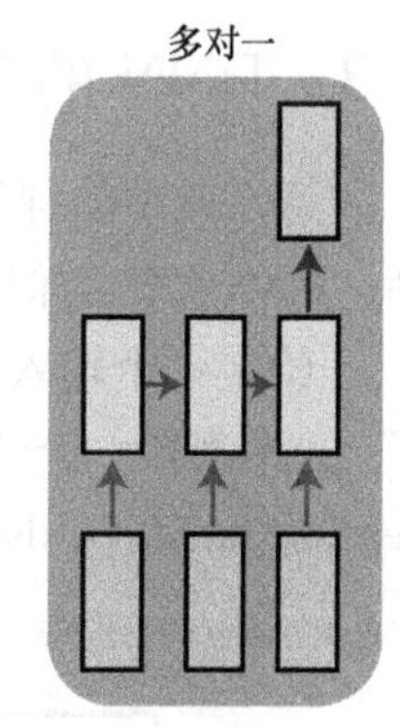

图 10-2　架构上的变化

在图 10-2 所示的架构中，句子中的每个单词都进入了三个输入框中的一个单独的框中。此外，由于"this"进入第一个框，"is"进入第二个框，"an"进入第三个框，句子的结构得以保留。

预测输出的"example"应该在顶部的输出框中。

10.2 RNN 的解释

可以把 RNN 看作是一种保存记忆的机制，记忆包含在隐层中。如图 10-3 所示。

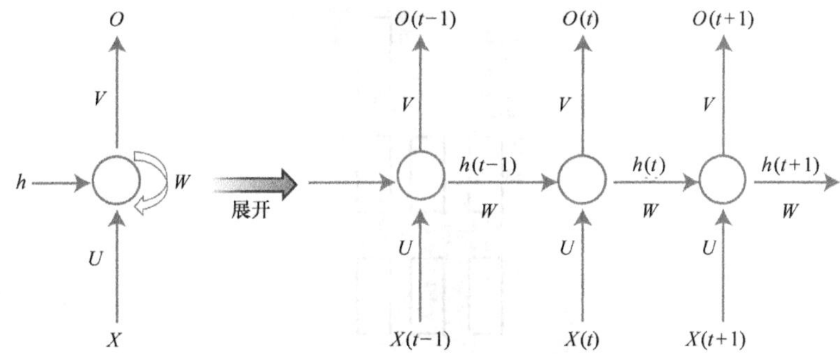

图 10-3　隐层中的记忆

图 10-3 中右侧的网络是左侧网络的展开版本。左侧的网络是一种传统网络，但有一个变化：隐层既与自身相连，又与输入相连（隐层是图中的圆圈）。

注意，将隐层与输入层一起连接到自身时，它会连接到隐层的“先前版本”和当前输入层。可以将这种隐层与自身连接的现象看作 RNN 中创建记忆的机制。

权重 U 表示将输入层连接到隐层的权重，权重 W 表示隐层到隐层的连接，权重 V 表示隐层到输出层的连接。

为什么要存储记忆？

之所以需要存储记忆，是因为在前面的示例中以及通常在文本生成中，下一个单词不一定要依赖前面的单词，而是要依赖该单词之前的几个单词的上下文来进行预测。

鉴于我们正在查看前面的单词，应该有一种方法把它们保留在记忆中，这样就能更准确地预测下一个单词。此外，还应该有顺序地进行记忆。通常，与远离要预测单词的单词相比，最近的单词在预测下一个单词时更有用。

10.3 RNN 的工作细节

注意，典型的神经网络具有输入层，其后是隐层中的激活，然后是输出层中的 Softmax 激活。RNN 与之类似，但具有记忆。让我们看另一个示例：“This is an example（这是一个示例）”。给定一个输入“This”，期望预测“is”，同样地，对于一个输入“is”，期望得到一个“an”的预测和一个“an”作为输入的“example”的预测。该数据集参见 github 中“RNN dimension intuition. xlsx”。

输入	This	is	an	example
This	1	0	0	0
is	0	1	0	0
an	0	0	1	0
example	0	0	0	1

预期输出				
is	0	1	0	0
an	0	0	1	0
example	0	0	0	1

RNN 的结构如图 10-4 所示。

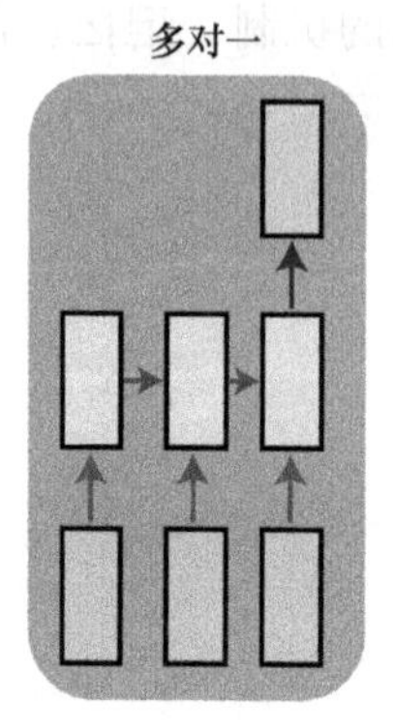

图 10-4　RNN 的结构

	C	D	E	F	G	H	I	J	K	L	M	N	O	P
1				This	is	an	example			预期输出				
2			This	1	0	0	0			is	0	1	0	0
3		输入	is	0	1	0	0			an	0	0	1	0
4			an	0	0	1	0			example	0	0	0	1
5			example	0	0	0	1			blank	0	0	0	0
6														
7														
8				0.033	0.021	0.065								
9		wxh		0.052	-0.08	-0.04								
10				0.048	0.04	-0.08								
11				0.056	-0.03	-0.06								
12														
13														
14		隐层			0.033	0.021	0.065							
15					0.052	-0.08	-0.04							
16					0.048	0.04	-0.08							
17					0.056	-0.03	-0.06							

wxh 是随机初始化的，维数为 4 ×3。每个输入的维数为 1 ×4。因此，隐层是输入和 *wxh* 之间的矩阵相乘，每个输入行的维数为 1 ×3。预期输出是在我们的句子中紧跟输入单词的单词的一个独热编码版本。请注意，最后的预测 "blank" 是不准确的，因为我们将所有 0 都作为预期输出。在理想情况下，我们将在独热编码版本中增加一个新的列，以处理所有看不见的单词。然而，为了理解 RNN 的工作细节，我们将在预期输出中让其仅有 4 列，以保持其简洁。

正如前面看到的，在 RNN 中，一个隐层在展开时连接到另一个隐层。假设一个隐层连接到下一个隐层，那么与前一个隐层和当前隐层之间的连接相关联的权重（*whh*）的维数将是 3 ×3，因为 1 ×3 的矩阵乘以 3 ×3 的矩阵将得到 1 ×3 的矩阵。下图中的最终隐层计算将在后续内容中介绍。

wxh

0.033	0.021	0.065
0.052	-0.08	-0.04
0.048	0.04	-0.08
0.056	-0.03	-0.06

whh

-0.03	0.043	0.032
-0.05	-0.048	0.024
-0.08	-0.032	0.047

隐层

0.033	0.021	0.065
0.052	-0.08	-0.04
0.048	0.04	-0.08
0.056	-0.03	-0.06

最终隐层

0.03	0.02	0.07
0.05	(0.08)	(0.04)
0.05	0.05	(0.08)
0.06	(0.03)	(0.06)

注意，*wxh* 和 *whh* 是随机初始化的，而隐层和最终隐层是计算出来的。我们将在下面内容中了解计算是如何完成的。

各个时间步骤的隐层计算如下：

$$h^{(t)} = \phi_h(z_h^{(t)}) = \phi_h(wxhx^{(t)} + whhh^{(t-1)})$$

式中，ϕ_h 是已执行的激活（通常为 Tanh 激活）。

从输入层到隐层的计算由两部分组成：

1）输入层和 wxh 的矩阵相乘。

2）隐层与 whh 的矩阵相乘。

在给定的时间步骤，隐层值的最终计算将是前两个矩阵乘法的总和，并通过 Tanh 激活函数传递结果。

输入层和 wxh 的矩阵相乘如下所示：

	C	D	E	F	G	H	I	J	K
1				This	is	an	example		
2			This	1	0	0	0		
3		输入	is	0	1	0	0		
4			an	0	0	1	0		
5			example	0	0	0	1		
6									
7									
8				0.033	0.021	0.065			
9		wxh		0.052	-0.08	-0.04			
10				0.048	0.04	-0.08			
11				0.056	-0.03	-0.06			
12									
13									
14		隐层			0.033	0.021	=SUMPRODUCT($F2:$I2,TRANSPOSE(H$8:H$11))		
15					0.052	-0.08	-0.04		
16					0.048	0.04	-0.08		
17					0.056	-0.03	-0.06		

下面各节将介绍在不同时间步骤中计算隐层值的过程。

10.3.1 时间步骤 1

在第一个时间步骤中的隐层值将是输入层和 wxh 之间的矩阵乘法值（因为在上一个时间步骤中没有隐层值），如下：

	D	E	F	G	H	I	J	K	L	M	N	O
7												
8			0.033	0.021	0.065					-0.03	0.043	0.032
9	wxh		0.052	-0.08	-0.04				whh	-0.05	-0.048	0.024
10			0.048	0.04	-0.08					-0.08	-0.032	0.047
11			0.056	-0.03	-0.06							
12												
13												
14	隐层			0.033	0.021	0.065		最终隐层		=G14	0.02	0.07
15				0.052	-0.08	-0.04				0.05	(0.08)	(0.04)
16				0.048	0.04	-0.08				0.05	0.05	(0.08)
17				0.056	-0.03	-0.06				0.06	(0.03)	(0.06)
18												

10.3.2 时间步骤 2

从第二个输入开始，隐层由当前时间步骤的隐层组件和来自上一个时间步骤的隐层组件组成如下：

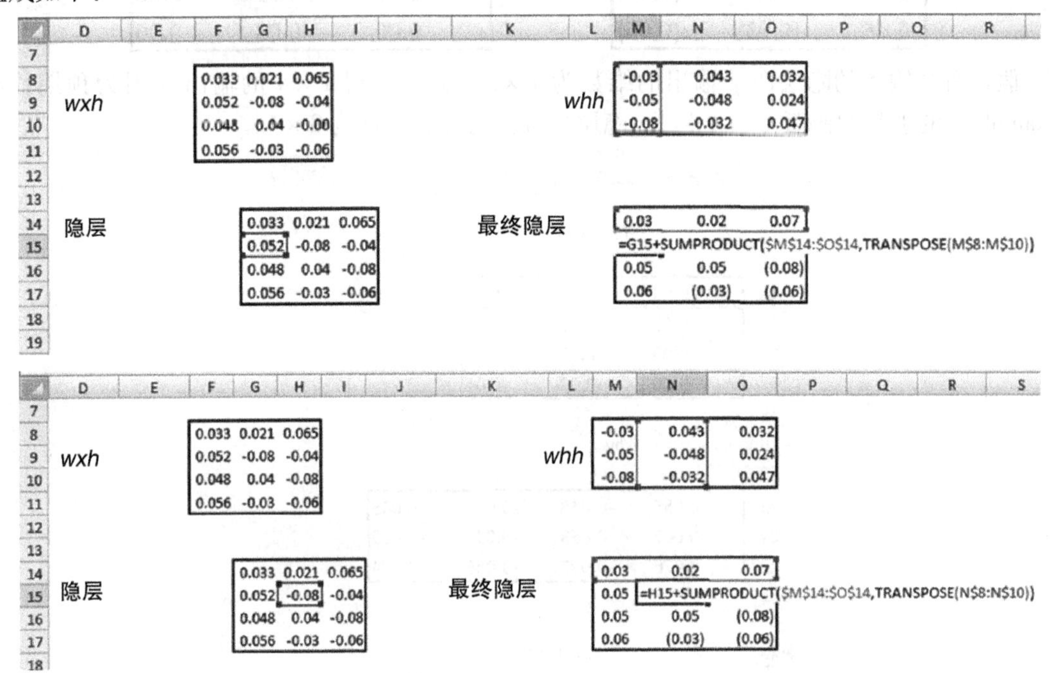

10.3.3 时间步骤 3

类似地，在第三个时间步骤，输入将是当前时间步骤的输入，而隐层单元值将来自前一个时间步骤。注意，上一个时间步骤（$t-1$）中的隐层单元也受到来自（$t-2$）的隐层值的影响。

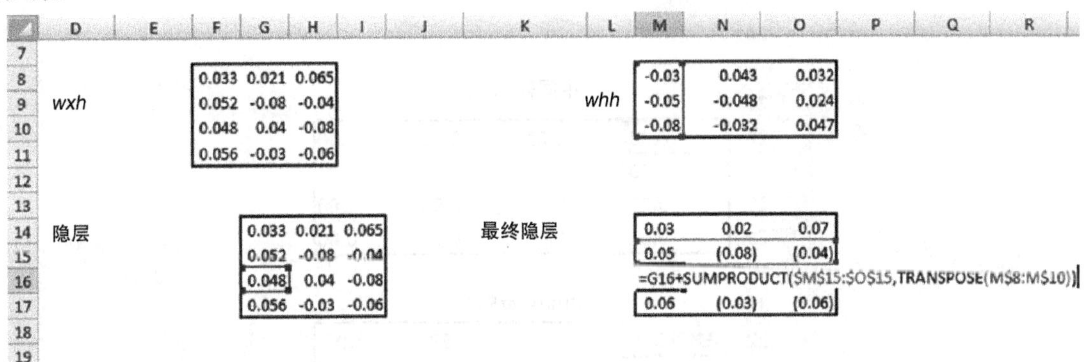

类似地，隐层值可以在第四个时间步骤中被计算出。

现在我们已经计算出了隐层，将其通过激活进行传递，就像我们在传统神经网络中所做的那样，如下：

最终隐层

0.03	0.02	0.07
0.05	(0.08)	(0.04)
0.05	0.05	(0.08)
0.06	(0.03)	(0.06)

Tanh激活

0.03	0.02	0.06
0.05	-0.08	-0.04
0.05	0.05	-0.08
0.06	-0.03	-0.06

假设每个输入的隐层激活输出的维数为 1 ×3，为了获得 1 ×4 的输出（因为预期输出“example”的独热编码版本为 4 列），隐层的维数为什么应该为 3 ×4。

	Q	R	S	T	U
11					
12		Tanh激活			
13					
14	0.03	0.02	0.06		
15	0.05	-0.08	-0.04		
16	0.05	0.05	-0.08		
17	0.06	-0.03	-0.06		
18					
19		*Why*			
20					
21	0.058	-0.048	-0.008	0.045	
22	0.007	0.053	-0.092	-0.035	
23	-0.076	-0.072	-0.066	-0.004	
24					
25		中间输出			
26	=SUMPRODUCT($Q14:$S14,TRANSPOSE(Q$21:Q$23))				
27	0.00	0.00	0.01	0.01	
28	0.01	0.01	0.00	0.00	
29	0.01	0.00	0.01	0.00	

从中间输出，执行 Softmax 激活，如下：

	Q	R	S	T
24				
25		中间输出		
26	0.00	-0.01	-0.01	0.00
27	0.00	0.00	0.01	0.01
28	0.01	0.01	0.00	0.00
29	0.01	0.00	0.01	0.00
30				
31		Softmax 步骤1		
32	=EXP(Q26)		0.99	1.00
33	1.00	1.00	1.01	1.01
34	1.01	1.01	1.00	1.00
35	1.01	1.00	1.01	1.00

Softmax 的第二步是对每个单元格的值进行规范化，以获得概率值，如下：

	Q	R	S	T
30				
31		Softmax 步骤1		
32	1.00	0.99	0.99	1.00
33	1.00	1.00	1.01	1.01
34	1.01	1.01	1.00	1.00
35	1.01	1.00	1.01	1.00
36				
37		Softmax 步骤2		
38	=Q32/SUM($Q32:$T32)			0.250999
39	0.250214	0.248029	0.25145	0.250307
40	0.251327	0.250374	0.249082	0.249217
41	0.250844	0.248882	0.250469	0.249805

一旦获得了概率，就可以通过计算预测和实际输出之间的交叉熵损失来计算损失。

最后，我们将以与神经网络相似的方式，通过前向和反向传播迭代的组合来最小化损失。

10.4 实现 RNN：SimpleRNN

为了了解 RNN 是如何在 keras 中实现的，让我们参考一个简单的示例（只是为了理解 RNN 的 keras 实现，然后通过在 Excel 中实现来巩固我们的理解）：对两个句子进行分类（其中包含三个单词的详尽列表）。通过这个示例，我们应该能够更好地快速理解输出（参见 github 中“simpleRNN. ipynb”）。

```
from keras.preprocessing.text import one_hot
from keras.preprocessing.sequence import pad_sequences
from keras.models import Sequential
from keras.layers import Dense
from keras.layers import Flatten
from keras.layers.recurrent import SimpleRNN
from keras.layers.embeddings import Embedding
from keras.layers import LSTM
import numpy as np
```

初始化文档并对这些文档对应的单词进行编码，如下：

```
# 定义文档
docs = ['very good',
            'very bad']
# 定义类标签
labels = [1,0]
```

```
from collections import Counter
counts = Counter()
for i,review in enumerate(docs):
    counts.update(review.split())
words = sorted(counts, key=counts.get, reverse=True)
vocab_size=len(words)
word_to_int = {word: i for i, word in enumerate(words, 1)}
encoded_docs = []
for doc in docs:
    encoded_docs.append([word_to_int[word] for word in doc.split()])
```

将文档填充到两个单词的最大长度，这是为了保持一致性，以便所有输入的大小相同，如下：

```
# 将文档填充到两个单词的最大长度
max_length = 2
padded_docs = pad_sequences(encoded_docs, maxlen=max_length, padding='pre')
print(padded_docs)
```

```
[[1 3]
 [1 2]]
```

10.4.1 编译模型

SimpleRNN 函数的输入应为以下形式（时间步骤数、每个时间步骤的特征数）。另外，RNN 一般使用 Tanh 作为激活函数。下面的代码将输入指定为（2，1），因为每个输入基于两个时间步骤，并且每个时间步骤只有一列表示它。unroll = True 表示我们正在考虑前面的时间步骤，如下：

```
# 定义模型
embed_length=1
max_length=2
model = Sequential()
model.add(SimpleRNN(1,activation='tanh', return_sequences=False,recurrent_
initializer='Zeros',input_shape=(max_length,embed_length),unroll=True))
model.add(Dense(1, activation='sigmoid'))
# 编译模型
model.compile(optimizer='adam', loss='binary_crossentropy', metrics=['acc'])
# 总结模型
print(model.summary())
```

SimpleRNN（1,）表示隐层中存在一个神经元。return_sequences 为 False，因为不返回任何输出序列，并且它是单个输出，如下：

```
Layer (type)                 Output Shape              Param #
=================================================================
simple_rnn_16 (SimpleRNN)    (None, 1)                 3
_________________________________________________________________
dense_12 (Dense)             (None, 1)                 2
=================================================================
Total params: 5
Trainable params: 5
Non-trainable params: 0
_________________________________________________________________
```

编译模型后，让我们继续对模型进行拟合，如下：

```
model.fit(padded_docs.reshape(2,2,1),np.array(labels).reshape(max_
length,1),epochs=500)
```

```
Epoch 495/500
2/2 [==============================] - 0s 6ms/step - loss: 0.6112 - acc: 1.0000
Epoch 496/500
2/2 [==============================] - 0s 6ms/step - loss: 0.6108 - acc: 1.0000
Epoch 497/500
2/2 [==============================] - 0s 7ms/step - loss: 0.6104 - acc: 1.0000
Epoch 498/500
2/2 [==============================] - 0s 7ms/step - loss: 0.6100 - acc: 1.0000
Epoch 499/500
2/2 [==============================] - 0s 4ms/step - loss: 0.6097 - acc: 1.0000
Epoch 500/500
2/2 [==============================] - 0s 5ms/step - loss: 0.6093 - acc: 1.0000
```

注意，我们已经重构了 padded_docs。这是因为需要在拟合时将训练数据集转换为以下格式：{数据大小，时间步骤数，每个时间步骤的特征}。此外，标签应采用数组格式，因为编译模型中的最终密集层需要数组。

10.4.2 验证 RNN 的输出

现在我们已经拟合了模型，接下来让我们验证一下前面创建的 Excel 计算。注意，我们已经将输入作为原始编码 {1，2，3} ——实际上，我们永远不会将原始编码保持原样，而是对输入进行独热编码或创建嵌入。现在我们将原始输入作为本节中的输入，这只是为了比较 keras 的输出和我们将在 Excel 中进行的手动计算。

model. layer 指定模型中的层，权重使我们了解与模型相关联的层，如下：

```
[<keras.layers.recurrent.SimpleRNN at 0x7fc76516d940>,
 <keras.layers.core.Dense at 0x7fc76516d710>]
```

model. weights 为我们提供了与模型中权重相关联的名称的指示，如下：

```
[<tf.Variable 'simple_rnn_2/kernel:0' shape=(1, 1) dtype=float32_ref>,
 <tf.Variable 'simple_rnn_2/recurrent_kernel:0' shape=(1, 1) dtype=float32_ref>,
 <tf.Variable 'simple_rnn_2/bias:0' shape=(1,) dtype=float32_ref>,
 <tf.Variable 'dense_2/kernel:0' shape=(1, 1) dtype=float32_ref>,
 <tf.Variable 'dense_2/bias:0' shape=(1,) dtype=float32_ref>]
```

model. get_weights（）为我们提供了与模型相关联的权重的实际值，如下：

```
[array([[0.56373304]], dtype=float32),
 array([[-0.50989217]], dtype=float32),
 array([-0.69803804], dtype=float32),
 array([[0.5092683]], dtype=float32),
 array([-0.27220774], dtype=float32)]
```

注意，权重是有序的，即第一个权重值对应于 kernel:0。换句话说，它与 *wxh* 相同，后者是与输入相关联的权重。

recurrent_kernel:0 与 *whh* 相同，*whh* 是与先前隐层和当前时间步骤的隐层之间的连接相关联的权重。bias:0 是与输入相关联的偏差。dense_2/kernel:0 是 *why*，也就是将隐层连接到输出的权重。dense_2/bias:0 是与隐层和输出之间的连接相关联的偏差。

让我们对输入［1，3］的预测值进行验证，如下：

```
padded_docs[0].reshape(1,2,1)
```

```
array([[[1],
        [3]]], dtype=int32)
```

```
import numpy as np
model.predict(padded_docs[0].reshape(1,2,1))
```

```
array([[0.53199273]], dtype=float32)
```

假设输入［1，3］的预测值为 0.53199（按顺序），让我们在 Excel 中进行验证（参见 github 中“simple RNN working verification. xlsx”），如下：

Wxh	0.563733
Whh	-0.50989
bx	-0.69804
Why	0.509268
by	-0.27221

两个时间步骤的输入值如下：

Wxh	0.563733
Whh	-0.50989
bx	-0.69804
Why	0.509268
by	-0.27221

	时间步骤	
	0	1
输入值	1	3

输入和权重之间的矩阵相乘计算如下：

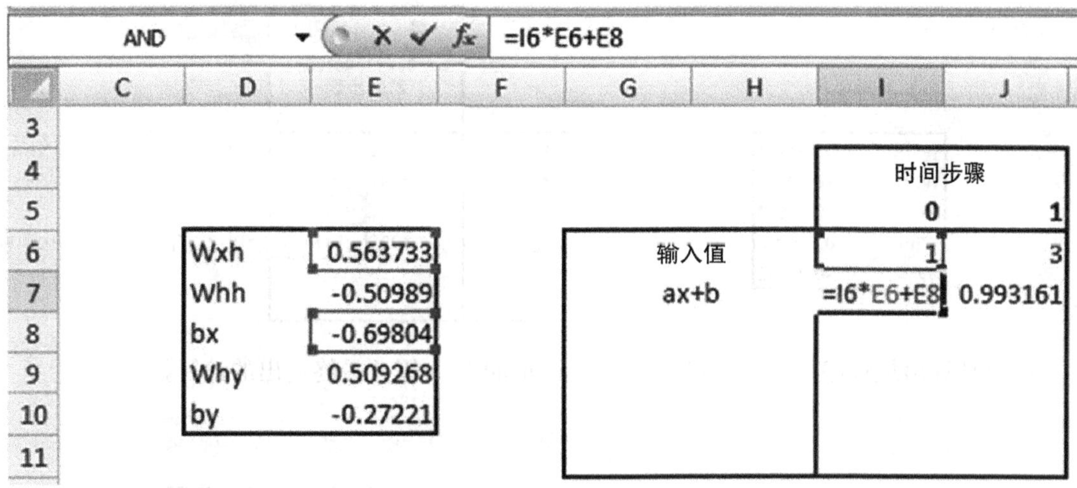

现在矩阵相乘已经完成，我们将继续计算时间步骤 0 中的隐层值，如下：

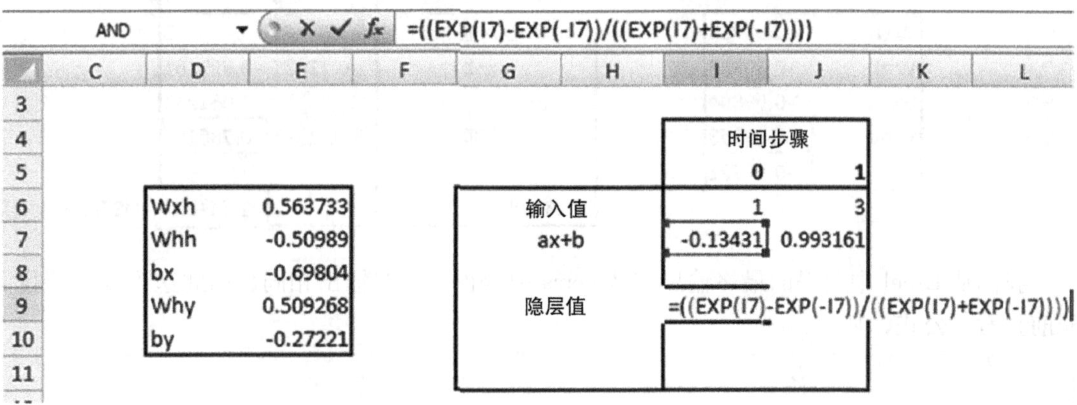

时间步骤 1 中的隐层值如下：

Tanh（时间步骤 1 中的隐层值 × 与隐层到隐层连接的权重（*whh*）+ 先前的隐层值）

让我们先计算 Tanh 函数的内部，如下：

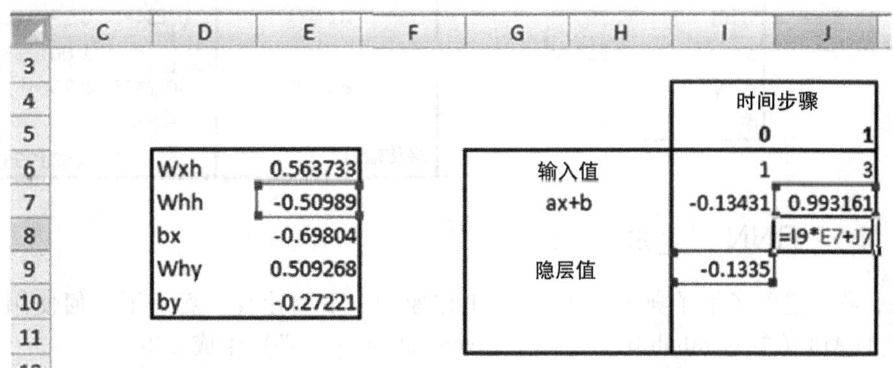

现在我们将计算时间步骤 1 的最终隐层值，如下：

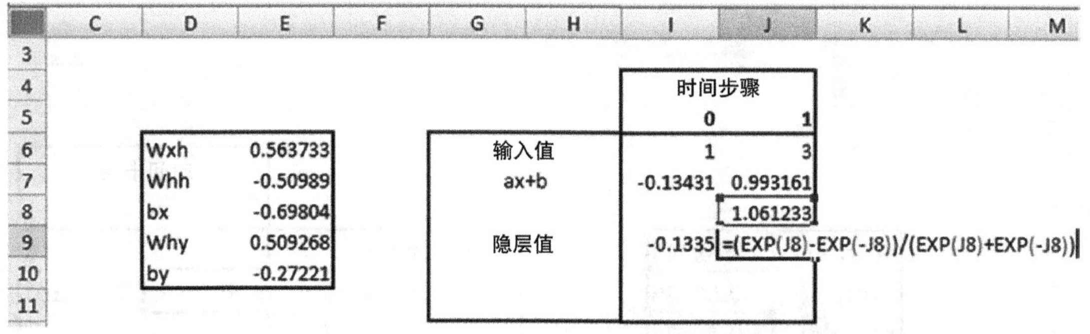

	C	D	E	F	G	H	I	J
3								
4							时间步骤	
5							0	1
6		Wxh	0.563733		输入值		1	3
7		Whh	-0.50989		ax+b		-0.13431	0.993161
8		bx	-0.69804					1.061233
9		Why	0.509268		隐层值		-0.1335	=(EXP(J8)-EXP(-J8))/(EXP(J8)+EXP(-J8))
10		by	-0.27221					
11								

一旦计算出最终隐层值，它将通过一个 Sigmoid 层，因此最终输出的计算如下：

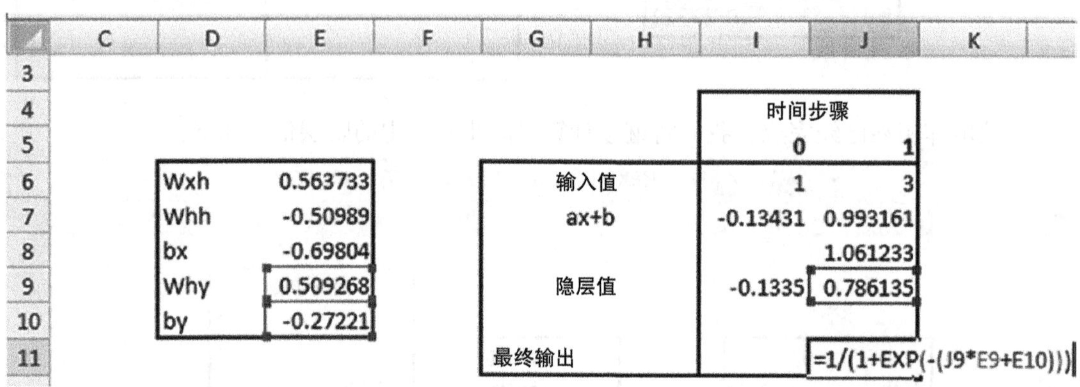

	C	D	E	F	G	H	I	J
3								
4							时间步骤	
5							0	1
6		Wxh	0.563733		输入值		1	3
7		Whh	-0.50989		ax+b		-0.13431	0.993161
8		bx	-0.69804					1.061233
9		Why	0.509268		隐层值		-0.1335	0.786135
10		by	-0.27221					
11					最终输出			=1/(1+EXP(-(J9*E9+E10)))

我们从 Excel 中获得的最终输出与从 keras 中获得的最终输出相同，因此这可以验证我们先前查看的公式，如下：

	C	D	E	F	G	H	I	J
3								
4							时间步骤	
5							0	1
6		Wxh	0.563733		输入值		1	3
7		Whh	-0.50989		ax+b		-0.13431	0.993161
8		bx	-0.69804					1.061233
9		Why	0.509268		隐层值		-0.1335	0.786135
10		by	-0.27221					
11					最终输出			0.531993

10.5 实现 RNN：生成文本

现在，我们已经了解了典型的 RNN 的工作原理，下面让我们看一下如何使用 keras 为 RNN 提供的 API（参见 github 中“RNN text generation. ipynb”）生成文本。

对于此示例，我们将研究 alice 数据集（参见 www. gutenberg. org/ebooks/11）：

1）导入包，如下：

```
from keras.models import Sequential
from keras.layers import Dense,Activation
from keras.layers.recurrent import SimpleRNN
import numpy as np
```

2）读取数据集，如下：

```
fin=open('/home/akishore/alice.txt',encoding='utf-8-sig')
lines=[]
for line in fin:
  line = line.strip().lower()
  line = line.decode("ascii","ignore")
  if(len(line)==0):
    continue
  lines.append(line)
fin.close()
text = " ".join(lines)
```

3）对文件进行规范化，使其只有小写，并删除标点符号（如果有），如下：

```
  text[:100]
u'alice was beginning to get very tired of sitting by her sister on the bank, and of having nothing to'
# 删除数据集中的标点符号
import re
text = text.lower()
text = re.sub('[^0-9a-zA-Z]+',' ',text)
```

4）对单词进行独热编码，如下：

```
from collections import Counter
counts = Counter()
counts.update(text.split())
words = sorted(counts, key=counts.get, reverse=True)
chars = words
total_chars = len(set(chars))
nb_chars = len(text.split())
char2index = {word: i for i, word in enumerate(chars)}
index2char = {i: word for i, word in enumerate(chars)}
```

5）创建输入和目标数据集，如下：

```
SEQLEN = 10
STEP = 1
input_chars = []
label_chars = []
text2=text.split()
for i in range(0,nb_chars-SEQLEN,STEP):
    x=text2[i:(i+SEQLEN)]
    y=text2[i+SEQLEN]
    input_chars.append(x)
    label_chars.append(y)
print(input_chars[0])
print(label_chars[0])
```

```
[u'alice', u'was', u'beginning', u'to', u'get', u'very', u'tired', u'of', u'sitting', u'by']
her
```

6）对输入和输出数据集进行编码，如下：

```
X = np.zeros((len(input_chars), SEQLEN, total_chars), dtype=np.bool)
y = np.zeros((len(input_chars), total_chars), dtype=np.bool)
# 为输入和输出值创建编码的向量
for i, input_char in enumerate(input_chars):
    for j, ch in enumerate(input_char):
        X[i, j, char2index[ch]] = 1
    y[i,char2index[label_chars[i]]]=1
print(X.shape)
print(y.shape)
```

```
(30407, 10, 3028)
(30407, 3028)
```

注意，X 的形状表示总共有 30407 行，每行有 10 个单词，其中 10 个单词中的每一个都表示在 3028 维空间中（因为总共有 3028 个不同的单词）。

7）建立模型，如下：

```
HIDDEN_SIZE = 128
BATCH_SIZE = 128
NUM_ITERATIONS = 100
NUM_EPOCHS_PER_ITERATION = 1
NUM_PREDS_PER_EPOCH = 100
model = Sequential()
```

```
model.add(SimpleRNN(HIDDEN_SIZE,return_sequences=False,input_
shape=(SEQLEN,total_chars),unroll=True))
model.add(Dense(nb_chars, activation='sigmoid'))
model.compile(optimizer='rmsprop', loss='categorical_crossentropy')
model.summary()
```

```
_________________________________________________________________
Layer (type)                 Output Shape              Param #
=================================================================
simple_rnn_1 (SimpleRNN)     (None, 128)               404096
_________________________________________________________________
dense_1 (Dense)              (None, 3028)              390612
=================================================================
Total params: 794,708
Trainable params: 794,708
Non-trainable params: 0
_________________________________________________________________
```

8）运行模型，在该模型中，随机生成种子文本，并尝试根据给定的种子词集来预测下一个单词，如下：

```
for iteration in range(150):
    print("=" * 50)
    print("Iteration #: %d" % (iteration))
    # 对值进行拟合
    model.fit(X, y, batch_size=BATCH_SIZE, epochs=NUM_EPOCHS_PER_
    ITERATION)

    # 是时候看看我们的预测了
    # 我们正在从数据集中的随机位置创建测试集
    # 在下面的代码中，我们选择一个随机输入作为单词的种子值
    test_idx = np.random.randint(len(input_chars))
    test_chars = input_chars[test_idx]
    print("Generating from seed: %s" % (test_chars))
    print(test_chars)
    # 从种子词中，我们的任务是预测下一个单词
    # 在下面的代码中，我们预测接下来的100个单词
      (NUM_PREDS_PER_EPOCH) after the seed words
    for i in range(NUM_PREDS_PER_EPOCH):
        # 预处理输入数据，就像我们在训练模型之前所做的那样
        Xtest = np.zeros((1, SEQLEN, total_chars))
```

```
for i, ch in enumerate(test_chars):
    Xtest[0, i, char2index[ch]] = 1
# 预测下一个单词
pred = model.predict(Xtest, verbose=0)[0]
# 鉴于预测是概率值，我们采用argmax来获取最高概率的位置
# 提取属于argmax的单词
ypred = index2char[np.argmax(pred)]
print(ypred,end=' ')
# 继续使用test_chars和ypred，以便我们将原始的9个单词和预测用于下一个预测
test_chars = test_chars[1:] + [ypred]
```

初始迭代中的输出只是一个单词——“always”！

150 次迭代结束时的输出如下（注意，以下只是部分输出）：

```
Epoch 1/1
30407/30407 [==============================] - 3s 97us/step - loss: 0.9459
Generating from seed: ['and', 'i', 'm', 'i', 'and', 'oh', 'dear', 'how', 'puzzli
['and', 'i', 'm', 'i', 'and', 'oh', 'dear', 'how', 'puzzling', 'it']
again said the mock turtle said the duchess looked nearly on a lobsters of verse
```

前面的输出几乎没有损失。如果在执行代码后仔细查看输出，会发现经过一些次迭代后，它会重新生成数据集中已存在的确切文本——这是一个潜在的过拟合问题。另外，请注意输入的形状：约 30000 个输入，其中有 3028 列。考虑到行与列的比率很低，就有可能过拟合。随着输入样本数量的增加，它可能会更好地工作。

有大量列的问题可以通过使用嵌入的办法来解决，这与我们计算词向量的方法非常相似。本质上，嵌入代表着让一个单词进入一个更低维空间中。

10.6 RNN 中的嵌入层

为了了解嵌入的工作原理，让我们看一个数据集，该数据集试图根据客户的推文来预测航空公司的客户的情绪（参见 github 中的“RNNsentiment. ipynb”），如下：

1）一如既往，先导入相关包，如下：

```
# 导入相关包
from keras.layers import Dense, Activation
from keras.layers.recurrent import SimpleRNN
from keras.models import Sequential
from keras.utils import to_categorical
from keras.layers.embeddings import Embedding
from sklearn.cross_validation import train_test_split
import numpy as np
import nltk
```

```
from nltk.corpus import stopwords
import re
import pandas as pd
#让我们继续读取数据集：
t=pd.read_csv('/home/akishore/airline_sentiment.csv')
t.head()
```

	airline_sentiment	text
0	positive	@VirginAmerica plus you've added commercials t...
1	negative	@VirginAmerica it's really aggressive to blast...
2	negative	@VirginAmerica and it's a really big bad thing...
3	negative	@VirginAmerica seriously would pay $30 a fligh...
4	positive	@VirginAmerica yes, nearly every time I fly VX...

```
import numpy as np
t['sentiment']=np.where(t['airline_sentiment']=="positive",1,0)
```

2）考虑到文本很杂乱，我们将通过删除标点符号并将所有单词转换为小写进行预处理，如下：

```
def preprocess(text):
    text=text.lower()
    text=re.sub('[^0-9a-zA-Z]+',' ',text)
    words = text.split()
    #words2=[w for w in words if (w not in stop)]
    #words3=[ps.stem(w) for w in words]
    words4=' '.join(words)
    return(words4)
t['text'] = t['text'].apply(preprocess)
```

3）与在上一节中开发的方法类似，我们将每个单词转换为索引值，如下：

```
from collections import Counter
counts = Counter()
for i,review in enumerate(t['text']):
    counts.update(review.split())
words = sorted(counts, key=counts.get, reverse=True)
words[:10]

['to', 'i', 'the', 'a', 'you', 'united', 'for', 'flight', 'and', 'on']
```

```
chars = words
nb_chars = len(words)
word_to_int = {word: i for i, word in enumerate(words, 1)}
int_to_word = {i: word for i, word in enumerate(words, 1)}
word_to_int['the']
#3
int_to_word[3]
#the
```

4）将评论中的每个单词映射到相应的索引，如下：

```
mapped_reviews = []
for review in t['text']:
    mapped_reviews.append([word_to_int[word] for word in review.
split()])
t.loc[0:1]['text']
```

```
0    virginamerica plus you ve added commercials to...
1    virginamerica it s really aggressive to blast ...
Name: text, dtype: object
```

```
mapped_reviews[0:2]
```

```
[[104, 575, 5, 84, 1320, 2497, 1, 3, 179, 7250],
 [104,
  17,
  32,
  124,
  3331,
  1,
  4219,
  5487,
  959,
  16,
  22,
  3296,
  5273,
  62,
  52,
  27,
  479,
  2521]]
```

注意，两个评论中的“virginamerica”的索引是相同的，都为104。

5）初始化长度为200的零序列。请注意，我们选择了200作为序列长度，因为没有任何评论包含的单词超过200个。此外，以下代码的第二部分确保了对于所有小于200个单词的评论，所有起始索引都填充为零，并且只有最后的索引才填充了与评论中出现的单词对应的索引，如下：

```
sequence_length = 200
sequences = np.zeros((len(mapped_reviews), sequence_
length),dtype=int)
for i, row in enumerate(mapped_reviews):
    review_arr = np.array(row)
    sequences[i, -len(row):] = review_arr[-sequence_length:]
```

6）进一步将数据集分为训练数据集和测试数据集，如下：

```
y=t['sentiment'].values
X_train, X_test, y_train, y_test = train_test_split(sequences, y,
test_size=0.30,random_state=10)
y_train2 = to_categorical(y_train)
y_test2 = to_categorical(y_test)
```

7）一旦数据集到位后，我们继续创建模型，如下所示。注意，作为函数的嵌入会将唯一单词的总数、表示给定单词的降维数以及输入中的单词数作为输入，如下：

```
top_words=12679
embedding_vecor_length=32
max_review_length=200
model = Sequential()
model.add(Embedding(top_words, embedding_vecor_length,
input_length=max_review_length))
model.add(SimpleRNN(1, return_sequences=False,unroll=True))
model.add(Dense(2, activation='softmax'))
model.compile(loss='categorical_crossentropy', optimizer='adam',
metrics=['accuracy'])
print(model.summary())
model.fit(X_train, y_train2, validation_data=(X_test, y_test2),
epochs=50, batch_size=1024)
```

```
_________________________________________________________________
Layer (type)                 Output Shape              Param #
=================================================================
embedding_14 (Embedding)     (None, 200, 32)           405728
_________________________________________________________________
simple_rnn_14 (SimpleRNN)    (None, 1)                 34
_________________________________________________________________
dense_14 (Dense)             (None, 2)                 4
=================================================================
Total params: 405,766
Trainable params: 405,766
Non-trainable params: 0
_________________________________________________________________
```

现在，让我们看看前面模型的摘要输出。数据集中共有 12679 个不同的单词。嵌入层确保我们能在 32 维空间中表示每个单词，因此嵌入层中有 405728 个参数。

现在我们有了 32 个嵌入的维度输入，每个输入现在都连接到一个隐层单元，从而得到 32 个权重。伴随着 32 个权重，会有一个偏差。对应于该层的最终权重将是将前一个隐层单元值连接到当前隐层单元的权重。这样一共有 34 个权重。

注意，由于存在来自嵌入层的输出，因此我们无须在 SimpleRNN 层中指定输入形状。运行模型后，输出分类精度将接近 87%。

10.7 传统 RNN 的问题

图 10-5 显示了一个传统 RNN，它考虑了多个时间步骤来进行预测。

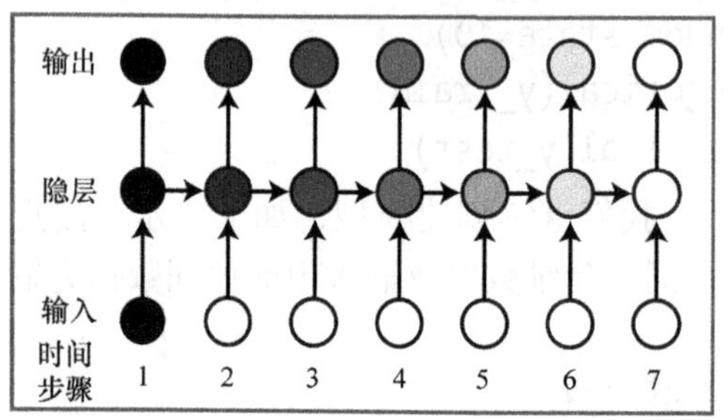

图 10-5 一个具有多重时间步骤的 RNN

注意，随着时间步骤的增加，早期层的输入对后期层的输出的影响要小得多。从下面可以看出这一点（目前，我们将忽略偏差项）：

$$h_1 = WX_1$$
$$h_2 = WX_2 + Uh_1 = WX_2 + UWX_1$$
$$h_3 = WX_3 + Uh_2 = WX_3 + UWX_2 + U^2WX_1$$
$$h_4 = WX_4 + Uh_3 = WX_4 + UWX_3 + U^2WX_2 + U^3WX_1$$
$$h_5 = WX_5 + Uh_4 = WX_5 + UWX_4 + U^2WX_3 + U^3WX_2 + U^4WX_1$$

注意，随着时间戳的增加，如果 $U>1$，则隐层的值高度依赖于 X_1，如果 $U<1$，则隐层的值对 X_1 的依赖会较弱。

10.7.1 梯度消失问题

U^4 相对于 U 的梯度为 $4\times U^3$。在这种情况下，请注意，如果 $U<1$，则梯度非常小，因此如果稍后时间步骤的输出取决于给定时间步骤的输入，则到达理想权重需要很长时间。这就产生了一个问题，即在某些句子的时间步骤中，对一个早于时间步骤的单词有依赖性。例如，“I am from India. I speak fluent ________.（我来自印度。我说一口流利的________。）”在这种情况下，如果不考虑第一句话，那么第二句话“I speak fluent ________（我说一口流利的________）”的输出可能是任何语言的名称。因为我们在第一句话中提到了某国，所以应该可以将范围缩小到某国方语言。

10.7.2 梯度爆炸问题

在前面的场景中，如果 $U>1$，那么梯度增加的幅度会大得多。这将导致在时间步骤中发生的输入具有非常高的权重，而在试图预测的单词附近发生的输入具有较低的权重。

因此，根据 U 的值（隐层的权重），权重要么更新得很快，要么需要更新很长时间。

鉴于梯度消失、梯度爆炸是一个问题，我们应该以稍微不同的方式处理 RNN。

10.8 LSTM

长短期记忆（Long Short - Term Memory，LSTM）是一种架构，可帮助克服我们之前看到的梯度消失或梯度爆炸问题。在本节中，我们将介绍 LSTM 的架构，并了解它是如何帮助克服传统 RNN 的问题的。

LSTM 如图 10-6 所示。

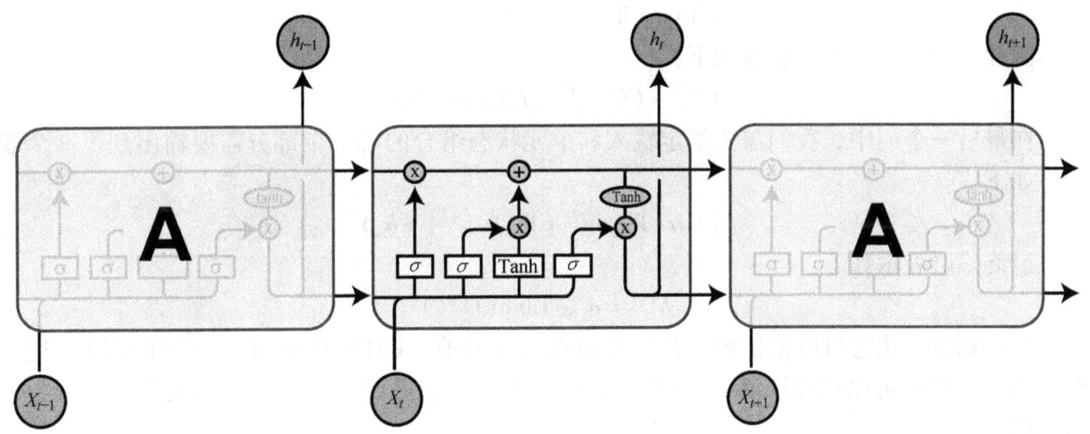

图 10-6 LSTM

注意，尽管隐层（h）的输入 X 和输出保持不变，但在隐层中发生的激活是不同的。与具有 Tanh 激活的传统 RNN 不同，LSTM 内部发生了不同的激活。我们将逐一进行介绍。

在图 10-7 中，X 和 h 分别表示输入层和隐层，如我们先前所见。

C 表示单元状态。你可以将单元状态视为捕获长期依赖关系的一种方式。

f 表示遗忘门：

$$f_t=\sigma(W_{xf}x^{(t)}+W_{hf}h^{(t-1)}+b_f)$$

注意，Sigmoid 为我们提供了一种机制来指定需要遗忘的内容。这样，在 $h(t-1)$ 中捕获的一些历史单词就被选择性地遗忘了。

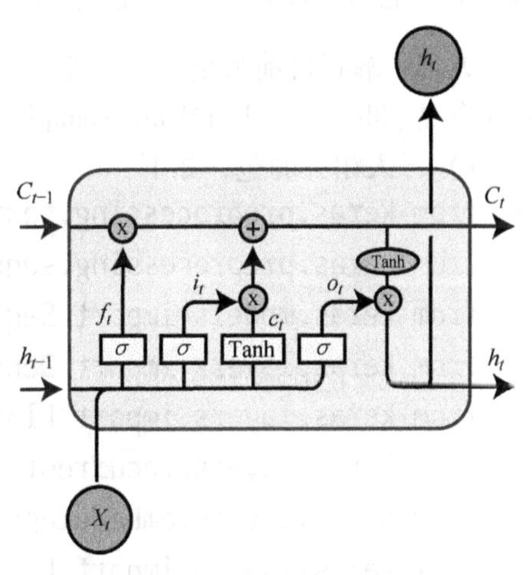

图 10-7 LSTM 的各种组件

一旦弄清楚需要忘记什么，单元状态将更新如下：

$$c_t = (c_{t-1} \otimes f)$$

注意，⊗表示元素到元素的乘法。

想想看，“I live in India. I speak ________（我住在印度，我说________）”一旦我们填上这句话中有关印度语言名字的空白，我们就再也不需要“I live in India（我住在印度）”这句上下文了。这就是遗忘门帮助选择性地遗忘不再需要的信息的地方。

一旦弄清楚在单元状态中需要遗忘什么，我们就可以继续根据当前输入更新单元状态。

在下一步中，需要通过输入之上的 Sigmoid 应用来实现更新单元状态的输入，并且通过 Tanh 激活获得更新的幅度（正或负）。

输入可以指定如下：

$$i_t = \sigma(W_{xi}x^{(t)} + W_{hi}h^{(t-1)} + b_i)$$

调制可以这样指定：

$$g_t = \mathrm{Tanh}(W_{xg}x^{(t)} + W_{hg}h^{(t-1)} + b_g)$$

因此，单元状态最终更新如下：

$$C^{(t)} = (C^{(t-1)} \odot f_t) \oplus (i_t \odot g_t)$$

在最后一个门中，我们需要指定输入和单元状态组合的哪一个部分需要输出到下一个隐层，如下：

$$o_t = \sigma(W_{xo}x^{(t)} + W_{ho}h^{(t-1)} + b_o)$$

最终隐层表示如下：

$$h^{(t)} = o_t \odot \mathrm{Tanh}(C^{(t)})$$

考虑到单元状态可以记住稍后某个时间点所需的值，LSTM 在预测下一个单词时（通常在情感分类中）可以比传统 RNN 给出更好的结果。这在需要处理长期依赖关系的场景中尤为有用。

10.9 在 keras 中实现基本 LSTM

为了了解到目前为止提出的理论是如何转化为实际行动的，让我们重新看一下前面的示例（参见 github 中“LSTM toy example. ipynb”），如下：

1）导入相关的包，如下：

```
from keras.preprocessing.text import one_hot
from keras.preprocessing.sequence import pad_sequences
from keras.models import Sequential
from keras.layers import Dense
from keras.layers import Flatten
from keras.layers.recurrent import SimpleRNN
from keras.layers.embeddings import Embedding
from keras.layers import LSTM
import numpy as np
```

2）定义文档和标签，如下：

```
# 定义文档
docs = ['very good',
        'very bad']
# 定义类标签
labels = [1,0]
```

3）对文档进行独热编码，如下：

```
from collections import Counter
counts = Counter()
for i,review in enumerate(docs):
    counts.update(review.split())
words = sorted(counts, key=counts.get, reverse=True)
vocab_size=len(words)
word_to_int = {word: i for i, word in enumerate(words, 1)}
encoded_docs = []
for doc in docs:
    encoded_docs.append([word_to_int[word] for word in doc.split()])
encoded_docs
```

```
[[1, 3], [1, 2]]
```

4）将文档的最大长度限制为两个单词，如下：

```
max_length = 2
padded_docs = pad_sequences(encoded_docs, maxlen=max_length,
padding='pre')
print(padded_docs)
```

```
[[1 3]
 [1 2]]
```

5）建立模型，如下：

```
model = Sequential()
model.add(LSTM(1,activation='tanh', return_
sequences=False,recurrent_initializer='Zeros',
recurrent_activation='sigmoid',
              input_shape=(2,1),unroll=True))
model.add(Dense(1, activation='sigmoid'))
model.compile(optimizer='adam', loss='binary_crossentropy',
metrics=['acc'])
```

```
print(model.summary())
```

```
_________________________________________________________________
Layer (type)                 Output Shape              Param #
=================================================================
lstm_10 (LSTM)               (None, 1)                 12
_________________________________________________________________
dense_10 (Dense)             (None, 1)                 2
=================================================================
Total params: 14
Trainable params: 14
Non-trainable params: 0
_________________________________________________________________
```

注意，在前面的代码中，我们已经将循环出现的值和循环出现的激活初始化为某些值，只是为了使该示例在 Excel 中实现时更容易理解。其目的是帮助你了解仅在后端发生的事情。

一旦模型按所讨论的那样初始化后，让我们继续拟合模型，如下：

```
model.fit(padded_docs.reshape(2,2,1),np.array(labels).reshape(max_
length,1),epochs=500)
```

```
Epoch 496/500
2/2 [==============================] - 0s 3ms/step - loss: 0.6616 - acc: 1.0000
Epoch 497/500
2/2 [==============================] - 0s 3ms/step - loss: 0.6615 - acc: 1.0000
Epoch 498/500
2/2 [==============================] - 0s 3ms/step - loss: 0.6614 - acc: 1.0000
Epoch 499/500
2/2 [==============================] - 0s 3ms/step - loss: 0.6612 - acc: 1.0000
Epoch 500/500
2/2 [==============================] - 0s 3ms/step - loss: 0.6611 - acc: 1.0000
```

这个模型的层如下，即 model. layers：

```
[<keras.layers.recurrent.LSTM at 0x7f56a17930b8>,
 <keras.layers.core.Dense at 0x7f56a1793128>]
```

权重和权重顺序可按以下方式获得：

```
model.layers[0].get_weights()
```

```
[array([[0.47091758, 0.05323942, 0.27755383, 0.9501942 ]], dtype=float32),
 array([[ 0.42902616,  0.15900111, -0.2862077 , -0.6242878 ]],
       dtype=float32),
 array([ 0.19718488,  1.0436496 , -0.21873292, -0.71010154], dtype=float32)]
```

```
model.layers[0].trainable_weights
```

```
[<tf.Variable 'lstm_1/kernel:0' shape=(1, 4) dtype=float32_ref>,
 <tf.Variable 'lstm_1/recurrent_kernel:0' shape=(1, 4) dtype=float32_ref>,
 <tf.Variable 'lstm_1/bias:0' shape=(4,) dtype=float32_ref>]
```

```
model.layers[1].get_weights()
```

```
[array([[1.4696432]], dtype=float32), array([-0.38569826], dtype=float32)]
```

```
model.layers[1].trainable_weights
```

```
[<tf.Variable 'dense_1/kernel:0' shape=(1, 1) dtype=float32_ref>,
 <tf.Variable 'dense_1/bias:0' shape=(1,) dtype=float32_ref>]
```

从前面的代码中，可以看到首先获得输入（kernel）的权重，然后获得与隐层（recurrent_kernel）相对应的权重，最后获得 LSTM 层中的偏差。

类似地，在密集层（将隐层连接到输出的层）中，要与隐层相乘的权重首先出现，然后是偏差。

还要注意，权重和偏差在 LSTM 层中出现的顺序如下：

1）输入门。

2）遗忘门。

3）调制门（单元门）。

4）输出门。

现在有了输出，让我们继续计算输入的预测。请注意，与前面一样，我们使用原始编码输入（1、2、3），而不进一步处理它们，只是为了了解计算的工作方式。

在实践中，我们将进一步处理输入，可能将其编码成向量以获得预测，但在本示例中，我们感兴趣的是通过在 Excel 中复制 LSTM 的预测来巩固我们对 LSTM 是如何工作的知识的理解，如下：

```
padded_docs[1].reshape(1,2,1)
```

```
array([[[1],
        [2]]], dtype=int32)
```

```
model.predict(padded_docs[1].reshape(1,2,1))
```

```
array([[0.44851267]], dtype=float32)
```

现在，我们从模型中得出的预测概率为 0.4485，让我们手动计算 Excel 中的值（参见 github 中“ LSTM working details. xlsx”），如下：

门	权重	循环	偏差
输入	1.1860023	0.06184402	-0.3049411
遗忘	-0.35046005	0.20871657	0.99633026
单元/调制	-0.40737563	0.12195425	0.61977786
输出	0.51597786	0.09282562	0.609171

注意，此处的值取自 keras 的 model. layers［0］. get_weights（）的输出。

在继续计算各个门的值之前，请注意，我们已将循环层（h_{t-1}）的值初始化为0。在第一步中，输入值为1。下面我们计算各个门的值。

输入	1
单元状态0	0
遗忘1	0.64587021
遗忘2	0.656079221
单元状态1	0
输入1	0.88106124
输入2	0.707042088
单元1	0.21240223
单元2	0.209264683
单元状态2	0.147958938
单元状态3	0.147958938
输出1	1.12514886
输出2	0.754942528

上述输出结果的计算如下：

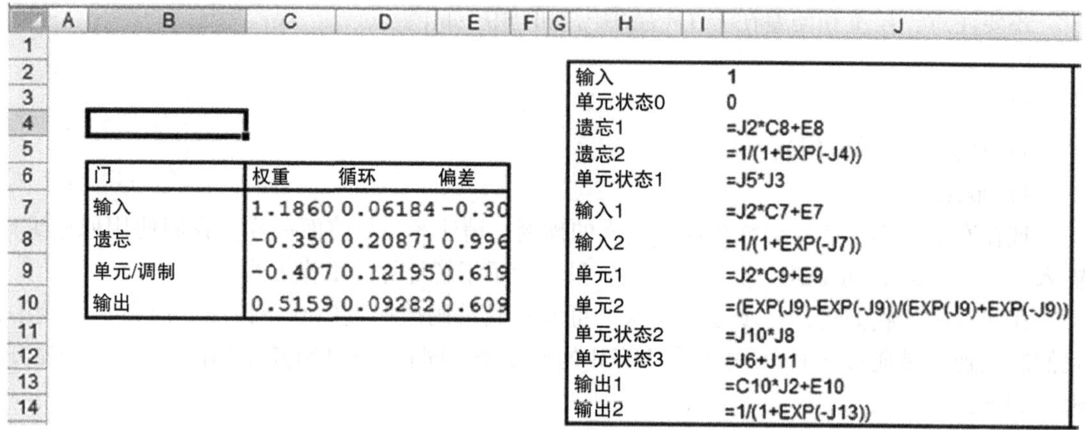

门	权重	循环	偏差
输入	1.1860	0.06184	-0.30
遗忘	-0.350	0.20871	0.996
单元/调制	-0.407	0.12195	0.619
输出	0.5159	0.09282	0.609

输入	1
单元状态0	0
遗忘1	=J2*C8+E8
遗忘2	=1/(1+EXP(-J4))
单元状态1	=J5*J3
输入1	=J2*C7+E7
输入2	=1/(1+EXP(-J7))
单元1	=J2*C9+E9
单元2	=(EXP(J9)-EXP(-J9))/(EXP(J9)+EXP(-J9))
单元状态2	=J10*J8
单元状态3	=J6+J11
输出1	=C10*J2+E10
输出2	=1/(1+EXP(-J13))

现在已经计算了各个门的值，接下来将计算输出（隐层）。

行	H	J
2	输入	1
3	单元状态0	0
4	遗忘1	=J2*C8+E8
5	遗忘2	=1/(1+EXP(-J4))
6	单元状态1	=J5*J3
7	输入1	=J2*C7+E7
8	输入2	=1/(1+EXP(-J7))
9	单元1	=J2*C9+E9
10	单元2	=(EXP(J9)-EXP(-J9))/(EXP(J9)+EXP(-J9))
11	单元状态2	=J10*J8
12	单元状态3	=J6+J11
13	输出1	=C10*J2+E10
14	输出2	=1/(1+EXP(-J13))
16	隐层	=(EXP(J12)-EXP(-J12))/(EXP(J12)+EXP(-J12))*J14

此处显示的隐层值是在输入为1的时间步骤时的隐层输出。

现在，我们继续计算输入为2时的隐层值（这是在前面的代码中预测的数据点的第二个时间步骤的输入），如下：

输入	1	2
单元状态0	0	0.147958938
遗忘1	0.64587021	0.318555254
遗忘2	0.656079221	0.578972116
单元状态1	0	0.0856641
输入1	0.88106124	2.073921576
输入2	0.707042088	0.888342536
单元1	0.21240223	-0.181449593
单元2	0.209264683	-0.179484127
单元状态2	0.147958938	-0.159443385
单元状态3	0.147958938	-0.073779285
输出1	1.12514886	1.651420381
输出2	0.754942528	0.839082927
隐层	0.11089246	-0.061794855

让我们看看如何获得各种门和第二个输入的隐层值。这里要注意的关键点是，第一个时间步骤输出的隐层是第二个输入中所有门的计算的输入，如下：

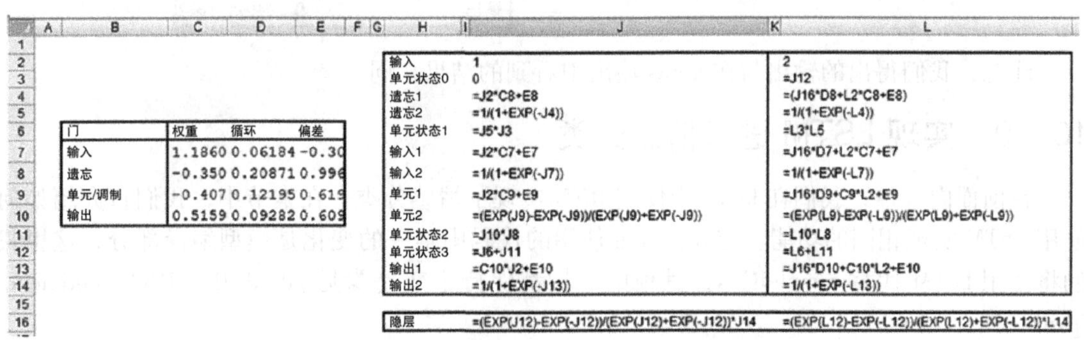

门	权重	循环	偏差
输入	1.1860	0.06184	-0.30
遗忘	-0.350	0.20871	0.996
单元/调制	-0.407	0.12195	0.619
输出	0.5159	0.09282	0.609

输入	1	2
单元状态0	0	=J12
遗忘1	=J2*C8+E8	=(J16*D8+L2*C8+E8)
遗忘2	=1/(1+EXP(-J4))	=1/(1+EXP(-L4))
单元状态1	=J5*J3	=L3*L5
输入1	=J2*C7+E7	=J16*D7+L2*C7+E7
输入2	=1/(1+EXP(-J7))	=1/(1+EXP(-L7))
单元1	=J2*C9+E9	=J16*D9+C9*L2+E9
单元2	=(EXP(J9)-EXP(-J9))/(EXP(J9)+EXP(-J9))	=(EXP(L9)-EXP(-L9))/(EXP(L9)+EXP(-L9))
单元状态2	=J10*J8	=L10*L8
单元状态3	=J6+J11	=L6+L11
输出1	=C10*J2+E10	=J16*D10+C10*L2+E10
输出2	=1/(1+EXP(-J13))	=1/(1+EXP(-L13))
隐层	=(EXP(J12)-EXP(-J12))/(EXP(J12)+EXP(-J12))*J14	=(EXP(L12)-EXP(-L12))/(EXP(L12)+EXP(-L12))*L14

最后，假设已计算出第二个时间步骤的隐层输出，则我们计算出输出如下：

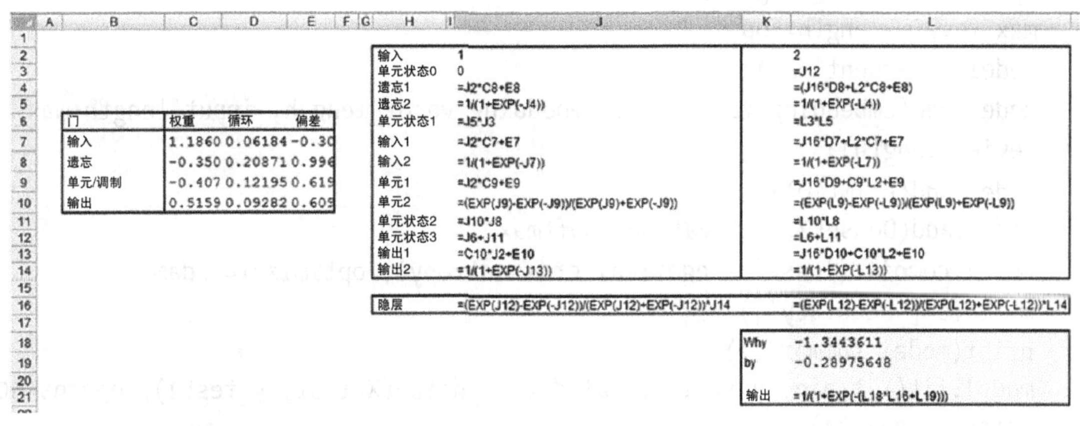

门	权重	循环	偏差
输入	1.1860	0.06184	-0.30
遗忘	-0.350	0.20871	0.996
单元/调制	-0.407	0.12195	0.619
输出	0.5159	0.09282	0.609

输入	1	2
单元状态0	0	=J12
遗忘1	=J2*C8+E8	=(J16*D8+L2*C8+E8)
遗忘2	=1/(1+EXP(-J4))	=1/(1+EXP(-L4))
单元状态1	=J5*J3	=L3*L5
输入1	=J2*C7+E7	=J16*D7+L2*C7+E7
输入2	=1/(1+EXP(-J7))	=1/(1+EXP(-L7))
单元1	=J2*C9+E9	=J16*D9+C9*L2+E9
单元2	=(EXP(J9)-EXP(-J9))/(EXP(J9)+EXP(-J9))	=(EXP(L9)-EXP(-L9))/(EXP(L9)+EXP(-L9))
单元状态2	=J10*J8	=L10*L8
单元状态3	=J6+J11	=L6+L11
输出1	=C10*J2+E10	=J16*D10+C10*L2+E10
输出2	=1/(1+EXP(-J13))	=1/(1+EXP(-L13))
隐层	=(EXP(J12)-EXP(-J12))/(EXP(J12)+EXP(-J12))*J14	=(EXP(L12)-EXP(-L12))/(EXP(L12)+EXP(-L12))*L14

Why	-1.3443611
by	-0.28975648
输出	=1/(1+EXP(-(L18*L16+L19)))

上述计算的最终结果如下：

输入	1	2
单元状态0	0	0.147958938
遗忘1	0.64587021	0.318555254
遗忘2	0.656079221	0.578972116
单元状态1	0	0.0856641
输入1	0.88106124	2.073921576
输入2	0.707042088	0.888342536
单元1	0.21240223	-0.181449593
单元2	0.209264683	-0.179484127
单元状态2	0.147958938	-0.159443385
单元状态3	0.147958938	-0.073779285
输出1	1.12514886	1.651420381
输出2	0.754942528	0.839082927

隐层	0.11089246	-0.061794855

Why	-1.3443611
by	-0.28975648
输出	0.448512683

注意，我们得出的输出与在 keras 输出中看到的结果相同。

10.10 实现 LSTM 进行情感分类

在前面内容中，我们在 keras 中使用 RNN 实现了情感分类。在本节中，我们将介绍如何使用 LSTM 实现相同的功能。与我们前面使用的代码中唯一的变化是模型编译部分，这里我们将使用 LSTM 代替 SimpleRNN，其他的一切都保持不变（参见 github 中“RNN sentiment.ipynb”），如下：

```
top_words=nb_chars
embedding_vecor_length=32
max_review_length=200
model = Sequential()
model.add(Embedding(top_words, embedding_vecor_length, input_length=max_
review_length))
model.add(LSTM(10))
model.add(Dense(2, activation='softmax'))
model.compile(loss='categorical_crossentropy', optimizer='adam',
metrics=['accuracy'])
print(model.summary())
model.fit(X_train, y_train2, validation_data=(X_test, y_test2), epochs=50,
batch_size=1024)
```

实施模型后，应该可以看到 LSTM 的预测精度比 RNN 的预测精度稍好。实际上，对于我们前面看到的数据集，LSTM 给出了 91% 的精度，而 RNN 给出了 87% 的精度。这可以通过调整函数提供的各种超参数来进一步微调。

10.11 在 R 中实现 RNN

为了研究如何在 kerasR 中实现 RNN/LSTM，我们将使用随 kerasR 包一起预先构建的 IMDB 情感分类数据集（参见 github 中 “kerasR_code_RNN. r”），如下：

```
# 加载数据集
library(kerasR)
imdb <- load_imdb(num_words = 500, maxlen = 100)
```

注意，通过指定 num_words 作为参数，仅获取前 500 个单词。我们还将仅提取那些最长不超过 100 个单词的 IMDB 评论。

让我们探索数据集的结构，如下：

```
str(imdb)
```

因此，我们不必执行单词到索引映射的步骤，如下：

```
# 使用LSTM构建模型
model <- Sequential()
model$add(Embedding(500, 32, input_length = 100, input_shape = c(100)))
model$add(LSTM(32)) # 如果要执行RNN函数，请使用SimpleRNN
model$add(Dense(256))
model$add(Activation('relu'))
model$add(Dense(1))
model$add(Activation('sigmoid'))
# 编译并拟合模型
keras_compile(model,  loss = 'binary_crossentropy', optimizer =
Adam(),metrics='binary_accuracy')
keras_fit(model, X_train, Y_train, batch_size = 1024, epochs = 50,
verbose = 1,validation_data = list(X_test,Y_test))
```

上面结果在测试数据集预测上的精度接近 79%。

10.12 总结

在本章中，我们学习了以下内容：

1）RNN 对处理具有时间依赖性的数据非常有帮助。

2）在处理数据的长期相关性时，RNN 面临着梯度消失或梯度爆炸的问题。

3）LSTM 和其他最新的架构在这种场景下非常有用。

4）LSTM 的工作原理是将信息存储在单元状态，遗忘不再有用的信息，根据当前输入选择需要添加到单元状态的信息以及信息量，最后选择需要输出到下一个状态的信息。

第 11 章 聚 类

聚类（Clustering）的含义是分组。在数据科学中，聚类也是一种无监督学习技术，有助于对数据点进行分组。

对数据点或数据行进行分组的好处包括：

1）让业务使用者了解客户中的各种类型的用户。

2）在簇（Cluster）级别或组级别而不是总体级别上做出业务决策。

3）为了帮助提高预测的精度，由于不同的组会表现出不同的行为，因此可以为每个组创建一个单独的模型。

在本章中，我们将学习以下内容：

1）不同类型的聚类。

2）不同类型的聚类是如何工作的。

3）聚类的用例。

11.1 聚类介绍

让我们参考一个拥有 4000 个销售点的零售店的示例。中央计划团队必须对所有门店的店长进行年终评估。评估一个商店经理的主要指标是该商店全年的总销售额。

1）方案 1：仅根据销售情况对商店经理进行评估。根据商店的销售额对所有商店经理进行排序，销售额最高的商店经理将获得最高的奖励。

缺点：我们没有考虑到商店的地理位置，一些商店在城市，而另一些在农村，与农村商店相比，城市商店通常有更高的销售额。城市商店销售额高的最大原因可能是人口众多和城市顾客的消费能力较高。

2）方案 2：如果可以把商店分为城市商店和农村商店，或者有高购买力的顾客经常光顾的商店，或者有特定人群（比如年轻家庭）经常光顾的商店，并将它们称为一个聚类，那么只有属于同一聚类的商店经理可以相互比较。

例如，如果我们把所有商店分为城市商店和农村商店，那么城市商店的所有商店经理之间都可以相互比较。同样地，农村商店经理之间也可相互比较。

缺点：尽管我们可以更好地比较不同商店经理的绩效，但是商店经理之间的比较仍然不够公平。例如，两家城市商店仍可能不同：一家商店位于办公室工作人员经常光顾的中央商务区，而另一家则位于城市的居民区。中央商务区的商店很可能在城市商店中有着更高的销售额。

尽管方案2仍然有缺点，但问题并不像方案1那么严重。因此，将商店分为两类有助于更准确地衡量商店经理的绩效。

11.1.1 构建用于性能比较的商店簇

在方案2中，我们看到商店经理仍然可以质疑比较过程的不公平性，因为商店仍然可以在一个或多个参数上有所不同。

商店经理可能会举出许多原因来说明他们的商店与其他商店不同：

1）不同商店销售的商品的差异。

2）光顾商店的顾客的年龄段的差异。

3）光顾商店的顾客的生活方式的差异。

现在，为了简单起见，让我们定义所有组：

1）城市商店与农村商店。

2）高档商品店与低档商品店。

3）高年龄组顾客多的商店与低年龄组顾客多的商店。

4）高端顾客多的商店与普通顾客多的商店。

我们可以根据列出的因素创建总共16个不同的簇（或组）——根据所有组合的详尽列表将得出16个组。

我们讨论了区分商店的四个重要因素，但仍有许多其他因素可以区分商店。例如，位于雨水较多地区的商店与位于阳光较好地区的商店。

本质上，商店在多个维度（因素）上彼此不同。但是，某些因素可能会对经理的销售表现产生显著影响，而另一些因素产生的影响可能会很小。

11.1.2 理想聚类

到目前为止，我们看到每个商店都是唯一的，可能存在这样一种情况：商店经理总是可以举出一个或多个原因来说明为什么不能将它们与属于同一簇的其他商店进行比较。例如，商店经理可以说，虽然属于这一簇的所有商店都是城市商店，大多数优质顾客都是中年人，但他的商店的表现不如其他商店，因为它靠近一家大力促销的竞争对手商店——因此，与同一簇的其他商店相比，这家商店的销售额并没有那么高。

因此，如果我们把所有的原因都考虑进去，最终可能会导致粒度细分，以至于每个簇中只有一个商店。这将产生一个巨大的聚类输出，其中每个商店都是不同的，但是结果将是无用的，因为这样我们就无法跨商店进行比较。

11.1.3 在没有聚类和过多聚类之间取得平衡：k均值聚类

我们已经看到，拥有与商店数量一样多的簇是一个很好的簇，可以区分每个商店，但这是一个无用的簇，因为我们无法从中得出任何有意义的结果。同时，没有簇也是不行的，因为这样的话，一个商店经理可能会与完全不同类型的商店经理进行不准确的比较。

因此，在使用聚类过程中，应努力达到平衡。我们希望尽可能地找出区别商店的几个主要因素，只考虑用这些因素进行评估，而忽略其他因素。使用 k 均值聚类的方法可以识别出几个可能在商店之间造成最大差异的因素。

为了了解 k 均值聚类的工作原理，让我们考虑一种情况：你是比萨连锁店的所有者。你有预算在附近开设三个新店。你如何选出开设三个新店的最佳位置。

现在，我们假设附近所有道路的交通都是一致的。假设社区看起来如图 11-1 所示。

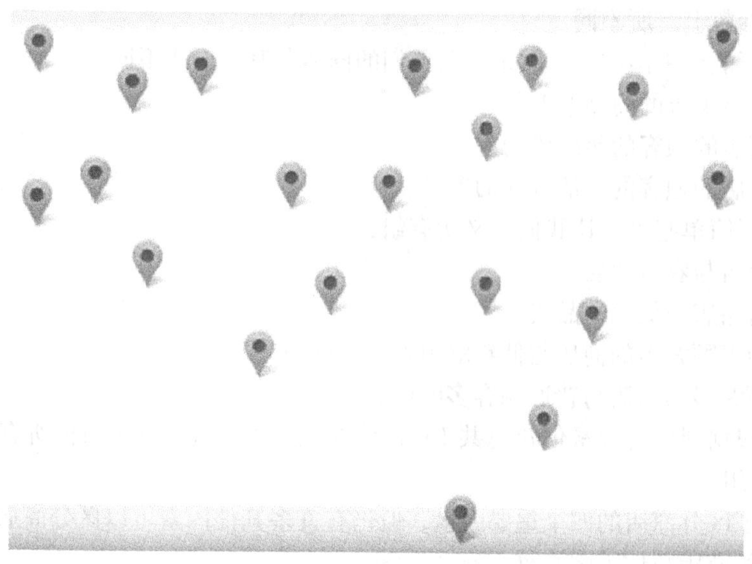

图 11-1　每个标记代表一个家庭

理想的情况下，我们会想出三个网点，它们彼此相距较远，但总的来说是尽可能地接近大多数邻居，如图 11-2 所示。

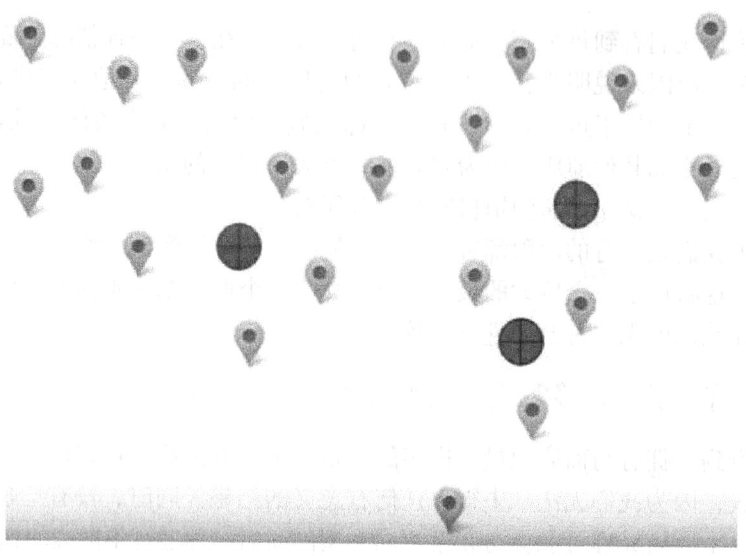

图 11-2　圆圈代表潜在的网点位置

看起来没问题，但我们能想出更理想的地点吗？来做个练习吧。我们将尝试执行以下操作：

1）尽量减少每个家庭到最近的比萨店的距离。

2）最大化每个比萨店之间的距离。

假设同一时间一个比萨店只能为两个家庭送货。如果两个家庭的需求是一致的，那么比萨店的位置是在两家之间还是靠近其中一家比较好呢？如果需要 15min 能送到 A 家庭，而需要 45min 才能送到 B 家庭，那么从直观上看，我们最好选择这样一个门店，从那里送到任何一个家庭的时间都是 30min，也就是说，这个门店正好在两家的房屋之间。如果不是这样，门店可能会经常无法履行承诺，即在 45min 内送达。这个承诺对 A 家庭会从不失约，但对 B 家庭却难以履行。

11.2　聚类过程

在目前的情况下，我们如何找到一个更科学的方法来确定正确的比萨店配送网点呢？该过程或算法如下：

1）随机提供三个可以开始销售的地方，如图 11-3 所示。

图 11-3　随机位置

2）测量每个房屋到三个门店位置的距离。离房屋最近的门店向其送货。场景如图 11-4 所示。

3）正如我们前面看到的，如果送货门店在这些家庭中间，会比远离大多数家庭要好。因此，让我们将之前计划的门店位置改为位于家庭中间（见图 11-5）。

4）我们看到，送货门店的位置已发生变化，变为更多地位于每组家庭的中间位置。但由于地理位置的变化，可能有一些家庭现在更接近另一个门店。让我们根据家庭到不同门店的距离，将它们重新分配到不同的门店（见图 11-6）。

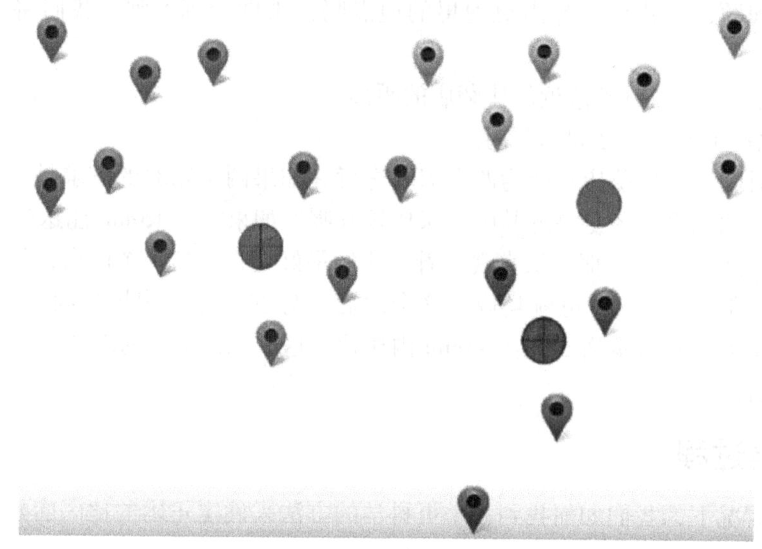

图 11-4　信息更充分的位置

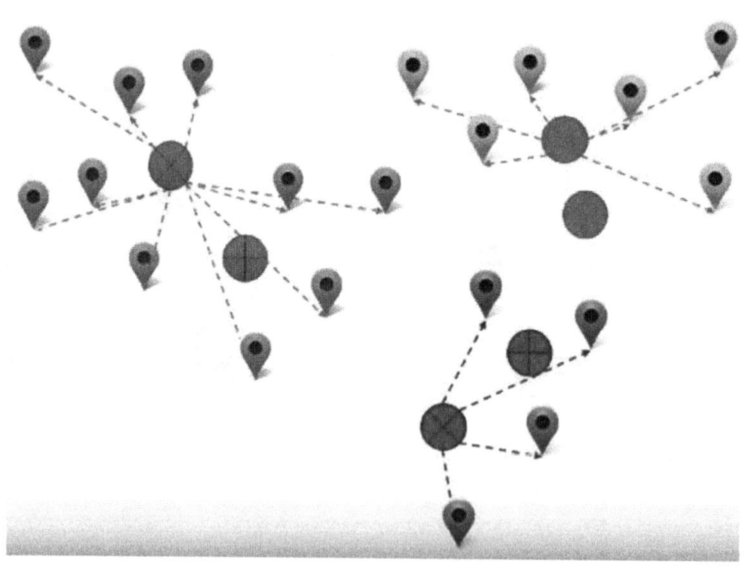

图 11-5　位于家庭中间位置

5）现在，一些家庭（比较图 11-5 和图 11-6）有不同的门店为他们服务，让我们重新计算这组家庭的中点（见图 11-7）。

6）现在既然簇的中心已经发生了变化，那么现在还有一次机会可以让家庭重新分配到与之前不同的门店。

继续执行这些步骤，直到不再将家庭重新分配到不同的簇，或者达到某个迭代次数的最大值。

正如你所看到的，事实上，我们可以找到一种更科学或更具分析性的方法来确定可以开设销售点或门店的最佳位置。

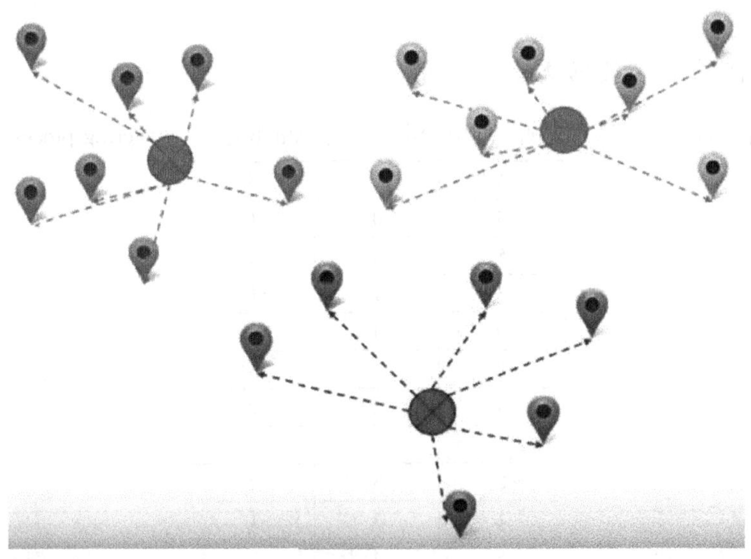

图 11-6 重新分配家庭

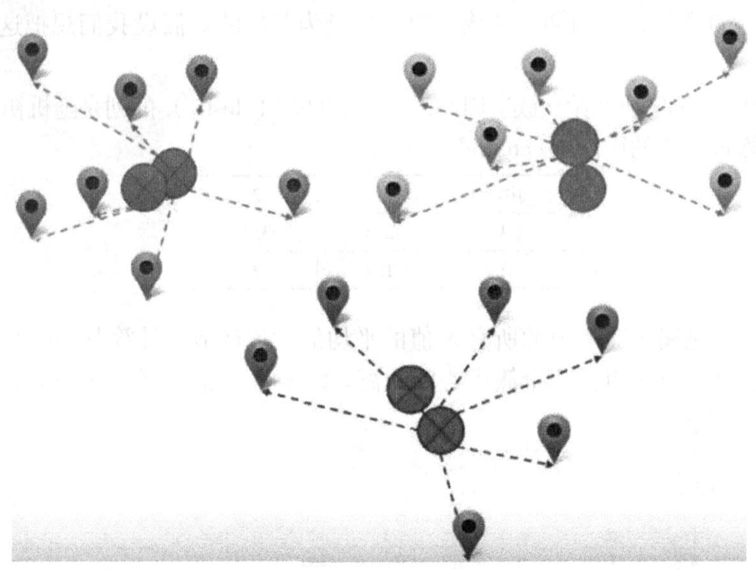

图 11-7 重新计算中点位置

11.3 *k* 均值聚类算法的工作细节

我们将开设三个分店，因此我们提出了三组住户，每组由不同的分店提供服务。

k 均值（*k* - means）聚类中的 *k* 代表我们将在数据集中创建的组数。在上节所述算法的一些步骤中，一旦一些家庭将他们所在的组从一个改变到另一个，我们就会随之更新中心。更新中心的方法是取所有数据点的平均值，即 *k* 均值。

最后，在完成了上述步骤之后，我们从原始数据集中得到了三个数据点对应的三个组或三个簇。

11.3.1 *k* 均值算法在数据集上的应用

让我们看看如何在数据集上实现 *k* 均值聚类（参见 github 中“ clustering process. xlsx”），如下：

X	*Y*	簇
5	0	1
5	2	2
3	1	1
0	4	2
2	1	1
4	2	2
2	2	1
2	3	2
1	3	1
5	4	2

设 *X* 和 *Y* 为自变量，我们期望的簇是以自变量为基础的。假设我们想把这个数据集分成两个簇。

在第一步中，我们随机初始化簇。因此，上表中的簇（cluster）的列是随机初始化得到的。

让我们计算每个簇的中心（centroid），如下：

中心	1	2
X	2.6	3.2
Y	1.4	3

注意，值 2.6 是属于簇 1 中的所有 *X* 值的平均值。类似地，计算其他的平均值。

现在，我们计算每个点到两个簇中心的距离。数据点最靠近哪个簇中心，这个数据点就应属于哪个簇，如下：

	A	B	C	D	E	F	G	H	I	J	K	L	M	N	O
1		*k* 均值算法													
2															
3		X	Y		簇		中心	1	2		Dist-sq	1	2		簇
4		5	0		1		X	2.6	3.2		7.72	7.72	12.24		1
5		5	2		2		Y	1.4	3		4.24	6.12	4.24		2
6		3	1		1						0.32	0.32	4.04		1
7		0	4		2						11.24	13.52	11.24		2
8		2	1		1						0.52	0.52	5.44		1
9		4	2		2						1.64	2.32	1.64		2
10		2	2		1						0.72	0.72	2.44		1
11		2	3		2						1.44	2.92	1.44		2
12		1	3		1						4.84	5.12	4.84		2
13		5	4		2						4.24	12.52	4.24		2

在 L 和 M 列中，我们计算了每个点到两个簇中心的距离。O 列中的簇中心是通过查找与数据点距离最小的簇来更新后得到的。

我们注意到数据点的簇中有更改，因此再次继续执行前面的步骤，直到现在使用已更新的中心。现在，我们所做的两次迭代的总体计算如下：

	B	C	E	G	H	I	K	L	M	O
2										
3	X	Y	簇	中心	1	2	Dist-sq	1	2	簇
4	5	0	1	X	2.6	3.2	7.72	7.72	12.24	1
5	5	2	2	Y	1.4	3	4.24	6.12	4.24	2
6	3	1	1				0.32	0.32	4.04	1
7	0	4	2				11.24	13.52	11.24	2
8	2	1	1				0.52	0.52	5.44	1
9	4	2	2				1.64	2.32	1.64	2
10	2	2	1				0.72	0.72	2.44	1
11	2	3	2				1.44	2.92	1.44	2
12	1	3	1				4.84	5.12	4.84	2
13	5	4	2				4.24	12.52	4.24	2
14										
15	X	Y	簇	中心	1	2	Dist-sq	1	2	簇
16	5	0	1	X	3	2.833333	5	5	13.69444	1
17	5	2	2	Y	1	3	5	5	5.694444	1
18	3	1	1				0	0	4.027778	1
19	0	4	2				9.027778	18	9.027778	2
20	2	1	1				1	1	4.694444	1
21	4	2	2				2	2	2.361111	1
22	2	2	1				1.694444	2	1.694444	2
23	2	3	2				0.694444	5	0.694444	2
24	1	3	2				3.361111	8	3.361111	2
25	5	4	2				5.694444	13	5.694444	2

我们不断迭代这个过程，直到数据点所属的簇没有进一步的变化为止。如果一个数据点簇不断变化，我们可能会在几次迭代后停止。

11.3.2　*k* 均值聚类算法的性质

如前所述，聚类训练的目标是创建满足如下目标的不同的组：

1）属于同一组的所有点都尽可能地靠近。

2）每个组的中心尽可能远离其他组的中心。

有一些方法可以帮助评估基于这些目标的聚类输出的质量。

让我们通过示例数据集（参见 github 中“ clustering output interpretation. xlsx”）来巩固对上述性质的理解。假设我们有一个数据集，其中两个自变量（*X* 和 *Y*）以及它们所属的相应簇（在此示例中一共为四个簇）如下：

X	*Y*	簇
0. 12	0. 40	1
0. 04	0. 90	1
0. 50	0. 88	4
0. 58	0. 30	3
0. 84	0. 13	2
0. 65	0. 27	3
0. 94	0. 01	2
0. 51	0. 82	4
0. 08	0. 17	1
0. 99	0. 84	4

四个簇中心如下：

簇	X	Y
1	0.080793	0.490584
2	0.891916	0.06916
3	0.616464	0.281198
4	0.670311	0.846514

我们计算每个点与其对应的簇中心的距离，如下：

	A	B	C	D	E	F	G	H	I	J	K
1		X	Y	簇	kX	kY	withinss				
2		0.12	0.40	1	0.08	0.49	0.01		簇	X	Y
3		0.04	0.90	1	0.08	0.49	0.17		1	0.080793	0.490584
4		0.50	0.88	4	0.67	0.85	0.03		2	0.891916	0.0691597
5		0.58	0.30	3	0.62	0.28	0.00		3	0.616464	0.2811979
6		0.84	0.13	2	0.89	0.07	0.01		4	0.670311	0.8465136
7		0.65	0.27	3	0.62	0.28	0.00				
8		0.94	0.01	2	0.89	0.07	0.01				
9		0.51	0.82	4	0.67	0.85	0.03				
10		0.08	0.17	1	0.08	0.49	0.10				
11		0.99	0.84	4	0.67	0.85	0.11				

注意，“withinss”列正在计算每个点到其相应簇中心的距离。让我们看看得出上述结果的公式，如下：

	A	B	C	D	E	F	G
1		X	Y	簇	kX	kY	withinss
2		0.11	0.40	1	=VLOOKUP(D2,$I$3:$J$6,2,0)	=VLOOKUP(D2,$I$3:$K$6,3,0)	=((B2-E2)^2+(C2-F2)^2)
3		0.03	0.89	1	=VLOOKUP(D3,$I$3:$J$6,2,0)	=VLOOKUP(D3,$I$3:$K$6,3,0)	=((B3-E3)^2+(C3-F3)^2)
4		0.50	0.87	4	=VLOOKUP(D4,$I$3:$J$6,2,0)	=VLOOKUP(D4,$I$3:$K$6,3,0)	=((B4-E4)^2+(C4-F4)^2)
5		0.57	0.29	3	=VLOOKUP(D5,$I$3:$J$6,2,0)	=VLOOKUP(D5,$I$3:$K$6,3,0)	=((B5-E5)^2+(C5-F5)^2)
6		0.83	0.13	2	=VLOOKUP(D6,$I$3:$J$6,2,0)	=VLOOKUP(D6,$I$3:$K$6,3,0)	=((B6-E6)^2+(C6-F6)^2)
7		0.65	0.26	3	=VLOOKUP(D7,$I$3:$J$6,2,0)	=VLOOKUP(D7,$I$3:$K$6,3,0)	=((B7-E7)^2+(C7-F7)^2)
8		0.94	0.00	2	=VLOOKUP(D8,$I$3:$J$6,2,0)	=VLOOKUP(D8,$I$3:$K$6,3,0)	=((B8-E8)^2+(C8-F8)^2)
9		0.51	0.81	4	=VLOOKUP(D9,$I$3:$J$6,2,0)	=VLOOKUP(D9,$I$3:$K$6,3,0)	=((B9-E9)^2+(C9-F9)^2)
10		0.08	0.17	1	=VLOOKUP(D10,$I$3:$J$6,2,0)	=VLOOKUP(D10,$I$3:$K$6,3,0)	=((B10-E10)^2+(C10-F10)^2)
11		0.99	0.84	4	=VLOOKUP(D11,$I$3:$J$6,2,0)	=VLOOKUP(D11,$I$3:$K$6,3,0)	=((B11-E11)^2+(C11-F11)^2)

	H	I	J	K
1				
2		簇	X	Y
3		1	=AVERAGEIF($D$2:$D$11,$I3,B$2:B$11)	=AVERAGEIF($D$2:$D$11,$I3,C$2:C$11)
4		2	=AVERAGEIF($D$2:$D$11,$I4,B$2:B$11)	=AVERAGEIF($D$2:$D$11,$I4,C$2:C$11)
5		3	=AVERAGEIF($D$2:$D$11,$I5,B$2:B$11)	=AVERAGEIF($D$2:$D$11,$I5,C$2:C$11)
6		4	=AVERAGEIF($D$2:$D$11,$I6,B$2:B$11)	=AVERAGEIF($D$2:$D$11,$I6,C$2:C$11)

1. Totss

在原始数据集本身被视为一个簇的情况下，原始数据集的中点被视为簇中心。Totss（Total Sum of Squares，总平方和）是所有点到数据集中心距离的平方和。

让我们看一下公式，如下：

	A	B	C
1		X	Y
2		0.11835658	0.40144412
3		0.03910006	0.895646297
4		0.50450503	0.876858412
5		0.57848256	0.296484798
6		0.83930391	0.13259191
7		0.65444498	0.265910908
8		0.94452834	0.005727543
9		0.51165763	0.819601821
10		0.08492106	0.174661679
11		0.99477051	0.843080552
12			
13	整体中心	=AVERAGE(B2:B11)	=AVERAGE(C2:C11)
14			
15		=(B2-B$13)^2	=(C2-C$13)^2
16		=(B3-B$13)^2	=(C3-C$13)^2
17		=(B4-B$13)^2	=(C4-C$13)^2
18		=(B5-B$13)^2	=(C5-C$13)^2
19		=(B6-B$13)^2	=(C6-C$13)^2
20		=(B7-B$13)^2	=(C7-C$13)^2
21		=(B8-B$13)^2	=(C8-C$13)^2
22		=(B9-B$13)^2	=(C9-C$13)^2
23		=(B10-B$13)^2	=(C10-C$13)^2
24		=(B11-B$13)^2	=(C11-C$13)^2

2. 簇中心

每个簇的簇中心将是属于同一簇的所有点的中点（均值）。例如，在 Excel 表中，簇中心在第 I 列和第 J 列中进行计算。注意，这只是属于同一簇中的所有点的平均值。

3. Tot. withinss

Tot. withinss 是所有点到相应簇中心的距离平方和。

4. Betweenss

Betweenss 是 Totss 和 Tot. withinss 之间的差。

11.4 在 R 中实现 *k* 均值聚类

R 中的 *k* 均值聚类是通过使用 kmeans 函数来实现的，如下（参见 github 中“clustering_code. R”）：

```
# 让我们随机生成数据集
x=runif(1000)
y=runif(1000)

data=cbind(x,y)
# 必须指定数据集以及输入中簇的数量
km=kmeans(data,2)
```

km 的输出是前面讨论的主要指标，如下：

```
> str(km)
List of 9
 $ cluster     : int [1:1000] 1 2 2 1 2 1 2 2 1 1 ...
 $ centers     : num [1:2, 1:2] 0.75 0.252 0.482 0.519
  ..- attr(*, "dimnames")=List of 2
  .. ..$ : chr [1:2] "1" "2"
  .. ..$ : chr [1:2] "x" "y"
 $ totss       : num 166
 $ withinss    : num [1:2] 51.1 52.1
 $ tot.withinss: num 103
 $ betweenss   : num 62.4
 $ size        : int [1:2] 501 499
 $ iter        : int 1
 $ ifault      : int 0
 - attr(*, "class")= chr "kmeans"
```

11.5 在 Python 中实现 *k* 均值聚类

Python 中的 *k* 均值聚类是通过使用 scikitlearn 库中的函数来实现的，如下（参见 github 中“clustering. ipynb”）：

```
# 导入数据集和包
import pandas as pd
import numpy as np
data2=pd.read_csv('D:/data.csv')

# 用2个簇拟合 k均值
from sklearn.cluster import KMeans
kmeans = KMeans(n_clusters=2)
kmeans.fit(data2)
```

在这个代码片段中，我们从名为 data2 的原始数据集中提取了两个簇。可以通过指定 kmeans. labels_提取它们所属簇的每个数据点的结果标签。

11.6 主要指标的意义

如前所述，使用聚类的目标是将彼此非常接近的所有数据点放在一个组中，并使这些组尽可能远离彼此。

对此的另一种解释是：

1）最小化簇内的距离。

2）最大化簇间的距离。

让我们看看前面讨论的指标如何帮助实现目标。当不进行聚类时，即所有数据集都被视为一个簇时，每个点到簇中心（存在一个聚类）的总距离为 Totss。当我们在数据集中进行聚类时，簇中每个点到相应簇中心的距离之和为 Tot. withinss。注意，随着簇数量的增加，Tot. withinss 在不断减小。

考虑一种场景，其中簇的数量等于数据点的数量。在这种场景下，Tot. withinss 等于 0，因为每个点到簇中心（即点本身）的距离为 0。

因此，Tot. withinss 是簇内距离的度量。Tot. withinss/Totss 的比值越低，聚类过程的质量越高。

但是，我们还需要注意的是，在 Tot. withinss = 0 的场景下，这样的聚类是无用的，因为每个点就是一个簇。

在下节中，我们将以略微不同的方式使用指标 Tot. withinss/Toss。

11.7　确定最优的 *k*

一个我们尚未回答的主要问题是如何获得最佳 *k* 值。换句话说，一个数据集中的最佳簇数是多少？

为了回答这个问题，我们将使用上节中使用的指标：Tot. withinss/Totss。要了解随着簇数（*k*）的变化，指标是如何变化的，请参阅以下代码：

```
value_k=c()
value_metric=c()

x=runif(10000)
y=runif(10000)

data=cbind(x,y)
for(i in 1:100){
  km=kmeans(data,i)
  value_k=c(value_k,i)
  metric=km$tot.withinss/km$totss
  value_metric=c(value_metric,metric)
}

plot(value_k,value_metric)
```

我们正在创建一个包含 10000 个随机初始化的 *x* 和 *y* 值的数据集。

现在，我们将探讨当改变 *k* 值时，上述指标是如何变化的，如图 11-8 所示。

注意，随着 *k* 值从 1 增加到 2，指标值会急剧下降，类似地，当 *k* 值从 2 增加到 4 时，指标值也会降低。

但是，随着 *k* 值的进一步增加，指标值不会减小太多。因此，谨慎的做法是将 *k* 值保持在接近 7 的水平，因为在该点之前经过了大幅的降低，并且之后指标值的进一步降低（Tot. withins/Totss）与 *k* 值的增加并没有很好的相关性。

因为这条曲线看起来像肘部，所以有时也称为肘部曲线。

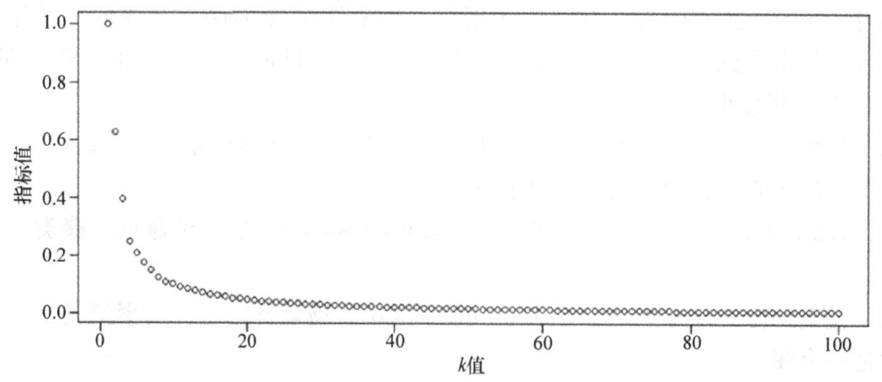

图 11-8　不同 k 值下 Tot. withinss/Totss 的变化

11.8　自上向下与自下向上的聚类

到目前为止，在求 k 均值聚类的过程中，我们还不知道簇的最优数量，所以我们不断尝试各种具有多个 k 值的场景。这是自下向上方法中的一个相对较小的问题，先假设没有簇，然后慢慢地建立多个簇，一次一个，直到根据肘部曲线找到最优 k。

自上向下的聚类采用另一种方法来看待相同的过程。它假定每个点本身是一个簇，并根据它们与其他点的距离来尝试合并点。

11.8.1　层次聚类

层次聚类是一种典型的自上向下的聚类形式。在此过程中，要计算每个点到其余点的距离。一旦计算出距离，就将最接近所考虑点的点合并以形成一个簇。在所有点上都重复此过程，从而获得最终的簇。

层次来自这样一个事实：我们从一个点开始，将其与另一个点合并，然后将这些合并的点再与第三个点合并，并继续重复此过程。

让我们通过一个示例来研究如何提出层次聚类。假设我们有六个不同的数据点——A、B、C、D、E、F。不同数据点相对于其他点的欧氏距离如图 11-9 所示。

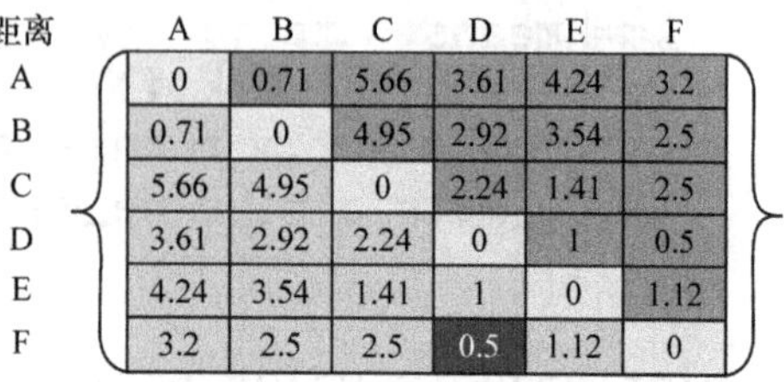

距离	A	B	C	D	E	F
A	0	0.71	5.66	3.61	4.24	3.2
B	0.71	0	4.95	2.92	3.54	2.5
C	5.66	4.95	0	2.24	1.41	2.5
D	3.61	2.92	2.24	0	1	0.5
E	4.24	3.54	1.41	1	0	1.12
F	3.2	2.5	2.5	0.5	1.12	0

图 11-9　数据点的距离

我们看到最小距离在 D 和 F 之间。因此，我们将 D 和 F 结合起来，得到的矩阵如图 11-10所示。

如何填写图 11-10 中的缺失值呢？请参见下式：

$$d_{(\mathrm{D,F})\to \mathrm{A}} = \min(d_{\mathrm{DA}}, d_{\mathrm{FA}}) = \min(3.61, 3.20) = 3.20$$

注意，基于前面的计算，我们用 DA 和 FA 之间的最小距离替换了 {D, F} 和 A 之间距离中的缺失值。同样，我们会用其他缺失值进行插补。就这样继续下去，直到剩下的如图 11-11所示为止。

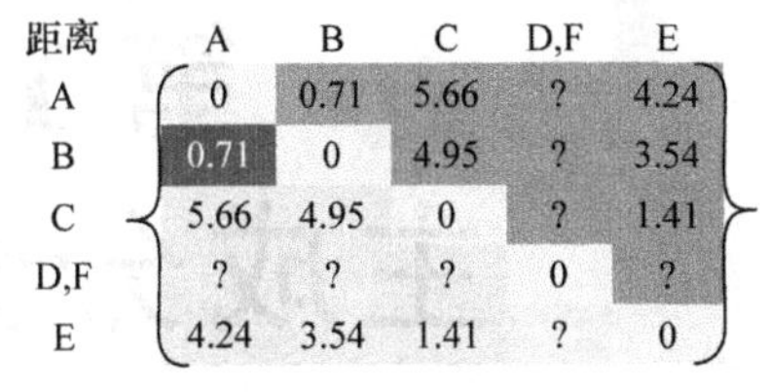

距离	A	B	C	D,F	E
A	0	0.71	5.66	?	4.24
B	0.71	0	4.95	?	3.54
C	5.66	4.95	0	?	1.41
D,F	?	?	?	0	?
E	4.24	3.54	1.41	?	0

图 11-10　所得的矩阵

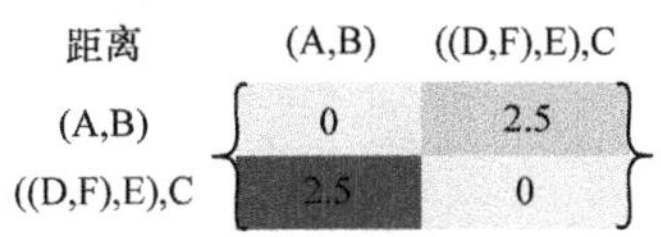

距离	(A,B)	((D,F),E),C
(A,B)	0	2.5
((D,F),E),C	2.5	0

图 11-11　最终的矩阵

现在生成的簇如图 11-12 所示。

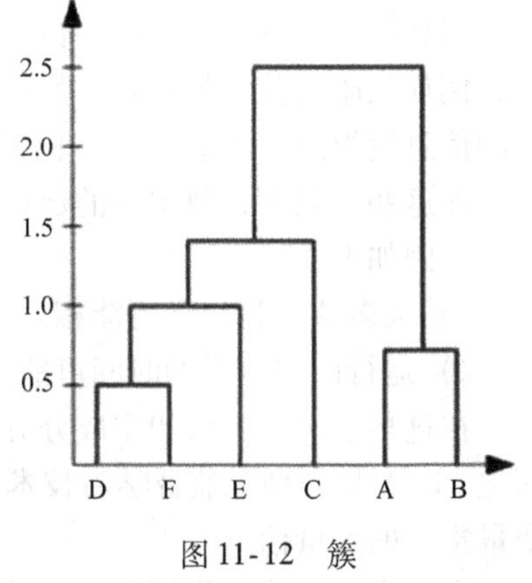

图 11-12　簇

11.8.2　层次聚类的主要缺点

层次聚类的一个主要缺点是需要执行大量的计算。

例如，如果数据集中有 100 个点，则第一步是识别最接近点 1 的点，依此类推进行 99 次计算。对于第二步，我们需要比较第二个点和其余 98 个点的距离。这使得当有 n 个数据点时，仅识别所有数据点组合中具有最小距离的组合，就要总共进行 $99\times100/2$ 或 $n\times(n-1)/2$ 次计算。

随着数据点的数量从 100 增加到 1000000，整个计算变得极其复杂。因此，层次聚类只适用于小数据集。

11.9　k 均值聚类的行业使用案例

我们已经用 Tot. withinss/Totss 指标的肘部曲线计算了 k 的最优值。现在让我们对构建模型的典型应用使用类似的计算。

假设我们使用对率回归拟合模型来预测交易是否为欺诈行为。考虑到我们将一起处理所有数据点，这将转化为一个聚类训练，其中 $k=1$ 表示这个聚类覆盖整个数据集。假设它的精度是 90%。现在让我们用 $k=2$ 拟合相同的对率回归，其中每个簇有不同的模型。我们将评估在测试数据集上使用两个模型的精度。

我们通过增加 k 值，也就是说，增加簇的数量，来不断重复这个训练。最优 k 是指有 k 个不同的模型，每个簇一个模型，并且是能在测试数据集上达到最高精度的模型。类似地，我们将使用聚类来理解数据集中的各个部分。

11.10　总结

在本章中，我们学习了以下内容：

1）k 均值聚类有助于对彼此更相似的数据点进行分组，并且以这样一种方式形成组之间的彼此不相似。

2）聚类可以形成分割、运筹学和数学建模的关键输入。

3）层次聚类采用与 k 均值聚类相反的方法形成簇。

4）当数据点的数量较大时，层次聚类的生成需要更大的计算量。

第 12 章 主成分分析

当数据点的数量与变量的数量的比值很高时，回归的效果通常最好。然而，在某些场景下，例如临床试验，数据点的数量是有限的（因为很难从许多个体那里采集样本），并且采集的信息量很高（想想实验室根据采集的少量血液样本为我们提供了多少信息）。

在这些场景下，数据点的数量与变量的数量的比值很低，在使用传统技术时就会面临困难，原因如下：

1）大多数变量很有可能相互关联。

2）运行回归所需的时间可能非常长，因为需要预测的权重的数量会很大。

在这种情况下，诸如主成分分析（Principal Component Analysis，PCA）之类的技术应运而生。PCA 是一种无监督学习技术，可帮助将多个变量组合为较少的变量，而不会丢失原始变量集中的大量信息。

在本章中，我们将研究 PCA 的工作原理，并了解执行 PCA 的好处。我们还将在 Python 和 R 中实现它。

12.1 PCA 的直观理解

PCA 是一种通过使用比原始数据更少的特征或变量来重构原始数据集的方法。要了解其工作原理，请参考下面示例。

Dep Var	Var1	Var2
0	1	10
0	2	20
0	3	30
0	4	40
0	5	50
1	6	60
1	7	70
1	8	80
1	9	90
1	10	100

我们假设 Var1 和 Var2 都是用于预测因变量“Dep Var”的自变量。可以看到，Var2 与 Var1 高度相关，其中 Var2 = 10 × Var1。

它们之间的关系曲线如图 12-1 所示。

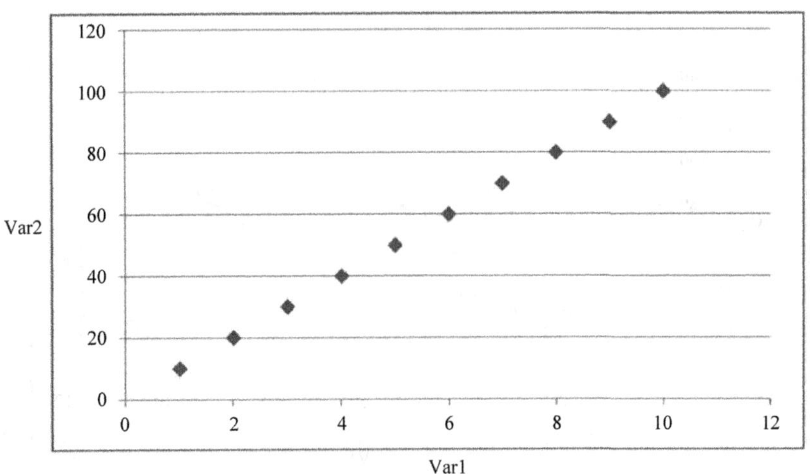

图 12-1 关系图

在图 12-1 中，可以清楚地看到变量之间有很强的关系。这意味着自变量的数量可以减少。公式可以表示为

$$Var2 = 10 \times Var1$$

换句话说，不使用两个不同的自变量，我们可以只使用一个变量 Var1，就可以解决这个问题。

此外，如果我们能够从一个稍微不同的角度（或者旋转数据集）查看这两个变量，如图 12-2中箭头所示，可以看到水平方向的变化很大，而垂直方向的变化很小。

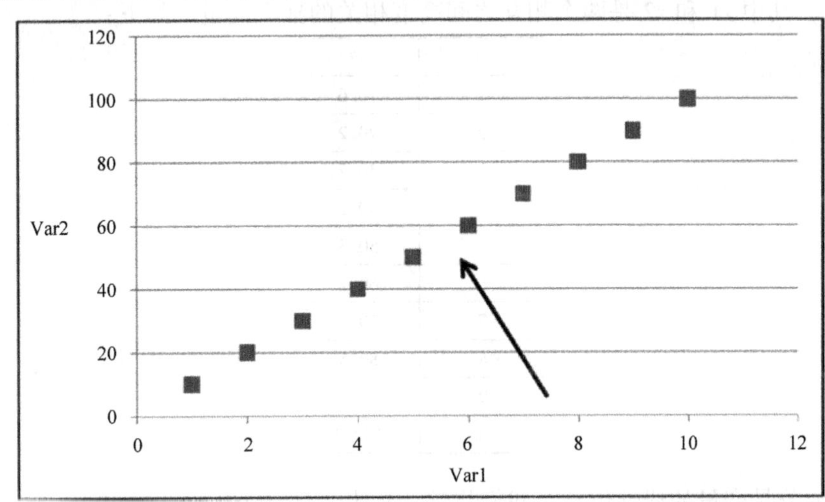

图 12-2 观察数据点的视点、角度

让我们把数据集变得复杂一点。假设 V1 和 V2 之间的关系如图 12-3 所示。

同样，这两个变量彼此高度相关，尽管不像前一个案例那样完全相关。

在这种场景下，第一个主成分是线/变量，它解释了数据集中最大方差，并且它与多个自变量线性相关。类似地，第二个主成分是线，它与第一个主成分完全不相关（其相关度接

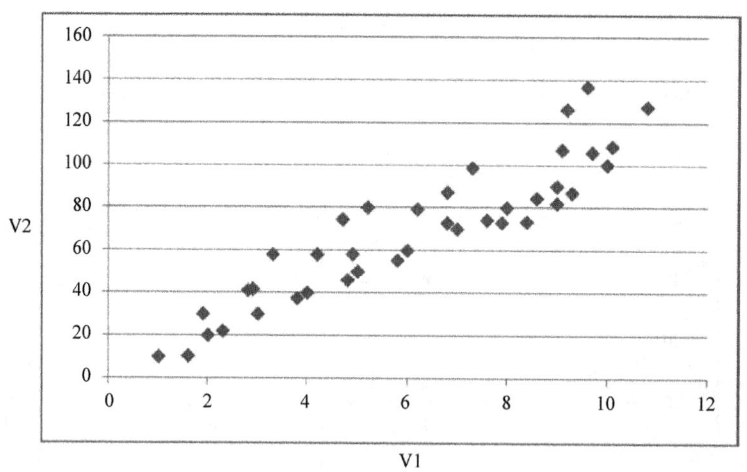

图 12-3　两个变量

近 0)。并且它解释了数据集中的剩余方差，同时也是多个自变量的线性组合。

通常，第二个主成分是一条线，它与第一个主成分是相互垂直的（因为最大的方差发生在与主成分线垂直的方向上)。

一般来说，数据集的第 n 个主成分垂直于同一数据集的第（$n-1$）个主成分。

12.2　PCA 的工作细节

为了了解 PCA 的工作原理，让我们参考另一个示例（参见 github 中“PCA_2vars. xlsx”)，其中 x1 和 x2 是两个相互之间高度相关的独立变量，如下：

x1	x2
1	10. 6
2	20. 2
3	30. 7
4	40. 2
5	50. 3
6	60. 2
7	70. 6
8	80. 5
9	90. 7
10	100. 4

假设主成分是变量的线性组合，我们将其表示为

$$PC1 = w1 \times x1 + w2 \times x2$$

类似地，第二个主成分垂直于原始线，如下：

$$PC2 = -w2 \times x1 + w1 \times x2$$

权重 w1 和 w2 是随机初始化的，应该进一步迭代以获得最优权重。

在解决 w1 和 w2 时，让我们重新讨论一下目标和约束条件：

1）目标：最大化 PC1 方差。

2）约束条件：主成分的总体方差应等于原始数据集的总体方差（因为数据点没有变化，只是我们观察数据点的角度发生了变化）。

让我们初始化前面创建的数据集中的主要成分，如下：

	A	B	C	D	E	F	G	H
1	x1	x2	pc1	pc2				
2	1	10.6	11.60	9.60			w1	1
3	2	20.2	22.20	18.20			w2	1
4	3	30.7	33.70	27.70				
5	4	40.2	44.20	36.20				
6	5	50.3	55.30	45.30				
7	6	60.2	66.20	54.20				
8	7	70.6	77.60	63.60				
9	8	80.5	88.50	72.50				
10	9	90.7	99.70	81.70				
11	10	100.4	110.40	90.40				

PC1 和 PC2 的计算如下：

	A	B	C	D	E	F	G	H
1	x1	x2	pc1	pc2				
2	1	10.6	=A2*$H$2+B2*$H$3	=-$H$3*A2+$H$2*B2			w1	1
3	2	20.2	=A3*$H$2+B3*$H$3	=-$H$3*A3+$H$2*B3			w2	1
4	3	30.7	=A4*$H$2+B4*$H$3	=-$H$3*A4+$H$2*B4				
5	4	40.2	=A5*$H$2+B5*$H$3	=-$H$3*A5+$H$2*B5				
6	5	50.3	=A6*$H$2+B6*$H$3	=-$H$3*A6+$H$2*B6				
7	6	60.2	=A7*$H$2+B7*$H$3	=-$H$3*A7+$H$2*B7				
8	7	70.6	=A8*$H$2+B8*$H$3	=-$H$3*A8+$H$2*B8				
9	8	80.5	=A9*$H$2+B9*$H$3	=-$H$3*A9+$H$2*B9				
10	9	90.7	=A10*$H$2+B10*$H$3	=-$H$3*A10+$H$2*B				
11	10	100.4	=A11*$H$2+B11*$H$3	=-$H$3*A11+$H$2*B				

既然我们已经初始化了主成分变量，接下来将引入目标和约束，如下：

	A	B	C	D	E	F	G	H
1	x1	x2	pc1	pc2				
2	1	10.6	11.6	9.6			w1	1
3	2	20.2	22.2	18.2			w2	1
4	3	30.7	33.7	27.7				
5	4	40.2	44.2	36.2			PC方差	927.88
6	5	50.3	55.3	45.3			原始方差	1,855.75
7	6	60.2	66.2	54.2				
8	7	70.6	77.6	63.6				
9	8	80.5	88.5	72.5			原始方差和PC方差之间的差	927.88
10	9	90.7	99.7	81.7				
11	10	100	110.4	90.4			PC1 方差	1,111.41

注意，

$$\text{PC variance（方差）} = \text{PC1 variance} + \text{PC2 variance}$$

$$\text{Original variance（原始方差）} = \text{x1 variance} + \text{x2 variance}$$

我们计算原始数据和 PC 方差之间的差，因为约束条件是在主成分转换数据集中保持与原始数据相同的方差。其公式的计算如下：

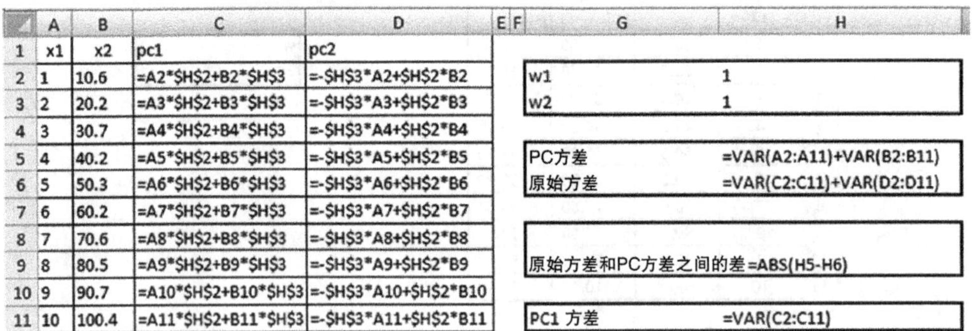

	A	B	C	D	G	H
1	x1	x2	pc1	pc2		
2	1	10.6	=A2*$H$2+B2*$H$3	=-$H$3*A2+$H$2*B2	w1	1
3	2	20.2	=A3*$H$2+B3*$H$3	=-$H$3*A3+$H$2*B3	w2	1
4	3	30.7	=A4*$H$2+B4*$H$3	=-$H$3*A4+$H$2*B4		
5	4	40.2	=A5*$H$2+B5*$H$3	=-$H$3*A5+$H$2*B5	PC方差	=VAR(A2:A11)+VAR(B2:B11)
6	5	50.3	=A6*$H$2+B6*$H$3	=-$H$3*A6+$H$2*B6	原始方差	=VAR(C2:C11)+VAR(D2:D11)
7	6	60.2	=A7*$H$2+B7*$H$3	=-$H$3*A7+$H$2*B7		
8	7	70.6	=A8*$H$2+B8*$H$3	=-$H$3*A8+$H$2*B8		
9	8	80.5	=A9*$H$2+B9*$H$3	=-$H$3*A9+$H$2*B9	原始方差和PC方差之间的差	=ABS(H5-H6)
10	9	90.7	=A10*$H$2+B10*$H$3	=-$H$3*A10+$H$2*B10		
11	10	100.4	=A11*$H$2+B11*$H$3	=-$H$3*A11+$H$2*B11	PC1 方差	=VAR(C2:C11)

一旦数据集初始化后，我们将继续确定满足目标和约束条件的最优的 w1 和 w2 值。

让我们看看如何通过 Excel 的 Solver 插件实现这一点，如下：

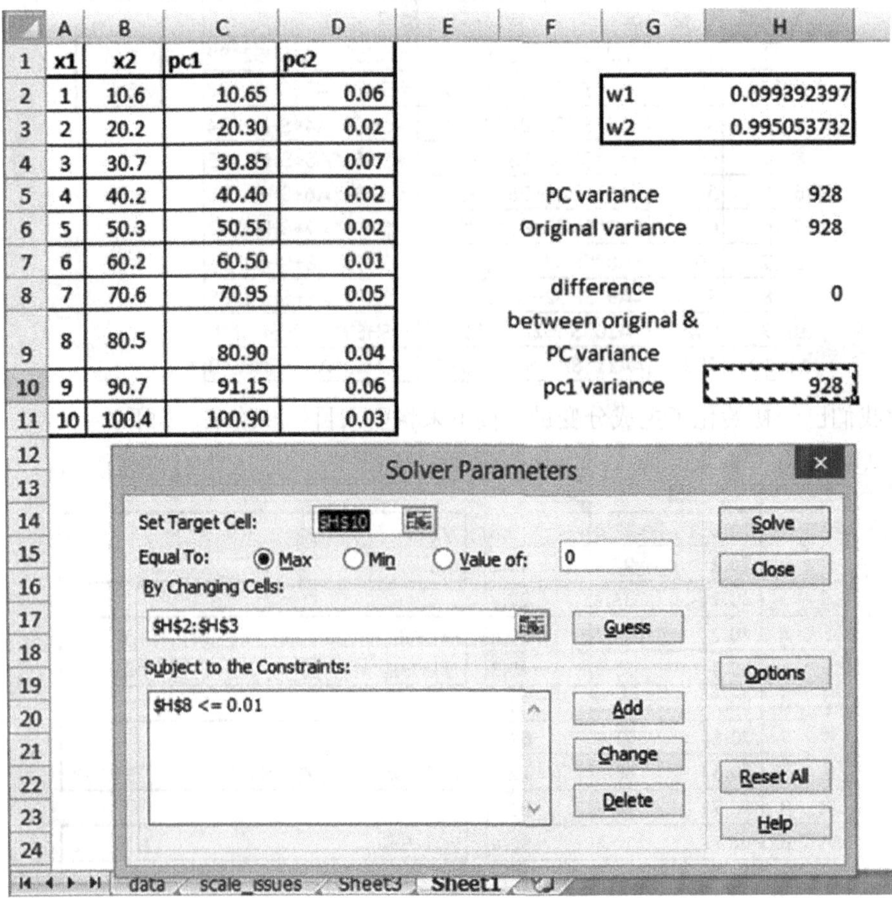

	A	B	C	D	G	H
1	x1	x2	pc1	pc2		
2	1	10.6	10.65	0.06	w1	0.099392397
3	2	20.2	20.30	0.02	w2	0.995053732
4	3	30.7	30.85	0.07		
5	4	40.2	40.40	0.02	PC variance	928
6	5	50.3	50.55	0.02	Original variance	928
7	6	60.2	60.50	0.01		
8	7	70.6	70.95	0.05	difference between original & PC variance	0
9	8	80.5	80.90	0.04		
10	9	90.7	91.15	0.06	pc1 variance	928
11	10	100.4	100.90	0.03		

注意，前面指定的目标和标准得到了满足：

1）PC1 方差最大化。

2）原始数据集方差与主成分数据集方差几乎没有差别（只考虑了小于 0.01 的微小差异，以便 Excel 能够处理，因为可能存在一些舍入错误）。

注意，PC1 和 PC2 现在彼此之间高度不相关，并且 PC1 解释了所有变量之间的最大方差。此外，在确定 PC1 时，x2 比 x1 具有更高的权重（从导出的权重值可以明显看出）。

实际上，一旦得到主成分，它就会以相应的平均值为中心——也就是说，主成分列中的每个值都将减去原始主成分列的平均值，如下：

	A	B	C	D	E	F
1	x1	x2	pc1	pc2	final pc1	final pc2
2	1	10.6	10.65	0.06	(45.07)	0.02
3	2	20.2	20.30	0.02	(35.41)	(0.02)
4	3	30.7	30.85	0.07	(24.87)	0.03
5	4	40.2	40.40	0.02	(15.31)	(0.02)
6	5	50.3	50.55	0.02	(5.16)	(0.01)
7	6	60.2	60.50	0.01	4.79	(0.02)
8	7	70.6	70.95	0.05	15.23	0.01
9	8	80.5	80.90	0.04	25.18	0.00
10	9	90.7	91.15	0.06	35.43	0.02
11	10	100.4	100.90	0.03	45.18	(0.01)

用于导出前面的数据集的公式如下：

	A	B	C	D	E	F
1	x1	x2	pc1	pc2	final pc1	final pc2
2	1	10.6	=$J$2*A2+$J$3*B2	=-$J$3*A2+$J$2*B2	=C2-AVERAGE(C$2:C$11)	=D2-AVERAGE(D$2:D$11)
3	2	20.2	=$J$2*A3+$J$3*B3	=-$J$3*A3+$J$2*B3	=C3-AVERAGE(C$2:C$11)	=D3-AVERAGE(D$2:D$11)
4	3	30.7	=$J$2*A4+$J$3*B4	=-$J$3*A4+$J$2*B4	=C4-AVERAGE(C$2:C$11)	=D4-AVERAGE(D$2:D$11)
5	4	40.2	=$J$2*A5+$J$3*B5	=-$J$3*A5+$J$2*B5	=C5-AVERAGE(C$2:C$11)	=D5-AVERAGE(D$2:D$11)
6	5	50.3	=$J$2*A6+$J$3*B6	=-$J$3*A6+$J$2*B6	=C6-AVERAGE(C$2:C$11)	=D6-AVERAGE(D$2:D$11)
7	6	60.2	=$J$2*A7+$J$3*B7	=-$J$3*A7+$J$2*B7	=C7-AVERAGE(C$2:C$11)	=D7-AVERAGE(D$2:D$11)
8	7	70.6	=$J$2*A8+$J$3*B8	=-$J$3*A8+$J$2*B8	=C8-AVERAGE(C$2:C$11)	=D8-AVERAGE(D$2:D$11)
9	8	80.5	=$J$2*A9+$J$3*B9	=-$J$3*A9+$J$2*B9	=C9-AVERAGE(C$2:C$11)	=D9-AVERAGE(D$2:D$11)
10	9	90.7	=$J$2*A10+$J$3*B10	=-$J$3*A10+$J$2*B10	=C10-AVERAGE(C$2:C$11)	=D10-AVERAGE(D$2:D$11)
11	10	100.4	=$J$2*A11+$J$3*B11	=-$J$3*A11+$J$2*B11	=C11-AVERAGE(C$2:C$11)	=D11-AVERAGE(D$2:D$11)

12.3 在 PCA 中缩放数据

主成分分析的主要预处理步骤之一是对变量进行缩放。考虑以下场景：对两个变量执行

PCA。一个变量值的范围为 0 ~ 100，另一个变量值的范围为 0 ~ 1。

鉴于使用 PCA，我们尝试捕获数据集中尽可能多的变化，与方差较小的变量相比，第一个主成分将赋予具有最大方差（在示例中为 Var1）的变量很高的权重。

因此，当我们计算主成分的 w1 和 w2 时，将得到接近 0 的 w1 和接近 1 的 w2（其中 w2 是 PC1 中对应于较大范围变量的权重）。为了避免这种情况，建议对每个变量进行缩放，使它们具有相似的范围，从而使方差具有可比性。

12.4 将 PCA 扩展到多变量

到目前为止，我们已经看到了在有两个独立变量的情况下构建主成分分析。在本节中，我们将考虑如何在有两个以上自变量的情况下手工构建主成分分析。

参阅以下数据集（参见 github 中“ PCA_3vars. xlsx”）：

x1	x2	x3
1	10.6	112.7
2	20.2	205.4
3	30.7	314.5
4	40.2	412
5	50.3	506.7
6	60.2	602
7	70.6	712.8
8	80.5	813.3
9	90.7	908.1
10	100.4	1011.5

与双变量 PCA 不同，在二维以上的 PCA 中，我们将以稍微不同的方式初始化权重。权重以矩阵形式随机初始化，如下：

	x1	x2	x3
PC1	0.49	0.89	0.92
PC2	1	0.62	0.83
PC3	0.34	0.38	0.94

从这个矩阵中，我们可以考虑 $PC1 = 0.49 \times x1 + 0.89 \times x2 + 0.92 \times x3$。PC2 和 PC3 的计算方法相似。如果有四个自变量，我们就会得到一个 4×4 的权重矩阵。

让我们看看目标和约束条件：

1）目标：最大化 PC1 方差。

2）约束：总体 PC 方差应等于总体原始数据集方差。PC1 方差应大于 PC2 方差，PC1 方差应大于 PC3 方差，并且 PC2 方差应大于 PC3 方差。

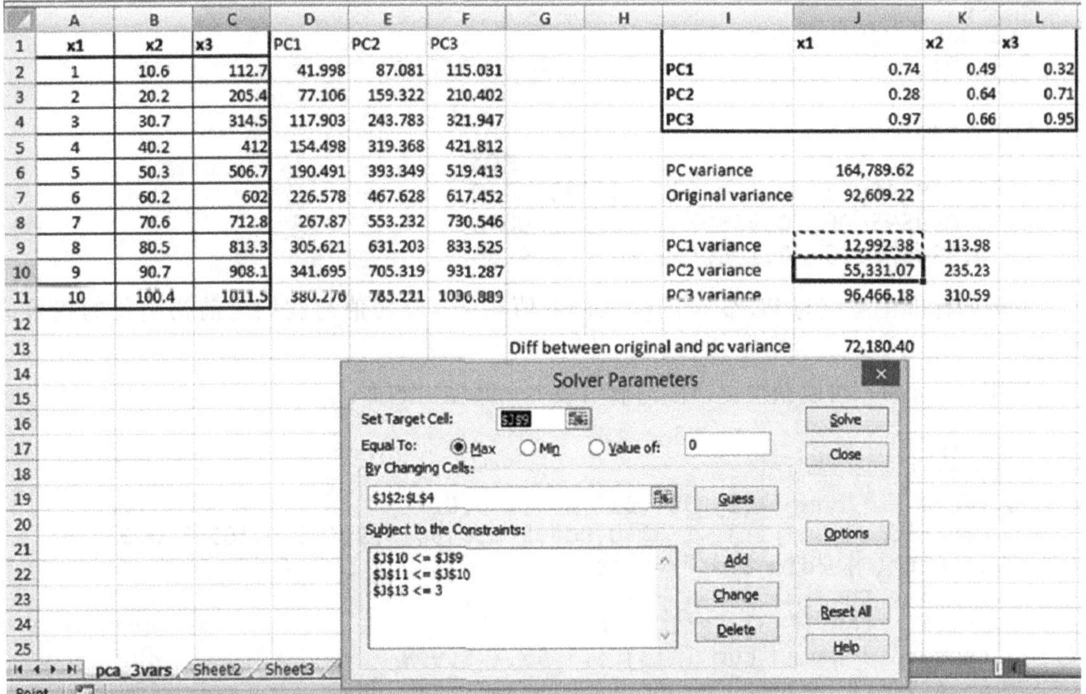

	A	B	C	D	E	F	G	H	I	J	K	L
1	x1	x2	x3	PC1	PC2	PC3				x1	x2	x3
2	1	10.6	112.7	41.998	87.081	115.031			PC1	0.74	0.49	0.32
3	2	20.2	205.4	77.106	159.322	210.402			PC2	0.28	0.64	0.71
4	3	30.7	314.5	117.903	243.783	321.947			PC3	0.97	0.66	0.95
5	4	40.2	412	154.498	319.368	421.812						
6	5	50.3	506.7	190.491	393.349	519.413			PC variance	164,789.62		
7	6	60.2	602	226.578	467.628	617.452			Original variance	92,609.22		
8	7	70.6	712.8	267.87	553.232	730.546						
9	8	80.5	813.3	305.621	631.203	833.525			PC1 variance	12,992.38	113.98	
10	9	90.7	908.1	341.695	705.319	931.287			PC2 variance	55,331.07	235.23	
11	10	100.4	1011.5	380.276	785.221	1036.889			PC3 variance	96,466.18	310.59	
13							Diff between original and pc variance			72,180.40		

解决上述问题将得出满足标准的最优权重组合。注意，Excel 的输出可能与 Python 或 R 中的输出略有不同，但是 Python 或 R 的输出与 Excel 的输出相比，可能具有更高的 PC1 方差，这是因为在求解时使用了底层算法。还要注意的是，尽管理想情况下我们希望原始方差和 PC 方差之间的差值为 0，但出于使用 Excel 的 Solver 执行优化的实际原因，我们允许差值最大为 3。

与具有两个自变量的 PCA 场景类似，在处理 PCA 之前缩放输入是一个好主意。另外，请注意，在求解权重之后，PC1 解释了最大的变化，因此可以省去 PC2 和 PC3，因为它们解释了很小的原始数据集方差。

选择要考虑的主成分数量
主成分数量的选择没有单一的规定方法。在实践中，经验法则是选择可解释数据集中 80% 的总方差时的最小主成分数量。

12.5 在 R 中实现 PCA

PCA 可以通过使用内置函数 prcomp 在 R 中实现，如下（参见 github 中“PCA R. R”）：

```
t=read.csv('D:/Pro ML book/PCA/pca_3vars.csv')
pca=prcomp(t)
pca
```

pca 的输出如下：

```
> pca
Standard deviations:
[1] 304.31745149   0.32640440   0.01998034

Rotation:
           PC1        PC2         PC3
x1 0.009948083  0.1092539 -0.99396410
x2 0.099595009  0.9889624  0.10970088
x3 0.994978326 -0.1000852 -0.00104286
```

此处的标准偏差值与 PC 变量的标准偏差值相同。旋转值与我们之前初始化的权重值相同。

使用 str（pca）可以获得更详细的输出版本，其输出如下：

```
> str(pca)
List of 5
 $ sdev    : num [1:3] 304.317 0.326 0.02
 $ rotation: num [1:3, 1:3] 0.00995 0.0996 0.99498 0.10925 0.98896 ...
  ..- attr(*, "dimnames")=List of 2
  .. ..$ : chr [1:3] "x1" "x2" "x3"
  .. ..$ : chr [1:3] "PC1" "PC2" "PC3"
 $ center  : Named num [1:3] 5.5 55.4 559.9
  ..- attr(*, "names")= chr [1:3] "x1" "x2" "x3"
 $ scale   : logi FALSE
 $ x       : num [1:10, 1:3] -449.5 -356.3 -246.7 -148.7 -53.4 ...
  ..- attr(*, "dimnames")=List of 2
  .. ..$ : NULL
  .. ..$ : chr [1:3] "PC1" "PC2" "PC3"
 - attr(*, "class")= chr "prcomp"
```

由此可见，除了 PC 变量和权重矩阵的标准偏差外，pca 还提供了转换后的数据集。

我们可以通过指定 pca $ x 来访问转换后的数据集。

12.6 在 Python 中实现 PCA

在 Python 中实现 PCA 是通过使用 scikit learning 库完成的，如下（参见 github 中“PCA. ipynb”）：

```
# 导入包和数据集
import pandas as pd
import numpy as np
from sklearn.decomposition import PCA
data=pd.read_csv('F:/course/pca/pca.csv')
from sklearn.decomposition import PCA
pca = PCA(n_components=2)
pca.fit(data)
```

可以看到我们拟合了与自变量数量一样多的成分，并在数据之上拟合了 PCA。

数据拟合后，将原始数据进行转换，转换后的数据如下：

```
x_pca = pca.transform(data)

pca.components_
```

```
array([[ 0.08102074,  0.99671242],
       [-0.99671242,  0.08102074]])
```

components_与主成分相关的权重相同。x_pca 是转换后的数据集。

```
print(pca.explained_variance_ratio_)
```

```
[0.9988235 0.0011765]
```

explained_variance_ratio_提供了每个主成分所解释的方差量。这与 R 中的标准偏差输出非常相似，其中 R 为我们提供了每个主成分的标准偏差。在 Python 的 scikit learning 中，PCA 对其进行了细微的转换，并为我们提供了每个变量所解释的原始方差之外的方差量。

12.7 将 PCA 应用于 MNIST

MNIST 是手写数字识别任务。展开一个 28 × 28 的图像，其中每个像素值在一列中表示。基于此，我们可以预测输出是否是 0 ~ 9 之间的数字之一。

考虑到总共有 784 列，我们应该观察以下其中一列：

1）方差为零的列。

2）方差很小的列。

3）方差较大的列。

在某种程度上，PCA 帮助我们尽可能地消除了低方差列和无方差列，同时仍以有限数量的列实现了不错的精度。

通过下面的示例（参见 github 中“PCA mnist. R”），让我们看看如何在不损失太多方差的情况下来减少列数。

```
# 加载数据集
t=read.csv("D:/Pro ML book/PCA/train.csv")
# 仅保留自变量，因为PCA在自变量上
t$Label = NULL
# 按255缩放数据集，因为它是以像素为单位的最大可能值
t=t/255
# 应用PCA
pca=prcomp(t)
str(pca)
# 检查方差解释
cumsum((pca$sdev)^2)/sum(pca$sdev^2)
```

上面代码的输出如下：

```
> cumsum((pca$sdev)^2)/sum(pca$sdev^2)
  [1] 0.0974892 0.1690923 0.2305512 0.2843441 0.3332869 0.3763189
  [7] 0.4090894 0.4380103 0.4656793 0.4891680 0.5101612 0.5307512
 [13] 0.5477767 0.5647045 0.5805158 0.5953482 0.6085450 0.6213723
 [19] 0.6332520 0.6447796 0.6555015 0.6656534 0.6753025 0.6844309
 [25] 0.6933073 0.7016949 0.7098135 0.7175875 0.7249939 0.7318605
 [31] 0.7384403 0.7448283 0.7508219 0.7567110 0.7623544 0.7677640
 [37] 0.7728563 0.7777313 0.7824870 0.7871524 0.7916819 0.7961318
 [43] 0.8003144 0.8042894 0.8081348 0.8118840 0.8154941 0.8189794
 [49] 0.8223442 0.8255516 0.8287063 0.8317977 0.8347348 0.8376002
 [55] 0.8404078 0.8431040 0.8457623 0.8483253 0.8508635 0.8533253
 [61] 0.8557224 0.8581098 0.8603857 0.8626009 0.8647402 0.8668016
 [67] 0.8688301 0.8707898 0.8727262 0.8746111 0.8764786 0.8782953
 [73] 0.8800642 0.8817901 0.8834513 0.8850844 0.8866904 0.8882351
 [79] 0.8897036 0.8911274 0.8925384 0.8939407 0.8953290 0.8966832
 [85] 0.8980062 0.8993140 0.9006108 0.9018532 0.9030757 0.9042719
```

从中我们可以看到，前 43 个主成分解释了原始数据集中约 80% 的总方差。无须在所有 784 列上运行模型，我们可以仅在前 43 个主成分上运行模型而不会丢失太多信息，因此也不会损失太多精度。

12.8 总结

1）PCA 是减少数据集中自变量数量的一种方法，尤其适用于数据点数量与自变量数量的比值较低的情况。

2）在应用 PCA 之前缩放自变量是个好主意。

3）PCA 转换变量的线性组合，这样就能使得到的变量来表示变量组合中的最大方差。

第 13 章 推荐系统

我们在任何地方都能看到推荐。推荐系统的目标是：

1）尽可能减少用户搜索产品的工作量。

2）提醒用户之前关闭的会话。

3）帮助用户发现更多产品。

例如，以下是推荐系统的常见实例：

1）电子商务网站中的推荐小组件。

2）发送到电子邮件地址的推荐项目。

3）社交网站中朋友或联系人的推荐。

想象一下这样一个场景：电子商务用户没有得到产品推荐，用户将无法执行以下操作：

1）识别与他们正在查看的产品相类似的产品。

2）知道产品的价格是否公道。

3）寻找配件或补充产品。

这就是为什么推荐系统经常会大大提高销售量的原因。在本章中，我们将学习以下内容：

1）预测用户对他们所使用的商品的评价（或用户购买商品的可能性）。

2）协同过滤。

3）矩阵分解。

4）欧氏和余弦相似的度量。

5）如何在 Excel、Python 和 R 中实现推荐算法。

推荐系统几乎像一个朋友。它可以推断你的偏好，并为你提供个性化的选项。构建推荐系统的方法有多种，但目标是将用户与一组其他用户相关联，将一个项目与一组其他项目相关联或将两者组合在一起。

鉴于推荐是关于将一个用户或项目与另一个用户或项目相关联，那么它就转化为一个 k 近邻问题：识别非常相似的几个用户或项目，然后根据大多数最近邻居的偏好来做出预测。

13.1 了解 k 近邻

近邻是与所考虑的实体最近的实体（在数据集的情况下是数据点）。如果两个实体之间的距离很小，它们就很近。

考虑三个具有以下属性的用户：

用户	体重
A	60
B	62
C	90

我们可以直观地得出结论，用户 A 和用户 B 在体重方面比用户 C 更相似。

让我们再添加一个用户的年龄属性，如下：

用户	体重	年龄
A	60	30
B	62	35
C	90	30

用户 A 和用户 B 之间的“距离”可以表示为

$$\sqrt{((62-60)^2+(35-30)^2)}$$

这种用户之间的距离的计算方法与两点之间的距离的计算方法是类似的。

但是，在使用多个变量计算距离时，需要格外小心。以下示例可以突出显示距离计算时的陷阱：

汽车型号	可达到的最大速度	齿轮数
A	100	4
B	110	5
C	100	5

在上表中，如果我们使用传统的“距离”度量来衡量汽车之间的相似性，则可以得出结论，型号 A 和型号 C 彼此最相似（即使齿轮数不同）。然而凭直觉我们知道 B 和 C 比 A 和 C 更相似，因为它们有相同的齿轮数，它们可达到的最大速度是相似的。

这种差异突出了变量缩放的问题，其中一个变量与另一个变量相比具有非常高的缩放。为了解决这个问题，通常我们会在继续进行距离计算之前对变量进行规范化。规范化变量是一个过程，使所有的变量到一个统一的缩放。

规范化变量有多种方法：

1）将每个变量除以变量的最大值（使所有值介于 -1 和 1 之间）

2）找到变量每个数据点的 Z 分数。Z 分数是（数据点的值 - 变量的平均值）/（变量的标准偏差）。

3）将每个变量除以（变量的最大值 - 变量的最小值），称为最小最大缩放。

这些步骤有助于规范化变量，从而避免缩放问题。

在推荐系统中，一旦获得了数据点到其他数据点的距离，即一旦确定了到给定项目最近的项目，同时如果系统了解到用户过去喜欢大多数近邻域项目，则系统将向用户推荐这些项目。

当以多数表决的方式来确定用户是否喜欢其近邻时，所需要的近邻数量就是以 k 近邻中的 k 来代表的。例如，如果用户喜欢项目的 10（k）个近邻中的 9 个，我们将向用户推荐该项目。同样，如果用户只喜欢项目的 10 个近邻中的 1 个，我们将不推荐给用户该项目（因为所喜欢的项目是少数）。

基于近邻的分析考虑了多个用户可以协同帮助预测一个用户是否喜欢某事物的方式。

在此背景下，我们将继续研究推荐系统算法的发展。

13.2 基于用户的协同过滤的工作细节

基于用户当然是指基于用户的事物。协同意味着在用户之间使用某种关系（相似性）。过滤是指从所有用户中过滤掉一些用户。

为了了解基于用户的协同过滤（UBCF），请参阅以下示例（参见 github 中"ubcf. xlsx"）：

用户/电影	倒霉爱神	水中女妖	航班蛇患	超人归来	午夜听众	你、我和杜普利
Claudia Puig	3		3.5	4	4.5	2.5
Gene Seymour	1.5	3	3.5	5	3	3.5
Jack Matthews		3	4	5	3	3.5
Lisa Rose	3	2.5	3.5	3.5	3	2.5
Mick LaSalle	2	3	4	3	3	2
Toby			4.5	4		1

假设我们有兴趣知道用户 Claudia Puig 对电影《水中女妖》的评价。我们将首先找出与 Claudia 最相似的用户。用户相似度可以用几种方法计算。以下是计算相似度最常用的两种方法：

1）用户之间的欧氏距离。

2）用户之间的余弦相似性。

13.2.1 欧氏距离

计算 Claudia 与其他所有用户的欧氏距离可按如下方式进行（参见 github 中"ubcf. xlsx"文件的"Eucledian distance"表）：

	C	D	E	F
1				
2				
3	用户/电影	倒霉爱神	水中女妖	航班蛇患
4	Claudia Puig	3		3.5
5	Gene Seymour	1.5	3	3.5
6	Jack Matthews		3	4
7	Lisa Rose	3	2.5	3.5
8	Mick LaSalle	2	3	4
9	Toby			4.5
10				
11				
12	Gene Seymour	=IF(OR(D$4="",D5=""),"",(D$4-D5)^2)	=IF(OR(E$4="",E5=""),"",(E$4-E5)^2)	=IF(OR(F$4="",F5=""),"",(F$4-F5)^2)
13	Jack Matthews	=IF(OR(D$4="",D6=""),"",(D$4-D6)^2)	=IF(OR(E$4="",E6=""),"",(E$4-E6)^2)	=IF(OR(F$4="",F6=""),"",(F$4-F6)^2)
14	Lisa Rose	=IF(OR(D$4="",D7=""),"",(D$4-D7)^2)	=IF(OR(E$4="",E7=""),"",(E$4-E7)^2)	=IF(OR(F$4="",F7=""),"",(F$4-F7)^2)
15	Mick LaSalle	=IF(OR(D$4="",D8=""),"",(D$4-D8)^2)	=IF(OR(E$4="",E8=""),"",(E$4-E8)^2)	=IF(OR(F$4="",F8=""),"",(F$4-F8)^2)
16	Toby	=IF(OR(D$4="",D9=""),"",(D$4-D9)^2)	=IF(OR(E$4="",E9=""),"",(E$4-E9)^2)	=IF(OR(F$4="",F9=""),"",(F$4-F9)^2)

由于空间和格式的限制，我们看不到完整的情况，但实际上，相同的公式应用于各列。

对于每部电影，每个其他用户到 Claudia 的距离如下：

	C	D	E	F	G	H	I	J
1								
2								
3	用户/电影	倒霉爱神	水中女妖	航班蛇患	超人归来	午夜听众	你、我和杜普利	
4	Claudia Puig	3		3.5	4	4.5	2.5	
5	Gene Seymour	1.5	3	3.5	5	3	3.5	
6	Jack Matthews		3	4	5	3	3.5	
7	Lisa Rose	3	2.5	3.5	3.5	3	2.5	
8	Mick LaSalle	2	3	4	3	3	2	
9	Toby			4.5	4		1	
10								
11	距离							总距离
12	Gene Seymour	2.25		0	1	2.25	1	1.30
13	Jack Matthews			0.25	1	2.25	1	1.13
14	Lisa Rose	0		0	0.25	2.25	0	0.50
15	Mick LaSalle	1		0.25	1	2.25	0.25	0.95
16	Toby			1	0		2.25	1.08

注意，总距离值是两个用户对给定电影进行评分的所有距离的平均值。考虑到 Lisa Rose 是与 Claudia 之间总距离最小的用户，我们将考虑 Lisa 提供的评分作为 Claudia 可能给予电影《水中女妖》的评分。

在这种计算中要考虑的一个主要问题是，某些用户可能是温柔的批评者，而某些用户可能是更严厉的批评者。用户 A 和用户 B 在观看某部电影时可能隐含着相似的体验，但显然他们的评分可能不同。

1. 对用户进行规范化

鉴于用户的批评程度不同，我们需要确保能够解决该问题。规范化可以在这里提供帮助。

我们可以对用户进行规范化，如下：

1）取给定用户的所有电影的平均评分。

2）取每部电影和用户的平均评分之间的差值。

通过计算单个电影的评分和用户的平均评分之间的差值，我们就可以知道他们是喜欢一部电影多于他们看的平均电影，还是少于他们看的平均电影，或是等于他们看的平均电影。

让我们看看这是如何完成的，如下：

用户/电影	倒霉爱神	水中女妖	航班蛇患	超人归来	午夜听众	你、我和杜普利	平均评分
Claudia Puig	3		3.5	4	4.5	2.5	3.50
Gene Seymour	1.5	3	3.5	5	3	3.5	3.25
Jack Matthews		3	4	5	3	3.5	3.70
Lisa Rose	3	2.5	3.5	3.5	3	2.5	3.00
Mick LaSalle	2	3	4	3	3	2	2.83
Toby			4.5	4		1	3.17

Claudia Puig	-0.50		0.00	0.50	1.00	-1.00
Gene Seymour	-1.75	-0.25	0.25	1.75	-0.25	0.25
Jack Matthews		-0.70	0.30	1.30	-0.70	-0.20
Lisa Rose	0.00	-0.50	0.50	0.50	0.00	-0.50
Mick LaSalle	-0.83	0.17	1.17	0.17	0.17	-0.83
Toby			1.33	0.83		-2.17

上述公式如下（参见 github 中“ubcf. xlsx”文件的“Normalizing，user”表）：

	C	D	E	F	G	H	I	J
1								
2								
3	用户/电影	倒霉爱神	水中女妖	航班蛇患	超人归来	午夜听众	你、我和杜普利	平均评分
4	Claudia Puig	3		3.5	4	4.5	2.5	=AVERAGE(D4:I4)
5	Gene Seymour	1.5	3	3.5	5	3	3.5	=AVERAGE(D5:I5)
6	Jack Matthews		3	4	5	3	3.5	=AVERAGE(D6:I6)
7	Lisa Rose	3	2.5	3.5	3.5	3	2.5	=AVERAGE(D7:I7)
8	Mick LaSalle	2	3	4	3	3	2	=AVERAGE(D8:I8)
9	Toby			4.5	4		1	=AVERAGE(D9:I9)
10								
11	Claudia Puig	=IF(D4="","",D4-$J4)	=IF(E4="","",E4-$J4)	=IF(F4="","",F4-$J4)	=IF(G4="","",G4-$J4)	=IF(H4="","",H4-$J4)	=IF(I4="","",I4-$J4)	
12	Gene Seymour	=IF(D5="","",D5-$J5)	=IF(E5="","",E5-$J5)	=IF(F5="","",F5-$J5)	=IF(G5="","",G5-$J5)	=IF(H5="","",H5-$J5)	=IF(I5="","",I5-$J5)	
13	Jack Matthews	=IF(D6="","",D6-$J6)	=IF(E6="","",E6-$J6)	=IF(F6="","",F6-$J6)	=IF(G6="","",G6-$J6)	=IF(H6="","",H6-$J6)	=IF(I6="","",I6-$J6)	
14	Lisa Rose	=IF(D7="","",D7-$J7)	=IF(E7="","",E7-$J7)	=IF(F7="","",F7-$J7)	=IF(G7="","",G7-$J7)	=IF(H7="","",H7-$J7)	=IF(I7="","",I7-$J7)	
15	Mick LaSalle	=IF(D8="","",D8-$J8)	=IF(E8="","",E8-$J8)	=IF(F8="","",F8-$J8)	=IF(G8="","",G8-$J8)	=IF(H8="","",H8-$J8)	=IF(I8="","",I8-$J8)	
16	Toby	=IF(D9="","",D9-$J9)	=IF(E9="","",E9-$J9)	=IF(F9="","",F9-$J9)	=IF(G9="","",G9-$J9)	=IF(H9="","",H9-$J9)	=IF(I9="","",I9-$J9)	

现在我们已经对一个给定用户进行了规范化，我们计算出哪个用户与 Claudia 最相似，就像我们之前计算用户相似度的方法一样。唯一的区别是，现在我们将根据规范化评分计算距离，而不是原始评分，如下：

	C	D	E	F	G	H	I	J
1								
2								
3	用户/电影	倒霉爱神	水中女妖	航班蛇患	超人归来	午夜听众	你、我和杜普利	平均评分
4	Claudia Puig	3		3.5	4	4.5	2.5	3.50
5	Gene Seymour	1.5	3	3.5	5	3	3.5	3.25
6	Jack Matthews		3	4	5	3	3.5	3.70
7	Lisa Rose	3	2.5	3.5	3.5	3	2.5	3.00
8	Mick LaSalle	2	3	4	3	3	2	2.83
9	Toby			4.5	4		1	3.17
10								
11	Claudia Puig	-0.50		0.00	0.50	1.00	-1.00	
12	Gene Seymour	-1.75	-0.25	0.25	1.75	-0.25	0.25	
13	Jack Matthews		-0.70	0.30	1.30	-0.70	-0.20	
14	Lisa Rose	0.00	-0.50	0.50	0.50	0.00	-0.50	
15	Mick LaSalle	-0.83	0.17	1.17	0.17	0.17	-0.83	
16	Toby			1.33	0.83		-2.17	
17								
18								平均距离
19	Gene Seymour	1.56		0.06	1.56	1.56	1.56	1.26
20	Jack Matthews			0.09	0.64	2.89	0.64	1.07
21	Lisa Rose	0.25		0.25	-	1.00	0.25	0.35
22	Mick LaSalle	0.11		1.36	0.11	0.69	0.03	0.46
23	Toby			1.78	0.11		1.36	1.08

我们可以看到，Lisa Rose 仍然是距离 Claudia Puig 最短（或最接近，或最相似）的用户。Lisa 对电影《水中女妖》的评分比她平均的电影评分 3.00 低了 0.50 个单位，这比她的平均评分低了约 8%。考虑到 Lisa 是与 Claudia 最相似的用户，我们预计 Claudia 的评分也会比她的平均评分低约 8%，结果如下：

$$3.5\times(1-0.5/3)=2.91$$

2. 考虑单个用户的问题

到目前为止，我们已经考虑了与 Claudia 最相似的单一用户。在实践中，这样的用户越多越好，也就是说，识别 k 个与给定用户最相似的用户给出的加权平均评分比识别最相似用户的评分要好。

然而，我们需要注意的是，并不是所有的 k 用户都是相同的。有些比较相似，有些则不太相似。换句话说，应为某些用户的评分赋予更小的权重，而对其他用户的评分赋予更小的权重。但是我们使用基于距离的度量标准，这里并没有简单的方法可以得出相似度度量标准。

余弦相似度作为度量标准可以轻松解决此问题。

13.2.2 余弦相似度

我们可以通过一个示例来看看余弦相似度（similarity），参考以下矩阵：

	电影 1	电影 2	电影 3
用户 1	1	2	2
用户 2	2	4	4

在上表中，我们看到两个用户的评分彼此高度相关。然而，评分的大小有差别。

如果我们要计算两个用户之间的欧氏距离，我们会注意到这两个用户彼此非常不同。但是我们可以看到，这两个用户的评分方向（趋势）相似，尽管他们评分的幅度并不相同。可以使用用户之间的余弦相似度来解决用户趋势相似但幅度不同的问题。

两个用户之间的余弦相似度定义如下：

$$\text{similarity} = \cos(\theta) = \frac{\text{AB}}{\| \text{A} \|_2 \| \text{B} \|_2} = \frac{\sum_{i=1}^{n} A_i B_i}{\sqrt{\sum_{i=1}^{n} A_i^2} \sqrt{\sum_{i=1}^{n} B_i^2}}$$

A 和 B 分别是对应于用户 1 和用户 2 的向量。让我们看看如何为前面的矩阵计算相似度：

1）给定公式的分子 = $1 \times 2 + 2 \times 4 + 2 \times 4 = 18$。

2）给定公式的分母 = $\sqrt{1^2 + 2^2 + 2^2} \times \sqrt{2^2 + 4^2 + 4^2} = \sqrt{9} \times \sqrt{36} = 3 \times 6 = 18$。

3）相似度 = 18/18 = 1。

根据给定公式，我们可以看到，基于余弦相似度，我们可以为方向相关但不一定在幅度上相关的用户分配高相似度。

我们最初计算（在欧氏距离计算中）的评分矩阵上的余弦相似度将与计算前面公式的方式相类似。余弦相似度的计算步骤是相同的，如下：

1）规范化用户。

2）计算给定用户的其他用户的余弦相似度。

为了说明如何计算余弦相似度，让我们计算 Claudia 与其他所有用户的相似度（参见 github 中“ ubcf. xlsx”文件的“cosine similarity”表）：

1）规范化用户评分，如下：

=IF(B5="","",B5-AVERAGE($B5:$G5))

	A	B	C	D	E	F	G
3	评分和	列标签					
4	用户/电影	倒霉爱神	水中女妖	航班蛇患	超人归来	午夜听众	你、我和杜普利
5	Claudia Puig	3		3.5	4	4.5	2.5
6	Gene Seymour	1.5	3	3.5	5	3	3.5
7	Jack Matthews		3	4	5	3	3.5
8	Lisa Rose	3	2.5	3.5	3.5	3	2.5
9	Mick LaSalle	2	3	4	3	3	2
10	Toby			4.5	4		1
11	**累计**	**9.5**	**11.5**	**23**	**24.5**	**16.5**	**15**
12							
13	Claudia Puig	-0.5		0	0.5	1	-1
14	Gene Seymour	-1.75	-0.25	0.25	1.75	-0.25	0.25
15	Jack Matthews		-0.7	0.3	1.3	-0.7	-0.2
16	Lisa Rose	0	-0.5	0.5	0.5	0	-0.5
17	Mick LaSalle	-0.833333333	0.166666667	1.166666667	0.166666667	0.166666667	-0.833333333
18	Toby			1.333333333	0.833333333		-2.166666667

2）计算余弦相似度计算中的分子部分，如下：

=IF(OR(B$13="",B14=""),"",B$13*B14)

	A	B	C	D	E	F	G
13	Claudia Puig	-0.5		0	0.5	1	-1
14	Gene Seymour	-1.75	-0.25	0.25	1.75	-0.25	0.25
15	Jack Matthews		-0.7	0.3	1.3	-0.7	-0.2
16	Lisa Rose	0	-0.5	0.5	0.5	0	-0.5
17	Mick LaSalle	-0.833333333	0.166666667	1.166666667	0.166666667	0.166666667	-0.833333333
18	Toby			1.333333333	0.833333333		-2.166666667
19							
20	Gene Seymour	0.875		0	0.875	-0.25	-0.25
21	Jack Matthews			0	0.65	-0.7	0.2
22	Lisa Rose	0		0	0.25	0	0.5
23	Mick LaSalle	0.416666667		0	0.083333333	0.166666667	0.833333333
24	Toby			0	0.416666667		2.166666667

分子如下：

=SUM(B20:G20)

	A	B	C	D	E	F	G	H	I	J
19										分子
20	Gene Seymour	0.875		0	0.875	-0.25	-0.25			1.25
21	Jack Matthews			0	0.65	-0.7	0.2			0.15
22	Lisa Rose	0		0	0.25	0	0.5			0.75
23	Mick LaSalle	0.416666667		0	0.083333333	0.166666667	0.833333333			1.50
24	Toby			0	0.416666667		2.166666667			2.58

3）准备余弦相似度的分母计算器，如下：

=IF(B13="","",B13^2)

	A	B	C	D	E	F	G
26							
27	Claudia Puig	0.25		0	0.25	1	1
28	Gene Seymour	3.0625	0.0625	0.0625	3.0625	0.0625	0.0625
29	Jack Matthews		0.49	0.09	1.69	0.49	0.04
30	Lisa Rose	0	0.25	0.25	0.25	0	0.25
31	Mick LaSalle	0.694444444	0.027777778	1.361111111	0.027777778	0.027777778	0.694444444
32	Toby			1.777777778	0.694444444		4.694444444

4）计算最终的余弦相似度，如下：

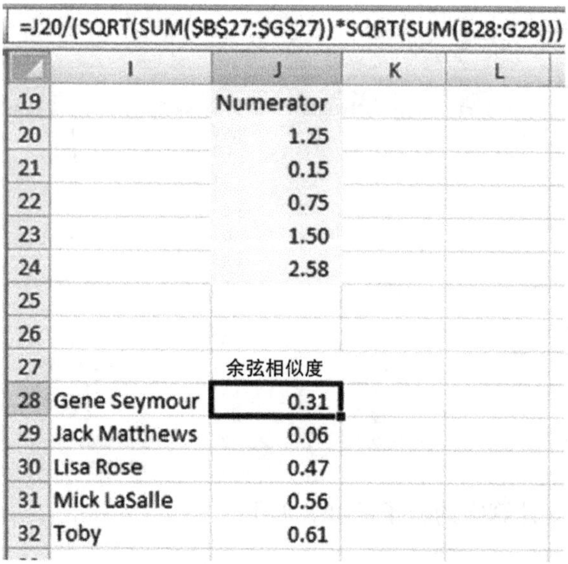

=J20/(SQRT(SUM($B$27:$G$27))*SQRT(SUM(B28:G28)))

	I	J	K	L
19		Numerator		
20		1.25		
21		0.15		
22		0.75		
23		1.50		
24		2.58		
25				
26				
27		余弦相似度		
28	Gene Seymour	0.31		
29	Jack Matthews	0.06		
30	Lisa Rose	0.47		
31	Mick LaSalle	0.56		
32	Toby	0.61		

现在，我们具有一个介于 -1 和 +1 之间的相似度值，该值可为给定用户提供相似度得分。

我们已经克服了当必须考虑多个用户在预测一个给定用户可能给一部电影的评分时所面临的问题。现在可以计算与给定用户更相似的用户。

可以通过以下步骤解决预测 Claudia 可能对电影《水中女妖》的评分的问题：

1）规范化用户。

2）计算余弦相似度。

3）计算加权平均归一化评分。

假设我们试图通过使用两个最相似的用户而不是一个来预测评分。我们将遵循以下步骤：

1）确定两个最相似的用户，以及他们对电影《水中女妖》给予的评分。

2）计算他们给电影的加权平均规范化评分。

在这种情况下，Lisa 和 Mick 是与 Claudia 最相似的两个用户，他们对电影《水中女妖》给予了评分。（请注意，尽管 Toby 是最相似的用户，但他没有给电影《水中女妖》评分，因此我们无法通过考虑他进行评分预测。）

1. 加权平均评分计算

让我们看看给定的规范化评分以及两个最相似用户的相似度，如下：

	相似度	规范化评分
Lisa Rose	0.47	-0.5
Mick LaSalle	0.56	0.17

现在的加权平均评分如下：

$$[0.47\times(-0.5)+0.56\times0.17]/(0.47+0.56)=-0.14$$

Claudia 的平均评分现在有可能会降低 0.14，以得出 Claudia 对电影《水中女妖》的预测评分。

得出加权平均评分的另一种方法是基于超出平均评分的百分比，如下：

	相似度	规范化评分	平均评分	%平均评分
Lisa Rose	0.47	−0.5	3	−0.5/3 = −0.16
Mick LaSalle	0.56	0.17	2.83	0.17/2.83 = 0.06

加权平均规范化评分百分比如下：

$$[0.47 \times (-0.16) + 0.56 \times 0.06] / (0.47 + 0.56) = -0.04$$

因此，Claudia 的平均评分可能会降低 4%，以得出对电影《水中女妖》的预测评分。

2. 选择正确的方法

在推荐系统中，没有一种固定的技术被证明是始终有效的。这就需要一个典型的训练、验证和测试场景来给出最佳的参数组合。

可测试的参数组合如下：

1）拟考虑的最佳相似用户数。

2）在一个用户有资格被考虑进行类似用户计算之前，需要由用户一起评定的最佳常见电影数量。

3）加权平均评分计算方法（基于百分比或绝对值）。

我们可以迭代多个场景中的各种参数组合，计算测试数据集的精度，并确定错误率最小的组合是给定数据集的最佳组合。

3. 计算误差

有多种计算方法，首选方法因业务应用的不同而有所差异。我们来看两个案例：

1）测试数据集上所有预测的方均误差（MSE）。

2）用户在下一次购买中所购买的推荐商品数。

注意，尽管 MSE 有助于构建算法，但实际上，与第二种情况一样，我们可能会以与业务相关的结果来衡量模型的性能。

4. UBCF 的问题

基于用户的协同过滤（UBCF）的一个问题是，必须将每个用户与其他用户进行比较，以确定最相似的用户。假设有 100 个用户，这意味着将第一个用户与 99 个用户进行比较，将第二个用户与 98 个用户进行比较，将第三个用户与 97 个用户进行比较，依此类推。这里的总比较次数如下：

$$99 + 98 + 97 + \cdots + 1 + 0 = 99 \times (99 + 1) / 2 = 4950$$

对于一百万个用户的情况，比较的总次数将如下：

$$999999 \times 1000000 / 2 \approx 500000000000$$

大约有 5000 亿次比较。计算表明，用于识别最相似用户的比较次数会随着用户数量的增加而呈指数增长。在生产中，这将成为一个问题，因为如果每天都需要计算每个用户与其他用户的相似度（因为用户的偏好和评分每天都会根据最新的用户数据进行更新），那么每天就需要执行约 5000 亿次比较。

为了解决这个问题，我们可以考虑基于项目的协同过滤，而不是基于用户的协同过滤。

13.3 基于项目的协同过滤

由于计算数量是 UBCF 中的一个问题，我们将对其进行修改，以便观察项目之间的相似度，而不是用户之间的相似度。基于项目的协同过滤（IBCF）背后的思想是，如果两个项目从相同的用户那里获得的评分相似，那么它们就是相似的。

因为 IBCF 是基于项目而不是基于用户相似度的，所以它不存在需要执行数十亿次计算的问题。

假设数据库中总共有 10000 部电影，并且该网站吸引了 100 万个用户。在这种情况下，如果我们执行 UBCF，则将执行约 5000 亿次相似度计算。但若是使用 IBCF，我们将执行 $9999\times5000\approx5000$ 万次相似度计算。

我们可以看到，随着用户数量的增长，相似度计算的数量呈指数增长。然而，考虑到项目的数量预计不会经历与用户数量相同的增长率，通常 IBCF 在计算上不如 UBCF 敏感。

IBCF 的计算方式和所涉及的技术与 UBCF 非常相似。唯一的区别是，我们将处理前面看到的原始电影矩阵的转置形式。这样处理后，行不是用户，而是电影。

注意，尽管 IBCF 在计算方面比 UBCF 有优势，但是计算的数量仍然很高。

13.4 在 R 中实现协同过滤

在本节中，我们将研究用于在 R 中实现 UBCF 的函数。下面的代码中实现了 recommenderlab 包中提供的函数，但在实践中，建议从头开始构建一个推荐函数，以便能对手头的问题进行自定义（参见 github 中“UBCF. R”），如下：

```
# 导入数据和所需的包
t=read.csv("D:/book/Recommender systems/movie_rating.csv")
library(reshape2)
library(recommenderlab)
# 将数据重新格式化为pivot格式
t2=acast(t,critic~title)
t2
# 把它转换为矩阵
R<-as.matrix(t2)

# 将R转换为realRatingMatrix结构
# realRatingMatrix是类似于数据结构中Recommenderlab的稀疏矩阵

r<-as(R,"realRatingMatrix")

# 实现UBCF方法
rec=Recommender(r[1:nrow(r)],method="UBCF")

# 预测缺失的评分
recom<-predict(rec,r[1:nrow(r)],type="ratings")
str(recom)
```

在这段代码中，我们对数据进行了重构，以便将其转换为 realRatingMatrix 类，该类由 Recommender 函数使用，以提供缺少的值预测。

13.5 在 Python 中实现协同过滤

我们在 R 中使用了一个包来进行预测，但是对于 Python，我们将手动构建一种方法来预测用户可能给出的评分。

在下面的代码中，我们将通过仅考虑与 Claudia 最相似的用户，来创建一种方法来预测 Claudia 可能对电影《水中女妖》给予的评分（参见 github 中 " UBCF. ipynb"）。

1）导入数据集，如下：

```
import pandas as pd
import numpy as np
t=pd.read_csv("D:/book/Recommender systems/movie_rating.csv")
```

2）将数据集转化为 pivot 表，如下：

```
t2 = pd.pivot_table(t,values='rating',index='critic',columns='title')
```

3）重置索引，如下：

```
t3 = t2.reset_index()
t3=t3.drop(['critic'],axis=1)
```

4）规范化数据集，如下：

```
t4=t3.subtract(np.mean(t3,axis=1),axis=0)
```

5）删除缺少电影《水中女妖》相关值的行，如下：

```
t5=t4.loc[t4['Lady in the Water'].dropna(axis=0).index]
t6=t5.reset_index()
t7=t6.drop(['index'],axis=1)
```

6）计算每个其他用户到 Claudia 的距离，如下：

```
x=[]
for i in range(t7.shape[0]):
    x.append(np.mean(np.square(t4.loc[0]-t7.loc[i])))
t6.loc[np.argmin(x)]['Lady in the Water']
```

7）计算 Claudia 的预测评分，如下：

```
np.mean(t3.loc[0]) * (1+(t6.loc[np.argmin(x)]['Lady in
the Water']/np.mean(t3.loc[3])))
```

13.6 矩阵分解的工作细节

虽然基于用户或基于项目的协同过滤方法简单直观，但矩阵分解技术通常更有效，因为它们允许我们发现用户和项目之间交互的潜在特征。

在矩阵分解中，如果有 U 个用户，每个用户用 K 列表示，因此我们就有了一个 $U \times K$ 用户矩阵。类似地，如果有 D 个项目，每个项目也用 K 列表示，从而得到一个 $D\times K$ 矩阵。

用户矩阵的矩阵和项目矩阵的转置相乘将产生一个 $U\times D$ 矩阵，在这里 U 个用户可能对 D 个项目中的一些进行了评分。

K 列可以转化为 K 个特征，其中一个或另一个特征中较高或较低的量级可以指示出项目的类型。这使我们能够知道用户将赋予更高权重的功能或用户可能不喜欢的功能。本质上，矩阵分解是一种表示用户和项目的方式，如果与项目相对应的特征是用户赋予较高权重的特征，则用户喜欢或购买项目的可能性就很高。

我们将通过一个示例来了解矩阵分解的工作原理。假设有一个用户（U）和电影（D）的矩阵，如下（参见 github 中“ matrix factorization example. xlsx”）：

用户	电影	实际的
1	1	5
1	2	3
1	3	
1	4	1
2	1	4
2	2	
2	3	
2	4	1
3	1	1
3	2	1
3	3	
3	4	5
4	1	1
4	2	
4	3	
4	4	4
5	1	
5	2	1
5	3	5
5	4	4

我们的任务是预测“实际的”列中缺少的值，这表示用户尚未对电影进行评分。

在这种情况下，矩阵分解的数学计算如下：

1）随机初始化 $\boldsymbol{P}$ 矩阵的值，其中 $\boldsymbol{P}$ 是 $U\times K$ 所得矩阵。在这个示例中，我们假设 $k=2$。随机初始化值的更好方法是将值限制在 0 ~ 1 之间。

在这种情况下，$\boldsymbol{P}$ 矩阵将是 5×2 矩阵，因为 $k=2$ 且有 5 个用户，如下：

	P 矩阵	
	因子 1	因子 2
用户 1	0.44	0.52
用户 2	0.57	0.11
用户 3	0.53	0.27
用户 4	0.82	0.04
用户 5	0.39	0.74

2）随机初始化 $\boldsymbol{Q}$ 矩阵的值，这里 $\boldsymbol{Q}$ 是 $K \times D$ 所得的矩阵，也就是 2 ×4 矩阵，因为有四个电影，$\boldsymbol{Q}$ 矩阵如下：

	Q 矩阵			
	电影 1	电影 2	电影 3	电影 4
因子 1	0. 81	0. 03	0. 79	0. 71
因子 2	0. 34	0. 84	0. 09	0. 49

3）计算 $\boldsymbol{P}$、$\boldsymbol{Q}$ 矩阵的矩阵乘法值，即 $\boldsymbol{P} \times \boldsymbol{Q}$。

注意，下面的"预测（Prediction）"列是通过 $\boldsymbol{P}$ 矩阵和 $\boldsymbol{Q}$ 矩阵的矩阵相乘来计算的（将在下一步讨论约束列），如下：

=C4*F4+D4*F5

	P 矩阵	
	因子 1	因子 2
用户1	0.07	0.68
用户2	0.4	0.34
用户3	0.27	0.23
用户4	0.77	0.8
用户5	0.97	0.36

	Q 矩阵			
	电影1	电影2	电影3	电影4
因子 1	0.42	0.79	0.18	0.13
因子 2	0.11	0.94	0.52	0.79

用户	电影	约束	预测	实际的
1	1	0	0.1042	5
1	2	0	0.6945	3
1	3	0	0.3662	
1	4	0	0.5463	1
2	1	0	0.2054	4
2	2	0	0.6356	
2	3	0	0.2488	
2	4	0	0.3206	1
3	1	0	0.1387	1
3	2	0	0.4295	1
3	3	0	0.1682	
3	4	0	0.2168	5
4	1	0	0.4114	1
4	2	0	1.3603	
4	3	0	0.5546	
4	4	0	0.7321	4
5	1	0	0.447	
5	2	0	1.1047	1
5	3	0	0.3618	5
5	4	0	0.4105	4

4）指定优化约束。

理想情况下，预测值（两个矩阵中每个元素的乘积）应等于大矩阵的评分。误差计算基于典型的平方误差计算，并按以下步骤进行（注意，P 和矩阵中的权重值有所不同，因为它们是随机数，并使用 randbetween 函数进行初始化，每次在 Excel 中按 Enter 键时，该函数都会更改相应的值），如下：

```
=(F11-G11)^2
```

P 矩阵	因子 1	因子 2
用户1	0.53	0.72
用户2	0.87	0
用户3	0.12	0.85
用户4	0.75	0.61
用户5	0.26	0.81

Q 矩阵	电影1	电影2	电影3	电影4
因子 1	0.51	0.07	0.99	0.6
因子 2	0.45	0.8	0.81	0.81

用户	电影	约束	预测	实际的	误差
1	1	0	0.5943	5	19.410192
1	2	0	0.6131	3	5.6972916
1	3	0	1.1079		1.2274424
1	4	0	0.9012	1	0.0097614
2	1	0	0.4437	4	12.64727
2	2	0	0.0609		0.0037088
2	3	0	0.8613		0.7418377
2	4	0	0.522	1	0.228484
3	1	0	0.4437	1	0.3094697
3	2	0	0.6884	1	0.0970946
3	3	0	0.8073		0.6517333
3	4	0	0.7605	5	17.97336
4	1	0	0.657	1	0.117649
4	2	0	0.5405		0.2921403
4	3	0	1.2366		1.5291796
4	4	0	0.9441	4	9.3385248
5	1	0	0.4971		0.2471084
5	2	0	0.6662	1	0.1114224
5	3	0	0.9135	5	16.699482
5	4	0	0.8121	4	10.162706
			Overall error		97.495859

1）目标：改变 ***P*** 矩阵和 ***Q*** 矩阵的随机初始值，使总体误差最小化。

2）约束：预测不能大于 5 或小于 1。

可以将上述目标和约束指定为 Solver 中的优化方案，如下：

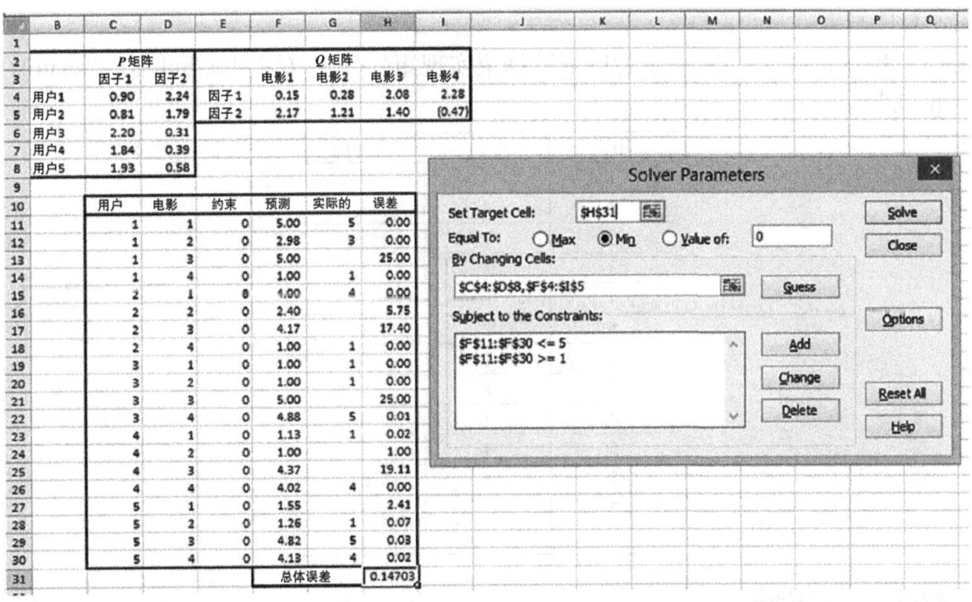

	P 矩阵	
	因子1	因子2
用户1	0.90	2.24
用户2	0.81	1.79
用户3	2.20	0.31
用户4	1.84	0.39
用户5	1.93	0.58

	Q 矩阵			
	电影1	电影2	电影3	电影4
因子1	0.15	0.28	2.08	2.28
因子2	2.17	1.21	1.40	(0.47)

用户	电影	约束	预测	实际的	误差
1	1	0	5.00	5	0.00
1	2	0	2.98	3	0.00
1	3	0	5.00		25.00
1	4	0	1.00	1	0.00
2	1	0	4.00	4	0.00
2	2	0	2.40		5.75
2	3	0	4.17		17.40
2	4	0	1.00	1	0.00
3	1	0	1.00	1	0.00
3	2	0	1.00	1	0.00
3	3	0	5.00		25.00
3	4	0	4.88	5	0.01
4	1	0	1.13	1	0.02
4	2	0	1.00		1.00
4	3	0	4.37		19.11
4	4	0	4.02	4	0.00
5	1	0	1.55		2.41
5	2	0	1.26	1	0.07
5	3	0	4.82	5	0.03
5	4	0	4.13	4	0.02
			总体误差		0.14703

注意，一旦针对给定的目标和约束进行了优化，就可以得出 ***P*** 和 ***Q*** 矩阵中权重的最佳值，如下：

	P 矩阵			*Q* 矩阵			
	因子 1	因子 2		电影 1	电影 2	电影 3	电影 4
用户 1	0.90	2.24	因子 1	0.15	0.29	2.08	2.28
用户 2	0.81	1.79	因子 2	2.17	1.21	1.40	(0.47)
用户 3	2.20	0.31					
用户 4	1.84	0.39					
用户 5	1.93	0.58					

关于 *P* 矩阵和 *Q* 矩阵的见解

在 ***P*** 矩阵中，用户 1 和用户 2 对于因子 1 和因子 2 具有相似的权重，因此它们可能被认为是相似的用户。

另外，用户 1 和用户 2 对电影进行评分的方式非常相似——用户 1 评分高的电影也得到了用户 2 的高评分。同样地，用户 1 评分不佳的电影也被用户 2 打了较低的评分。

对于 ***Q*** 矩阵（电影矩阵）的解释也是如此。电影 1 和电影 4 之间有相当大的距离。我们还可以看到，对于大多数用户来说，如果电影 1 的评分较高，则电影 4 的评分较低，反之亦然。

13.7 在 Python 中实现矩阵分解

注意，***P*** 矩阵和 ***Q*** 矩阵是通过 Excel 的 Solver 获得的，该求解器实际上是在后端进行梯度下降。换句话说，我们以与基于神经网络的方法类似的方式得出权重，在这种方法中，我们试图使总体平方差最小。

让我们看一下如何在 keras 中为以下数据集实现矩阵分解（参见 github 中 “ matrix factorization. ipynb”）：

用户	电影	实际的
1	4	1
2	4	1
3	1	1
3	2	1
4	1	1
5	2	1
1	2	3
2	1	4
4	4	4
5	4	4
1	1	5
3	4	5
5	3	5

```
# 导入要求的包和数据集
import pandas as pd
ratings= pd.read_csv('/content/datalab/matrix_factorization_keras.csv')

# 提取唯一用户
users = ratings.User.unique()

# 提取唯一电影
articles = ratings.Movies.unique()
# 索引每个用户和文章
userid2idx = {o:i for i,o in enumerate(users)}
articlesid2idx = {o:i for i,o in enumerate(articles)}

# 将创建的索引应用于原始数据集
ratings.Movies = ratings.Movies.apply(lambda x: articlesid2idx[x])
ratings.User = ratings.User.apply(lambda x: userid2idx[x])

# 提取唯一用户和文章的数量
n_users = ratings.User.nunique()
n_articles = ratings.Movies.nunique()
# 定义错误指标
import keras.backend as K
def rmse(y_true,y_pred):
    score = K.sqrt(K.mean(K.pow(y_true - y_pred, 2)))
    return score

# 导入相关包
from keras.layers import Input, Embedding, Dense, Dropout, merge, Flatten
from keras.models import Model
```

嵌入函数有助于创建向量，类似于我们在第 8 章将单词转换为低维向量的方式。

通过以下代码，将能够创建 ***P*** 矩阵和 ***Q*** 矩阵的初始化：

```
def embedding_input(name,n_in,n_out):
    inp = Input(shape=(1,),dtype='int64',name=name)
    return inp, Embedding(n_in,n_out,input_length=1)(inp)
n_factors = 2
user_in, u = embedding_input('user_in', n_users, n_factors)
article_in, a = embedding_input('article_in', n_articles, n_factors)

# 初始化用户矩阵和电影矩阵之间的点积
x = merge.dot([u,a],axes=2)
x=Flatten()(x)

# 初始化模型规范
from keras import optimizers
model = Model([user_in,article_in],x)
sgd = optimizers.SGD(lr=0.01)
model.compile(sgd,loss='mse',metrics=[rmse])
model.summary()

# 通过指定输入和输出来拟合模型
model.fit([ratings.User,ratings.Movies], ratings.Actual, nb_epoch=1000,
batch_size=13)
```

既然模型已经建立，让我们提取用户和电影矩阵（***P*** 和 ***Q*** 矩阵）的权重，如下：

```
# 用户矩阵
model.get_weights()[0]

array([[ 1.3606772,  1.6446526],
       [ 1.0029647,  1.3566955],
       [-1.4094337,  1.6923367],
       [-1.0425398,  1.4308459],
       [-1.2908196,  1.4010738]], dtype=float32)

# 电影矩阵
model.get_weights()[1]

array([[-1.3724959,  1.7509296],
       [ 1.5061257,  1.8171026],
       [ 0.6696424,  1.235024 ],
       [-1.7306372,  1.8775703]], dtype=float32)
```

13.8 在 R 中实现矩阵分解

尽管可以使用 kerasR 包来实现矩阵分解，但是在这里我们将使用 recommenderlab 包（与我们用于协同过滤的包相同）。

以下的代码在 R 中实现了矩阵分解（参见 github 中 “matrix factorization. R”）：

1）导入相关包和数据集，如下：

```
# 矩阵分解
t=read.csv("D:/book/Recommender systems/movie_rating.csv")
library(reshape2)
library(recommenderlab)
```

2）数据预处理，如下：

```
t2=acast(t,critic~title)
t2
# 将其转换为一个矩阵
R<-as.matrix(t2)
# 将R转换为realRatingMatrix数据结构
# realRatingMatrix是一种类似于稀疏矩阵的数据结构
r <- as(R, "realRatingMatrix")
```

3）使用 funkSVD 函数构建矩阵因子，如下：

```
fsvd <- funkSVD(r, k=2,verbose = TRUE)
p <- predict(fsvd, r, verbose = TRUE)
p
```

注意，对象 p 构成了所有用户中所有电影的预测评分。

对象 fsvd 构成用户矩阵和项目矩阵，它们可以通过以下代码获得：

```
str(fsvd)
```

```
> str(fsvd)
List of 3
 $ U          : num [1:6, 1:2] 1.61 1.72 1.74 1.53 1.46 ...
 $ V          : num [1:6, 1:2] 0.971 1.178 1.918 2.081 1.53 ...
 $ parameters:List of 6
  ..$ k              : num 2
  ..$ gamma          : num 0.015
  ..$ lambda         : num 0.001
  ..$ min_epochs     : num 50
  ..$ max_epochs     : num 200
  ..$ min_improvement: num 1e-06
 - attr(*, "class")= chr "funkSVD"
```

因此，用户矩阵可以通过 fsvd$U 访问，项目矩阵可以通过 fsvd$V 访问。参数是我们在第 7 章所学习到的学习率和迭代周期（epoch）参数。

13.9 总结

在本章中，我们学习了以下内容：

1）用于提供建议的主要技术是协同过滤和矩阵分解。

2）在大量的计算问题上，协同过滤是被严格禁止的。

3）矩阵因式分解的计算量较小，通常能提供更好的结果。

4）在 Excel、Python 和 R 中构建矩阵分解和协同过滤算法的方法。

第14章 在云中实现算法

有时执行一项任务所需的计算量可能是巨大的。当大型数据集的大小大于计算机的典型RAM大小时，通常会发生这种情况。当需要对数据进行大量处理时，通常也会发生这种情况。

在这种情况下，切换到基于云的分析是一个好主意，它可以帮助将RAM快速扩展出更大的空间。它还可以避免通过购买扩展RAM来解决可能不经常发生的问题。然而，使用云服务是有成本的，而且某些配置比其他配置更昂贵。在选择配置时，你需要小心，并遵守一些规则，以便知道何时停止使用云服务。

三大云提供商如下：

1）谷歌云平台（GCP）。

2）微软Azure。

3）亚马逊网络服务（AWS）。

在本章中，我们将着眼于在三个云平台中都建立一个虚拟机。一旦安装了实例，我们将学习如何在云上访问Python和R。

14.1 谷歌云平台

可以通过https://cloud.google.com访问GCP。设置账户后，可以使用控制台创建项目。在控制台中，单击Compute Engine，然后单击VM instances，如图14-1所示（VM表示虚拟机）。

单击Create创建一个新的VM实例。你将看到如图14-2所示的界面。

根据数据集的大小，使用所需的内核、内存以及是否需要GPU，来自定义机器类型。

接下来，选择所需的操作系统（见图14-3）。

我们将在PuTTY上执行一些操作。你可以从www.ssh.com/ssh/putty/windows/puttygen下载PuTTYgen。打开程序，然后单击Generate以生成一个公钥、私钥对。这样就会生成一个密钥，如图14-4所示。

单击Save private key保存私钥。复制顶部的公钥，然后粘贴到GCP上的SSH密钥框中，如图14-5所示。

单击Create，这样会为你创建一个新的实例。它还应为你提供与实例相对应的IP地址。复制IP地址并将其粘贴到主机名下的PuTTY中。

Google Cloud Platform
kish-test
Home
Cloud Launcher
Billing
APIs & Services
Support
IAM & admin
Getting started
COMPUTE
App Engine
Compute Engine
Kubernetes Engine
VM instances
Instance groups
Instance templates
Disks
Snapshots
Images
Committed use discounts
Metadata
Health checks
Zones
Operations
Quotas
Settings

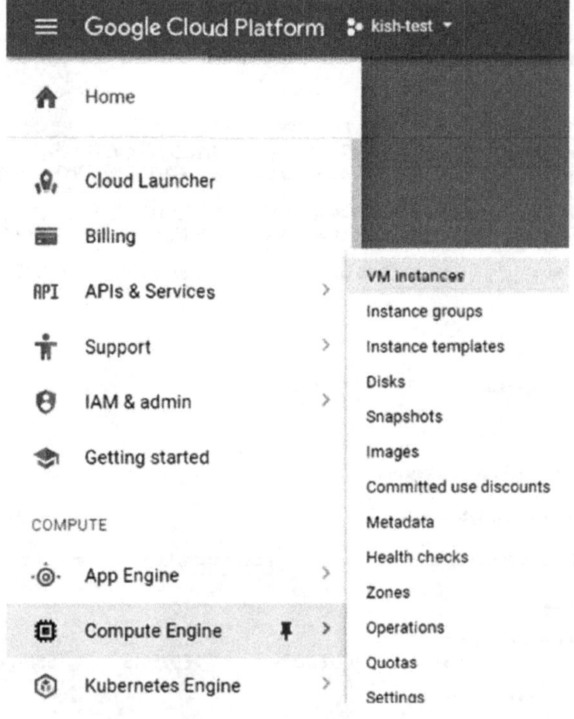

图 14-1　选择 VM 选项

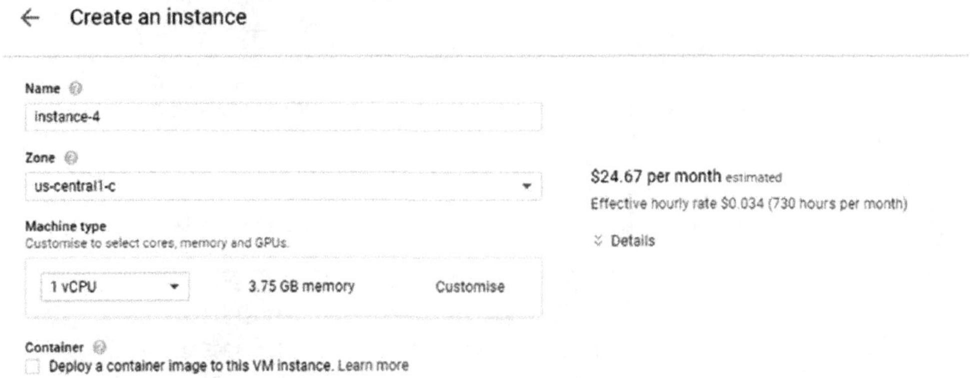

Create an instance
Name
instance-4
Zone
us-central1-c
Machine type
Customise to select cores, memory and GPUs.
1 vCPU
3.75 GB memory
Customise
Container
Deploy a container image to this VM instance. Learn more
$24.67 per month estimated
Effective hourly rate $0.034 (730 hours per month)
Details

图 14-2　创建实例的选项

Boot disk
New 10 GB standard persistent disk
Image
Ubuntu 16.04 LTS
Change

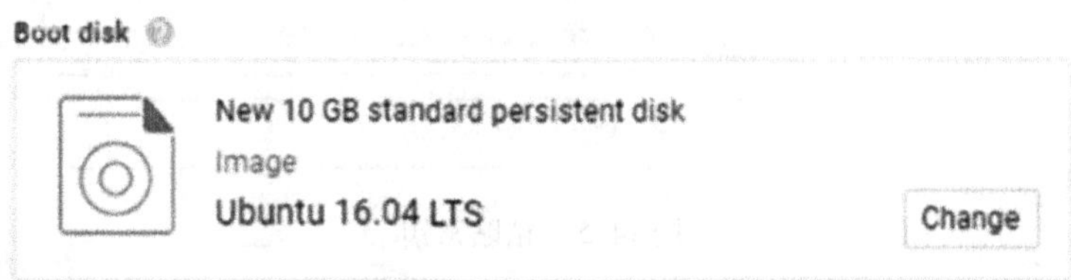

图 14-3　选择操作系统

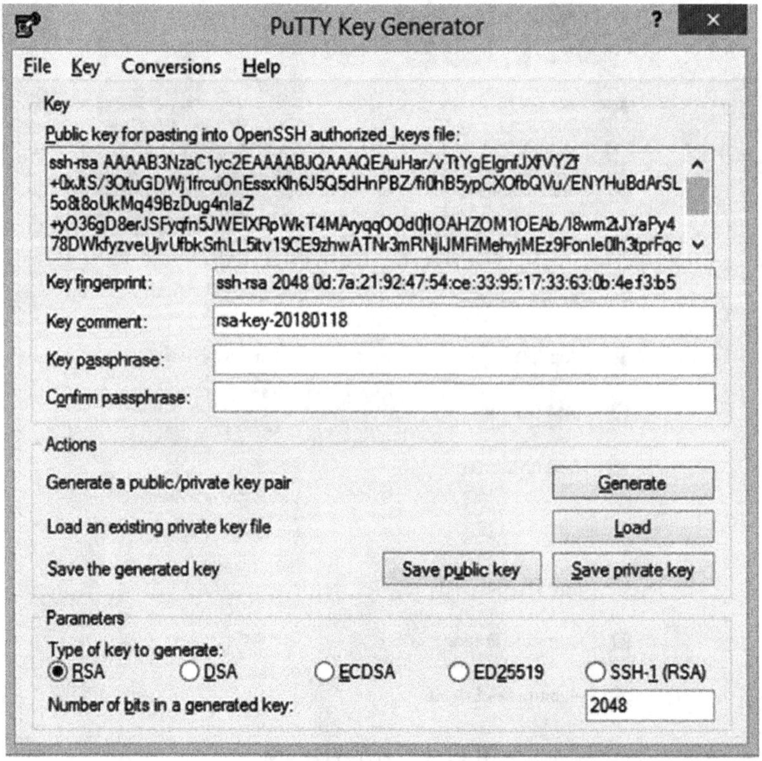

图 14-4　在 PuTTYgen 中生成公钥、私钥对

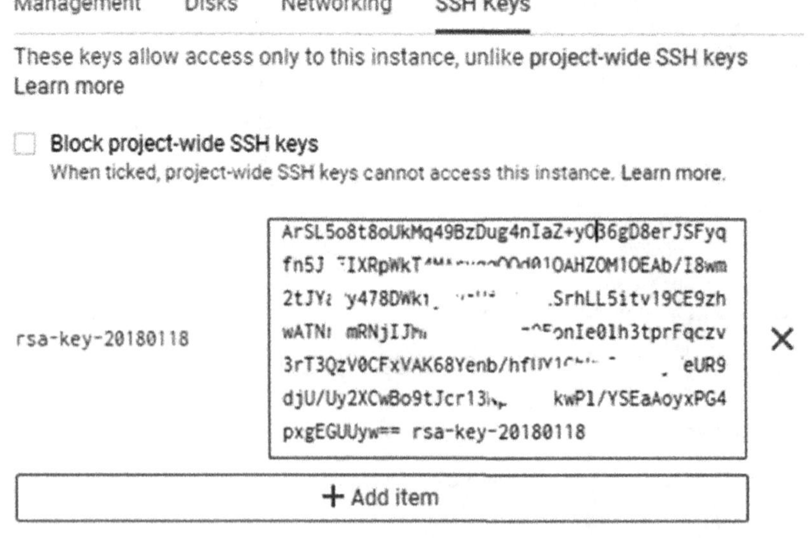

图 14-5　粘贴密钥

单击左侧界面中的 SSH，并单击 Auth，然后可以浏览到保存私钥的位置，如图 14-6

所示。

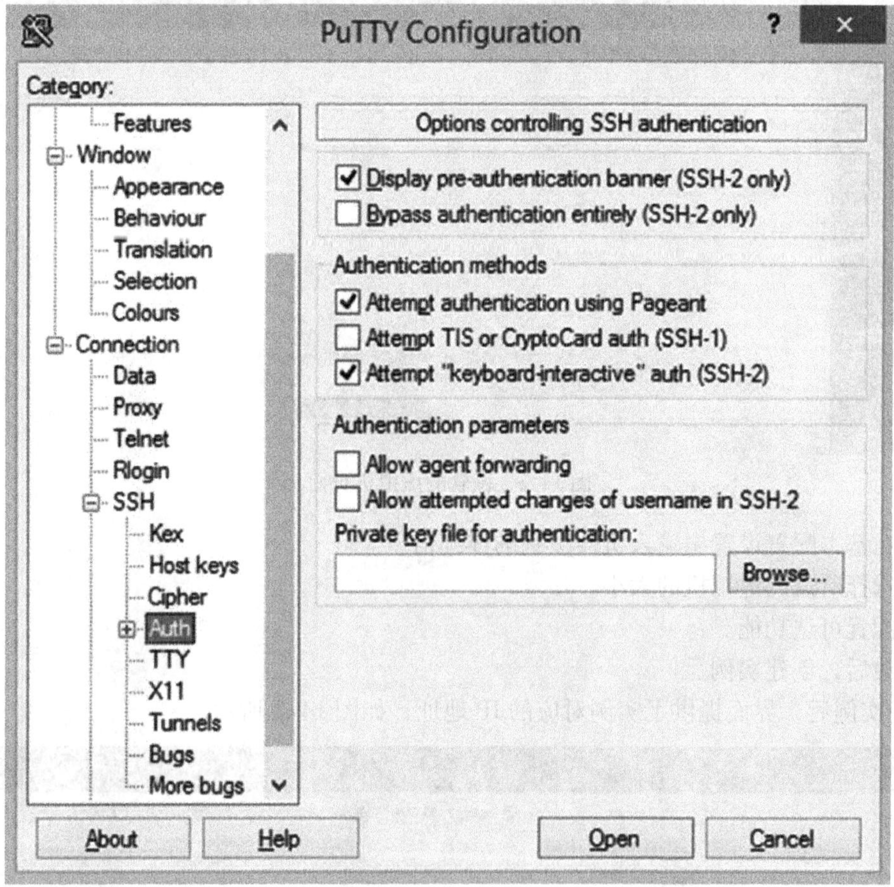

图 14-6 Auth 选项

当你在图 14-4 中生成公钥和私钥时，输入登录名作为 PuTTYgen 中显示的 Key comment 条目。你现在应该可以登录到 Google 云计算机。

键入 python 后，你应该能够运行 Python 脚本。

完成工作后，请确保立即删除实例。否则，该服务可能仍在向你收费。

14.2 微软 Azure

在微软 Azure 中创建虚拟机实例与在 GCP 中创建虚拟机实例非常相似。访问 https://azure.microsoft.com 并设置一个账户。

在 Azure 中创建账户并登录，然后单击 Virtual machines（虚拟机），如图 14-7 所示。

单击 Add，然后执行以下操作：

1）选择所需的计算机，在本例中选择的是 Ubuntu Server 16.04 LTS。

2）单击默认的 Create 按钮。

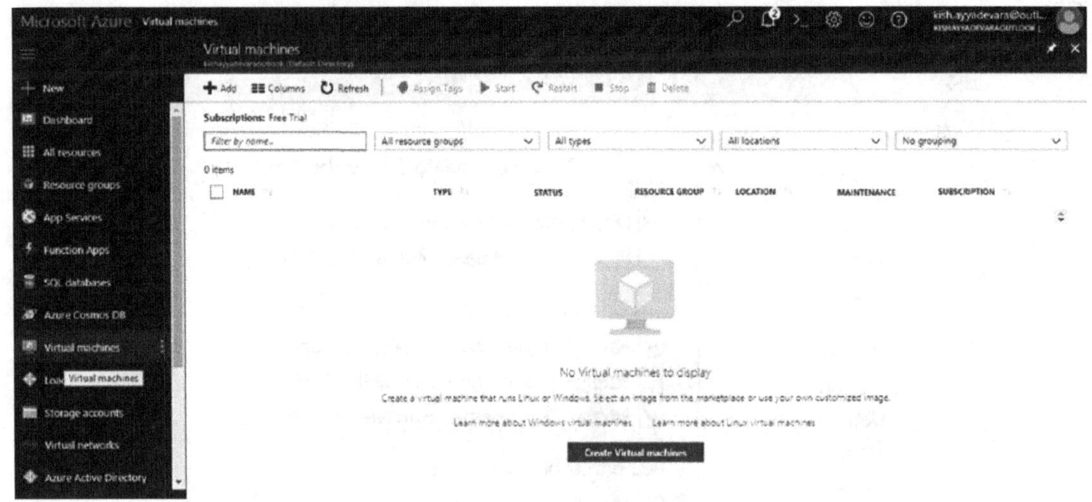

图 14-7 微软的虚拟机页面

3）在基本配置设置中输入机器级别的详细信息。

4）选择所需的虚拟机的大小。

5）配置可选功能。

6）最后，创建实例。

创建实例后，界面提供了实例对应的 IP 地址，如图 14-8 所示。

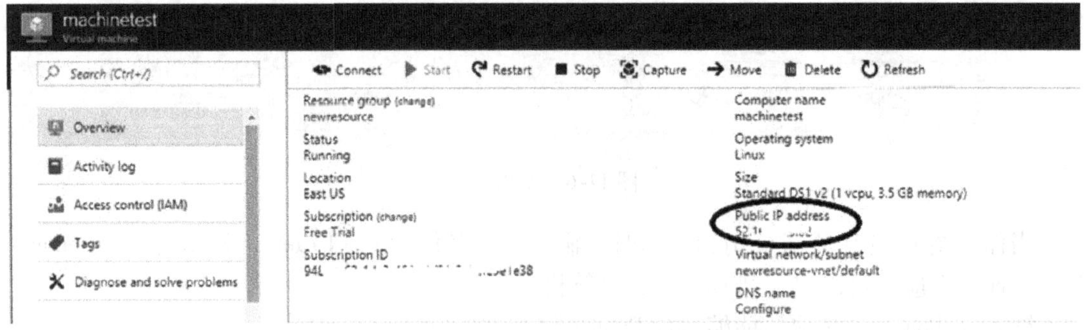

图 14-8 你需要的 IP 地址

打开 PuTTY（有关下载和启动它的更多信息，请参见上节内容），然后使用 IP 地址通过输入密码（如果在创建实例时选择了密码选项）或使用私钥来连接到实例。

你可以使用 PuTTY 连接到实例并打开 Python，方法与在上节中所做的类似。

14.3 亚马逊网络服务

在本节中，我们将注册 AWS 服务，这需要去 https：//aws. amazon. com 创建账户。

单击 Launch a virtual machine 来启动虚拟机，如图 14-9 所示。

在下一个界面中，单击 Get started 以开始使用。为实例命名并选择所需的属性，如图 14-10所示。

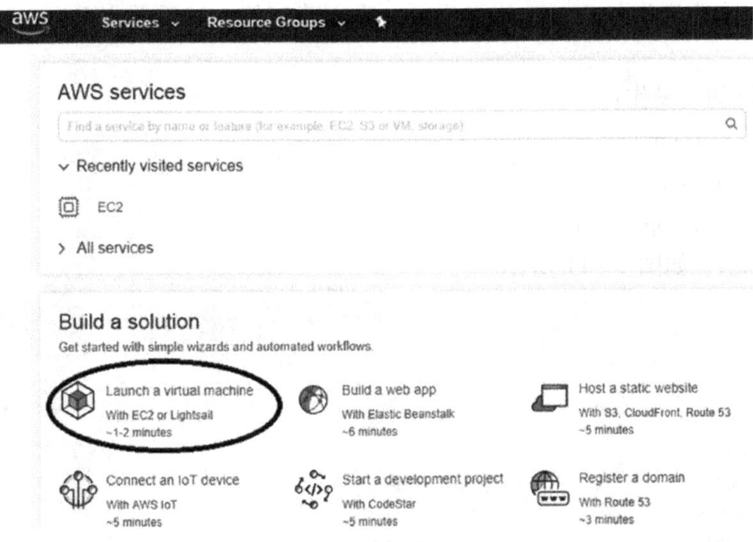

图 14-9　在 AWS 中启动虚拟机

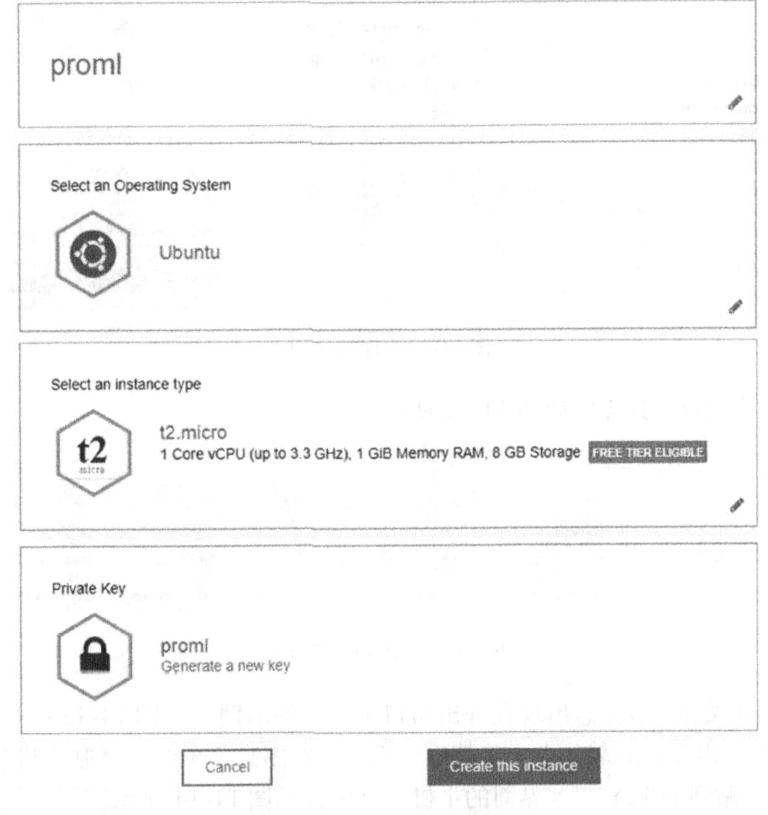

图 14-10　设置实例

下载 . pem 文件并单击 Create this instance 来创建实例，然后单击 Proceed to console 以进入控制台。

接下来进行如下操作：

1）打开 PuTTYgen。

2）加载 . pem 文件。

3）将其转换为 . ppk 文件。

4）保存私钥，如图 14-11 所示。

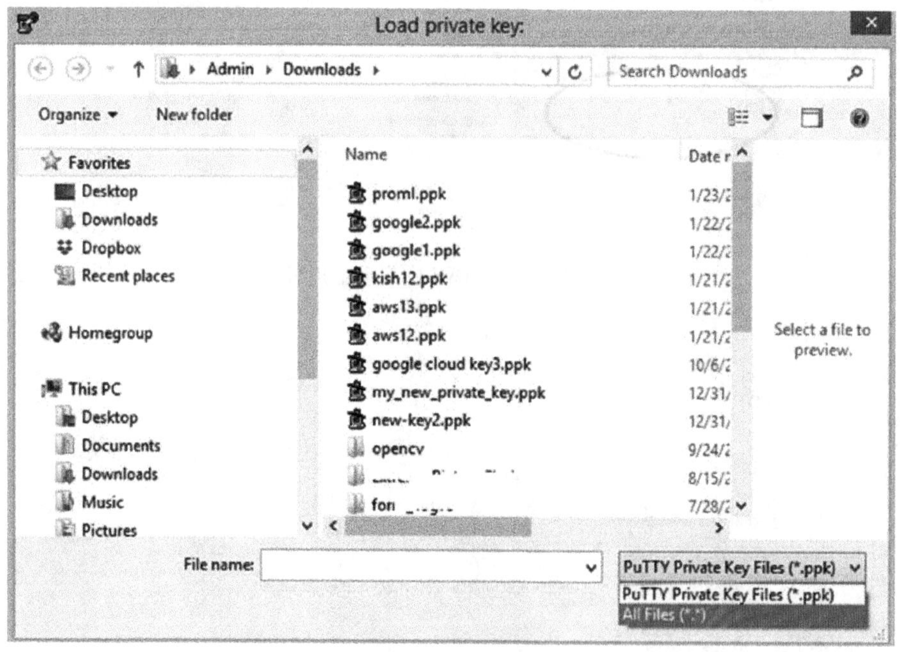

图 14-11　保存私钥

返回 AWS 控制台，其界面如图 14-12 所示。

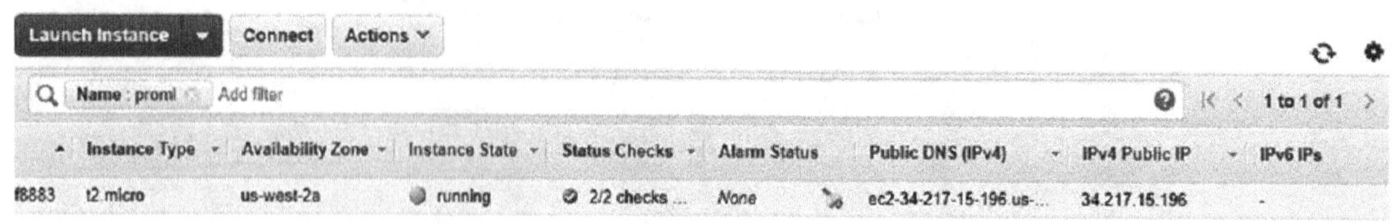

图 14-12　AWS 控制台

单击 Connect 按钮。请注意出现在弹出窗口中给出的示例（见图 14-13）。

在图 14-13 突出显示的部分中，@ 符号后面的字符串是主机名。复制主机名并打开 PuTTY，将主机名粘贴到 PuTTY 配置界面的主机名框中，如图 14-14 所示。

回到图 14-13，@ 符号前面的单词是用户名。在左侧界面中选择 data 后，在 PuTTY 的 Auto - login username 框中输入用户名，以设置为自动登录用户名，如图 14-15 所示。

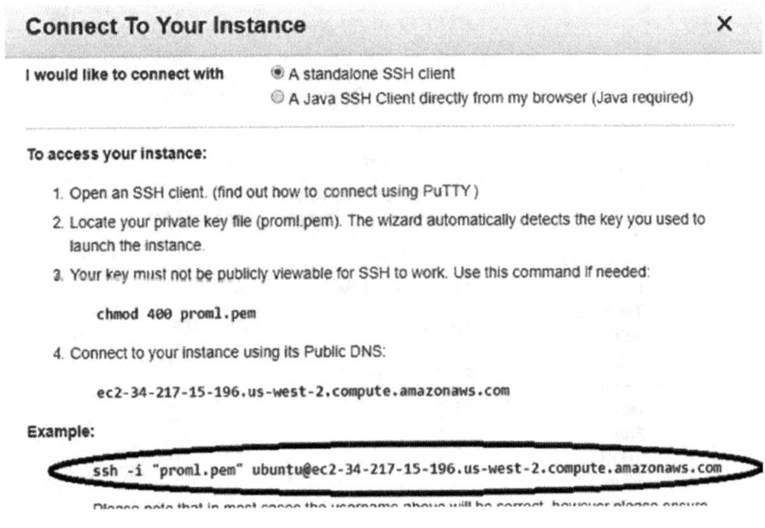

图 14-13 示例

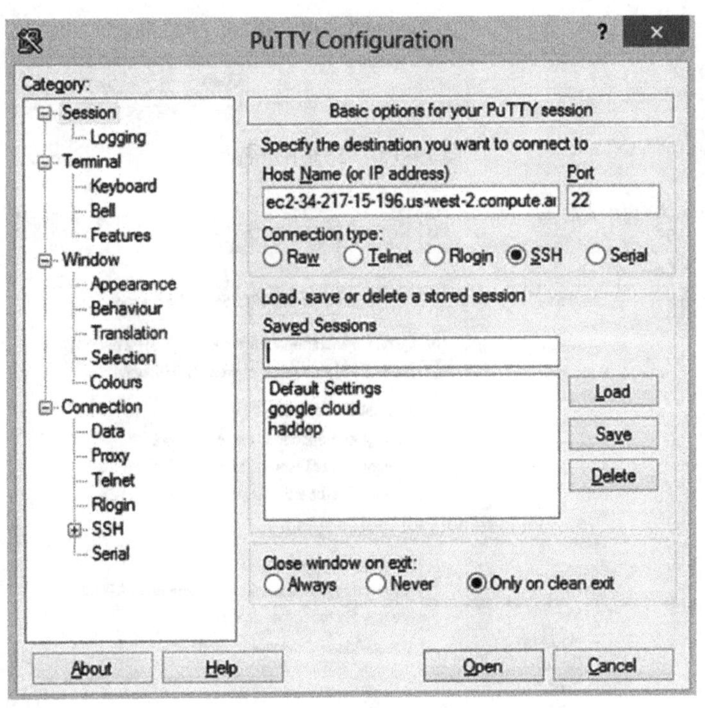

图 14-14 添加主机名

单击图 14-15 中 SSH 并展开它，接着单击 Auth，然后浏览到前面创建的 .ppk 文件，单击 Open，如图 14-16 所示。

现在你应该能够在 AWS 上运行 Python 了。

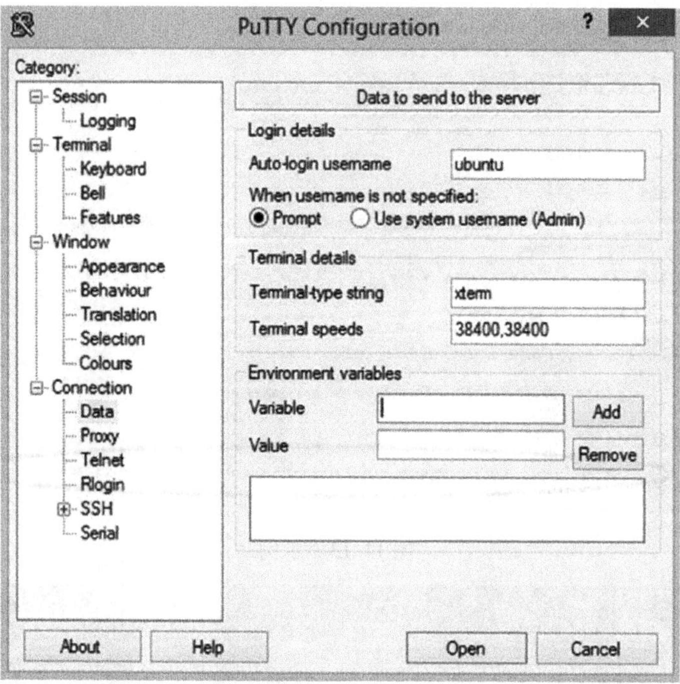

图 14-15　添加用户名

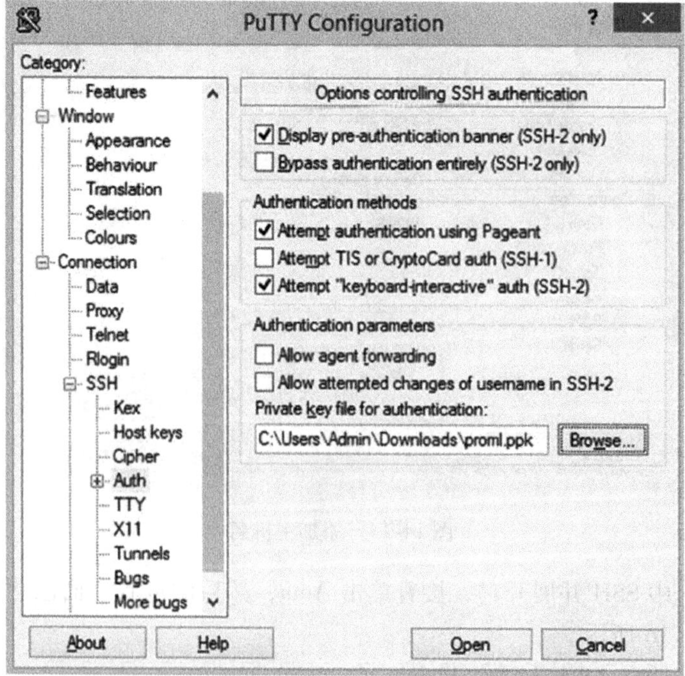

图 14-16　设置私钥

14.4 将文件传输到云实例

你可以使用 WinSCP 将文件从本地计算机传输到所有三个平台中的云实例。如果尚未安装，请从 www.winscp.net 下载 WinSCP 然后安装。打开 WinSCP，你将看到一个类似于图 14-17的登录界面。

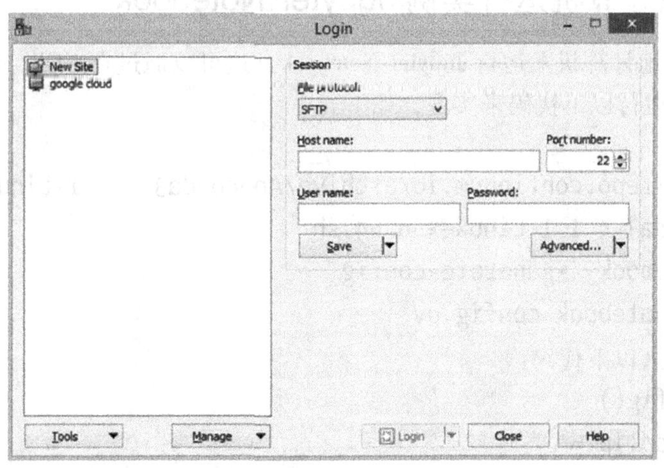

图 14-17 WinSCP 登录界面

输入主机名和用户名，类似于在 PuTTY 中输入它们的方式。想要输入 .ppk 文件的详细信息，请单击 Advanced 按钮进行操作。

单击 SSH 中的 Authentication 进行验证操作，并提供 .ppk 文件的位置，如图 14-18 所示。

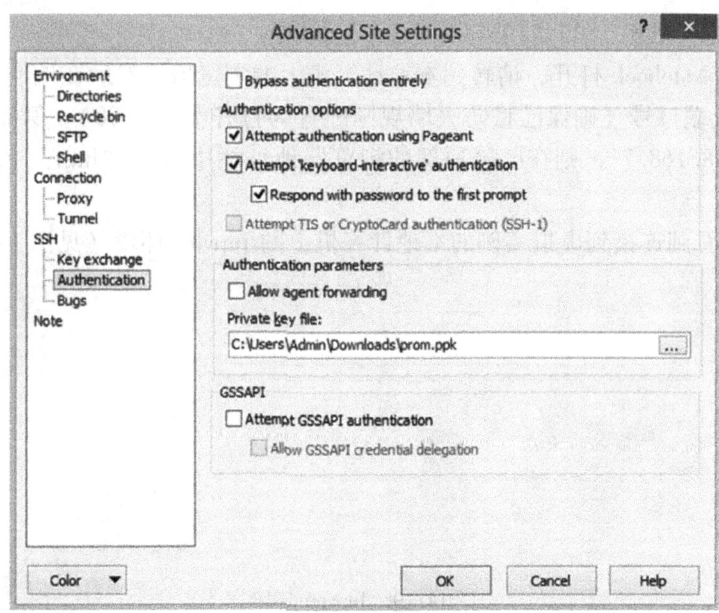

图 14-18 设置私钥

单击 OK，然后单击 Login 进行登录。

现在你应该能够将文件从本地计算机传输到虚拟实例。

另一种传输文件的方法是将它们上传到其他的云存储（例如 Dropbox），之后获取文件位置的链接，然后将其下载到虚拟实例。

14.5 从本地计算机运行实例 Jupyter Notebook

你还可以在本地计算机上运行 Jupyter Notebook。这可以通过在 GCP、AWS 或 Azure 中的任何 Linux 实例上运行以下代码来实现，如下。

```
sudo su
wget http://repo.continuum.io/archive/Anaconda3-4.1.1-Linux-x86_64.sh
bash Anaconda3-4.1.1-Linux-x86_64.sh
jupyter notebook --generate-config
vi jupyter_notebook_config.py
```

通过按 I 键插入以下代码：

```
c = get_config()
c.NotebookApp.ip = '*';
c.NotebookApp.open_browser = False
c.NotebookApp.port = 5000
```

按 Esc 键，接着输入：wq，然后按 Enter 键。

键入如下代码：

```
sudo su
jupyter-notebook --no-browser --port=5000
```

一旦 Jupyter Notebook 打开，请转到本地计算机上的浏览器，然后在地址栏中键入虚拟实例的 IP 地址以及端口号（确保已将防火墙规则配置为打开端口 5000）。例如，如果 IP 地址为 http：//35. 188. 168. 71，则在屏幕顶部的浏览器地址栏中输入“http：//35. 188. 168. 71：5000”。

你应该能够看到连接到虚拟实例的本地计算机上的 Jupyter 环境（见图 14-19）。

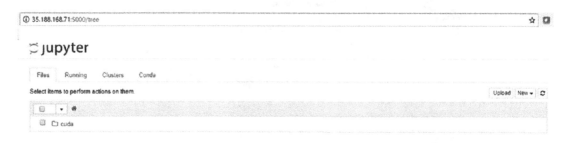

图 14-19　Jupyter 环境

14.6 在实例上安装 R

在默认情况下，实例上未安装 R。你可以按照以下步骤在 Linux 中安装 R：

```
sudo apt-get update
sudo apt-get install r-base
```

现在在终端中输入 R：

```
R
```

你现在应该能够在虚拟实例中运行 R 代码了。

14.7 总结

在本章中，我们学习了以下内容：

1）如何在三大云平台上设置和打开虚拟实例。

2）如何在三大云平台上运行 Python 或 R。

3）如何将文件传输到云环境。

附录 Excel、R 和 Python 基础

下面将介绍本书中经常提到的三种工具：Microsoft Excel 以及两种编程语言——R 和 Python。

A.1 Excel 基础

在 Excel 中，每个单元格由行中的数字和列中的字母表示。

例如，下面突出显示的单元格是 D4 单元格：

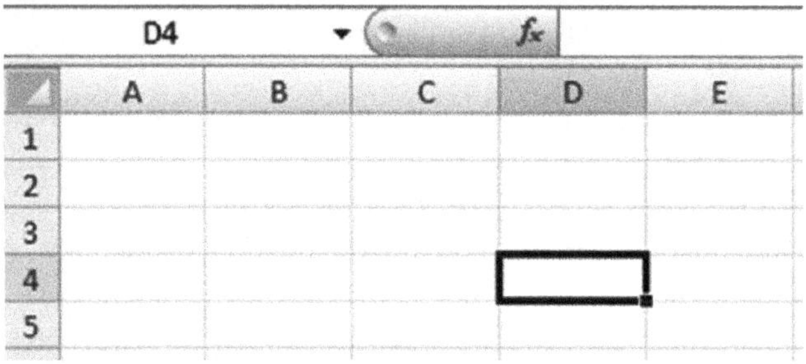

单元格可以通过“=”号后接我们想要指定的单元格来进行引用。例如，如果我们想要在 D4 单元格映射 A1 单元格的值，我们可以进行如下的输入：

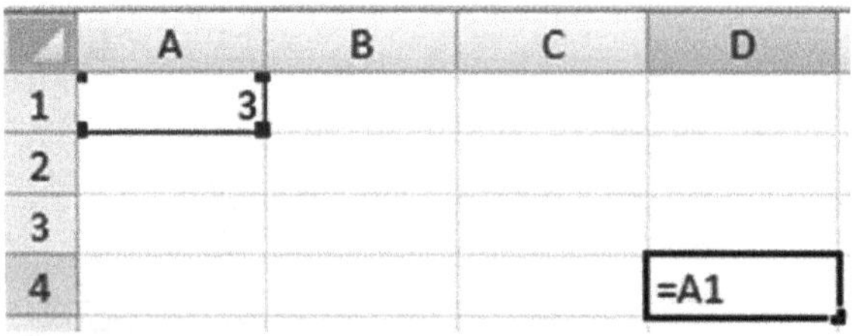

按 F2 键可进入与单元格对应的公式。

我们可以使用 Excel 内置的各种函数对指定单元格的值进行多种操作。例如，下面是使 D4 单元格的值与 A1 单元格值的指数相等的操作：

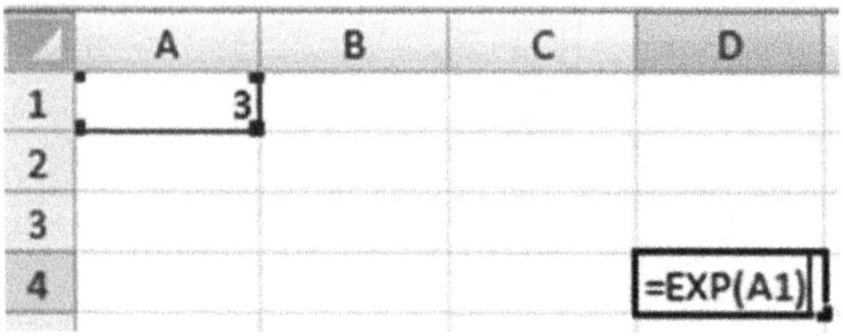

Excel 提供了一个优化工具，在本书中讨论的各种技术中都很有用，它被称为规划求解（Solver）。Excel 的 Solver 是必须安装的加载项。安装后，可以在 Excel 功能区顶部的“数据”选项卡中找到它。

典型的解算器如图 A-1 所示。

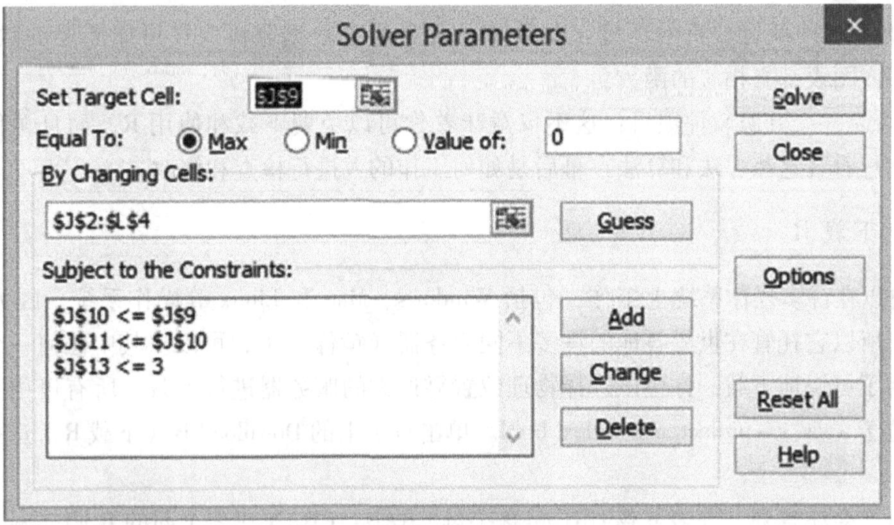

图 A-1　典型的解算器

在规划求解的“Set Target Cell（设置目标单元格）”部分中，你可以指定需要处理的目标。

在 Equal To（等于）中，可以指定目标—是要最小化目标，或是最大化目标还是将其设置为具体值。这里目标是误差值，并且我们希望将误差最小化的情况下，这会非常方便。

在 By Changing Cells（可变单元格）中来指定可以更改以便实现目标的单元格。

最后，Subject to the Constraints（约束）中指定了控制目标的所有约束。

单击 Solve（求解）按钮可以获得实现目标的最优单元格值。

Solver 使用多种算法来工作，所有算法都基于反向传播（参见第 7 章内容）。

Excel 中还有很多功能非常有用，但是就本书目标而言（展示算法的工作原理），如果你对 Solver 和单元格的联系有很好的了解，那么你就能很好地开展工作。

A.2　R 语言基础

R 语言是一种称为 S 的编程语言的分支。R 语言是由 Ross Ihaka 和 Robert Gentleman 开发的。

它最初主要是被统计学家所采用的，现在已成为统计计算的事实上的标准语言。

1）R 是大数据分析软件：数据科学家、统计学家、分析师和其他需要理解数据的人使用R进行统计分析、预测建模和数据可视化。

2）R是一种编程语言：你可以使用R编程语言编写脚本和函数，从而用R进行数据分析。R是一种完整的、交互式的、面向对象的语言。该语言提供了对象、运算符和函数，这些功能使探索、建模和可视化数据的过程变得非常自然。完整的数据分析通常仅用几行代码即可完成。

3）R是一个统计分析的环境：在R中，几乎所有数据分析人员可能需要的数据操作、统计模型或图表都有相应的函数。

4）R是一个开源软件项目：这不仅意味着你可以免费下载和使用R，而且源代码也开放给任何想看看这些方法和算法在幕后是如何工作的人进行检查和修改。

A.2.1 下载R

R可以在许多操作系统上工作，包括Windows、Mac和Linux等操作系统。因为R是免费软件，所以它托管在世界各地的许多不同服务器（镜像）上，可以从其中任何一个服务器下载。为了更快地下载，你应该选择物理位置靠近你的服务器进行下载。所有可用下载镜像的列表位于www.r-project.org/index.html。单击首页上的Download R（下载R）选择要下载的镜像。

你可能会注意到，许多下载URL包含字母CRAN。CRAN代表全面的R归档网络，它将确保你拥有最新版本的R。

选择镜像后，在屏幕顶部，你应该可以看到每个操作系统的R版本列表。选择适用于你的操作系统的R版本（也应下载基本的R），然后单击下载链接进行下载。

A.2.2 安装和配置RStudio

RStudio是专用于R开发的集成开发环境（IDE）。

RStudio需要预装R实例，在RStudio配置中，必须设置R的版本（通常在安装时由RStudio自动设置）。与原生R版本相比，RStudio是一个用户友好型的R版本。

1）在www.rstudio.com/products/rstudio/download/中下载。

2）单击下载RStudio桌面按钮。

3）选择适用你的系统的安装文件。

4）运行安装文件。

5）RStudio将安装在你的系统中。它通常会自动检测最新安装的R版本。理想情况下，你应该能够在RStudio中使用R而无须额外配置。

A.2.3 RStudio入门

RStudio的主界面如图A-2所示。

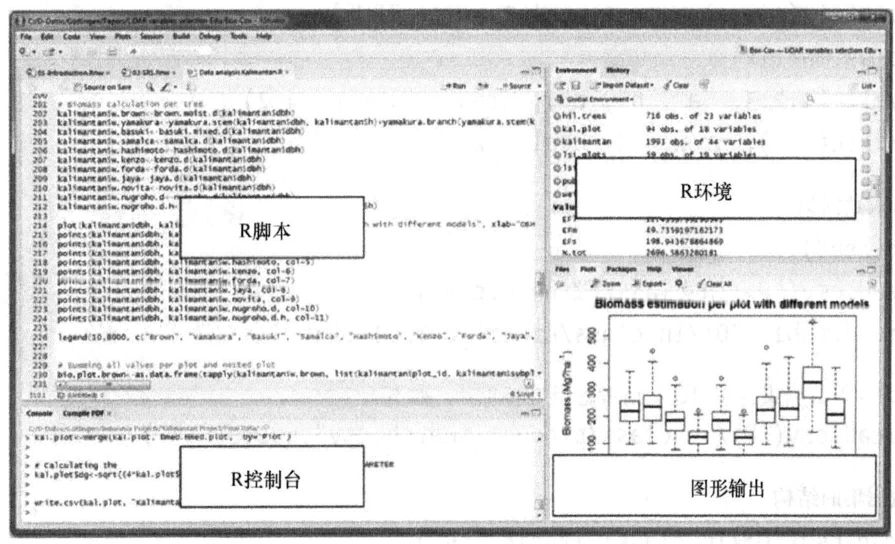

图 A-2　RStudio 的主界面

你可以在 R 中执行各种功能，如下（参见 github 中“ R basics. R”）：

```
#基本计算
1+1
2*2
#逻辑运算符
1>2
1<2
1&0
1|0
#创建向量
n = c(2, 3, 5,6,7)
s = c("aa", "bb", "cc", "dd", "ee")
s
s = c( "bb", 1)
s
a=c(n,s)

#创建列表
x = list(n, s)
#创建矩阵
as.matrix(n)
as.matrix(s)
```

```
#as.matrix(c(n,s),nrow=5,ncol=2,byrow=TRUE)
help(as.matrix)
matrix(c(1,2,3, "a","b","c"), nrow = 3, ncol = 2)
matrix(c(n,s), nrow = 5, ncol = 2)

# 导入数据集
help(read)
t=read.csv("D:/in-class/Titanic.csv")
t2=read.table("D:/in-class/credit_default.txt")

#如果导入数据集存在问题，请考虑指定quote =，如下
t3=read.csv("D:/in-class/product_search.csv",quote="\"")

# 数据集的结构
t=read.csv("D:/in-class/Titanic.csv")
str(t)  # 给了我们很多关于数据集的信息
class(t) # 通常，导入的数据集总是以data. frame objects形式导入
dim(t) # 对象的维度 (data.frame)
nrow(t) # 行数
ncol(t) # 列数
colnames(t) # 指定列的名称
class(t$Survived) # 变量的类
head(t) # 提供数据集的前几行
t[1,1] # 给出第一行和第一列的值。注意语法的格式为: [行，列]
t[1:3,1] # 为我们提供第1列的前3行中的值
t[c(1,100,500),]
t[1:3,] #为我们提供所有列的前3行中的值（请注意，当我们未在列索引中指定过滤条件时，结果
将包括所有列）
t$Survived[1:3]# 为我们提供Survived变量的前3行的值

t[c(1,4),-c(1,3)] # c () 是获取值组合的函数

t[c(1,4),c("Survived","Fare")]

t[1:3,"Survived"]
# 数据操作
t$PassengerId=NULL
```

```
summary(t)
t$unknown_age=0
t$unknown_age=ifelse(is.na(t$Age),1,0)  # 这里的语法是ifelse（条件，
条件为true时的值，条件为false时的值）
# is.na () 函数可帮助我们识别数据集中是否有任何NA值。确保删除或估算（替换）数据集中的NA值
unique(t$Embarked) # 给出变量内的所有唯一值
table(t$Embarked) # table给出了数据集中所有唯一值的计数
mean(t$Age) # mean作为一个函数
sum(t$Age)
mean(t$Age,na.rm=TRUE) # na.rm = TRUE可帮助我们删除缺失值（如果存在的话）
t$Age2=ifelse(t$unknown_age==1,mean(t$Age,na.rm=TRUE),t$Age) # 使用$运算符和
新变量名称初始化数据集中的新变量
summary(t) # 摘要通常是导入数据集后执行的第一步
order(t$Age2) # order函数用于对数据集进行排序。它给出了将值排序到的行的索引
t=t[order(t$Age2),]  # t根据年龄进行排序
mean(t$Survived[1:50])
mean(t$Survived[(nrow(t)-50):nrow(t)])
t2=t[1:50,]
t_male=t[t$Sex=="male",] # 可以通过用==指定变量名和指定要筛选的值来设置筛选条件
t_female=t[t$Sex=="female",]

mean(t_male$Survived)
mean(t_female$Survived)

t2=t[t$Sex=="male" & t$Age2<10,]
mean(t2$Survived)
t2=t[t$Sex=="female" | t$Age2<10,]
mean(t2$Survived)

install.packages("sqldf")
library(sqldf)
t3=sqldf("select sex,avg(survived) from t group by sex")
# 可以使用sqldf函数完成类似SQL的过滤或聚合功能
t$age3=ifelse(t$Age2<10,1,0)
t2=t[,c("Age2","Sex","Survived")]
help(aggregate)
```

```
aggregate(t$Survived,by=list(t$Sex,t$Pclass),sum)
# 聚合函数的工作原理类似于sqldf，在这里可以执行分组操作
#seq函数用于按给定的步长生成数字
seq(0,1,0.2) gives us c(0,0.2,0.4,0.6,0.8,1)
#quantile为我们提供了指定的各个百分位数的值
help(quantile)
summary(t)
t$age3=as.character(t$Age) # 函数将值转换为字符变量
quantile(t$Age2,probs=seq(0,0.5,0.1))[2] # 给出quantile函数输出的第2个值

x=quantile(t$Age2,probs=seq(0,1,0.1))[2]
t2=t[t$Age2<x,]
mean(t2$Survived)
t$less_than_10=ifelse(t$Age2<x,1,0)
aggregate(t$Survived,by=list(t$Sex,t$less_than_10),mean) # 使用c（）函数可以
对多个变量进行聚合

t2=t[!t$Age2<x,] # ！用作约定语句
mean(t2$Survived)
# 循环
t=read.table("D:/in-class/credit_default.txt")

for(i in 1:3){
  print(i)
}
summary(t)
# 一个好的主意是注意变量的平均值和中位值之间的差异
mean(t$DebtRatio)
median(t$DebtRatio)
t2=t

# 通过分配一定的i值并测试for循环代码，在循环执行之前，先测试for循环的代码是一种好习惯
i=2

t2[,i]=ifelse(is.na(t2[,i]),median(t2[,i],na.rm=TRUE),t2[,i])
t2[,i]=ifelse(t2[,i]<median(t2[,i],na.rm=TRUE),"Low","High")
```

```
print(aggregate(t2$SeriousDlqin2yrs,by=list(t2[,i]),mean))

for(i in 1:ncol(t2)){
  t2[,i]=ifelse(is.na(t2[,i]),median(t2[,i],na.rm=TRUE),t2[,i])
}
```

下面是一个练习，我们用中位值来估算缺失值，然后在中位值以上时将变量标记为高，而在中位值以下时将变量标记为低

```
for(i in 2:ncol(t2)){
  t2[,i]=ifelse(is.na(t2[,i]),median(t2[,i],na.rm=TRUE),t2[,i])
  t2[,i]=ifelse(t2[,i]<median(t2[,i],na.rm=TRUE),"Low","High")
  print(colnames(t2[i]));
  print(aggregate(t2$SeriousDlqin2yrs,by=list(t2[,i]),mean))
}
df=data.frame(group=c("a","b"),avg=c(2,2))
```

#连接

```
search=read.csv("D:/in-class/product_search.csv",quote="\"")
descriptions=read.csv("D:/in-class/product_descriptions.csv",quote="\"")
summary(search)
colnames(search)
colnames(descriptions)

help(merge)
```

在一个典型的merge函数中，我们必须指定x表（第一个表），y表（第二个表），我们要将第一个表加入其中

我们还必须指定使用by参数连接数据集所基于的变量

如果数据集中by参数的列名不同，我们可以使用by.x和by.y

默认情况下，merge执行内部连接（内部连接是指仅连接两个表中公用的值）

all.x = TRUE可以帮助我们进行左连接（左连接是x表中的所有值都被保留，即使其中一些值在第二个表中不匹配）

all.y = TRUE进行右连接，其中保留了右（第二个表）表中的所有值

假设x表的productid为(1,2,3),右(y)表的productid为(1,5,6)

这两个表的内部连接只提供productid=1的值（因为它是唯一的公共值）

左连接为我们提供了（1,2,3）的信息，但是，pid 1的信息将是完整的，pid 2,3的信息将是空白的，因为右表没有关于这两个pid的信息

右连接给出了（1,5,6）的信息，其中我们完全拥有pid 1信息，而缺少5,6的信息

```
search_descriptions=merge(search,descriptions,by="product_uid",all.x=TRUE)
search_descriptions1=merge(search,descriptions,by="product_uid",all.y=TRUE)
```

```
search_descriptions2=merge(descriptions,search,by="product_uid",all.x=TRUE)
nrow(search_descriptions)
nrow(search_descriptions1)
nrow(search_descriptions2)

search_descriptions2$missing_id=ifelse(is.na(search_descriptions2$id),1,0)
sum(search_descriptions2$missing_id)
x=search_descriptions2[search_descriptions2$missing_id==0,]
length(unique(x$Product_uid))

system.time(search_descriptions<-merge(search,descriptions,by="product_
uid",all.x=TRUE))

# 注意基本"merge"语句与fread/data.table"merge"语句之间的速度差异
install.packages("data.table")
library(data.table)
search=fread("D:/in-class/product_search.csv")
descriptions=fread("D:/in-class/product_descriptions.csv")

system.time(descriptions<-read.csv("D:/in-class/product_descriptions.csv"))
system.time(descriptions<-fread("D:/in-class/product_descriptions.csv"))

write.csv(search,"D:/in-class/search_output.csv",row.names=FALSE)

help(merge)

search_descriptions=merge(search,descriptions,by="product_uid",all.x=TRUE)
system.time(search_descriptions<-merge(search,descriptions,by="product_
uid",all.x=TRUE))

# 编写自定义函数
square = function(x) {x*x}

square(13.5)
square("two")

addition = function(x,y) {x+y}

tt=as.data.frame(quantile(t$Age2,probs=seq(0,1,0.1)))
```

与各种机器学习技术相关的其他功能已经在相应的内容中讨论过。

A.3 Python 基础

A.3.1 下载与安装 Python

在本书中，我们将使用 Python 3.5（有存档版本），Anaconda 版本可以在 www.continuum.io/downloads 中下载。

下载文件后，使用安装程序中的所有默认条件进行安装。安装 Anaconda 后，搜索 Anaconda Prompt，如图 A-3 所示。

Prompt 出现会花一些时间（约 1min）。它看起来类似于命令行或终端程序，如图 A-4 所示。

一旦能够在提示符下进行输入，请输入 Jupyter notebook。这将会打开一个新的网页，如图 A-5 所示。

单击 New 按钮，然后单击 Python 3，如图 A-6 所示。

会出现一个新的代码编辑器页面，如图 A-7 所示。

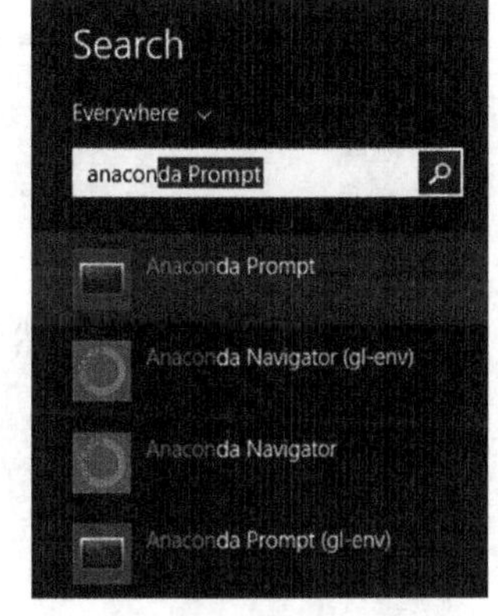

图 A-3 搜索 Anaconda Prompt

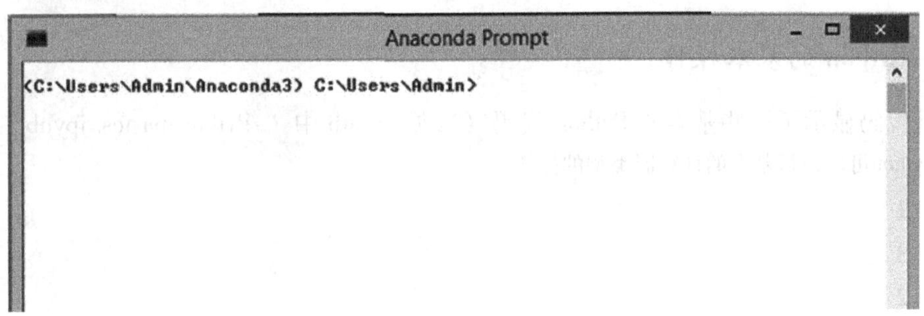

图 A-4 Anaconda Prompt

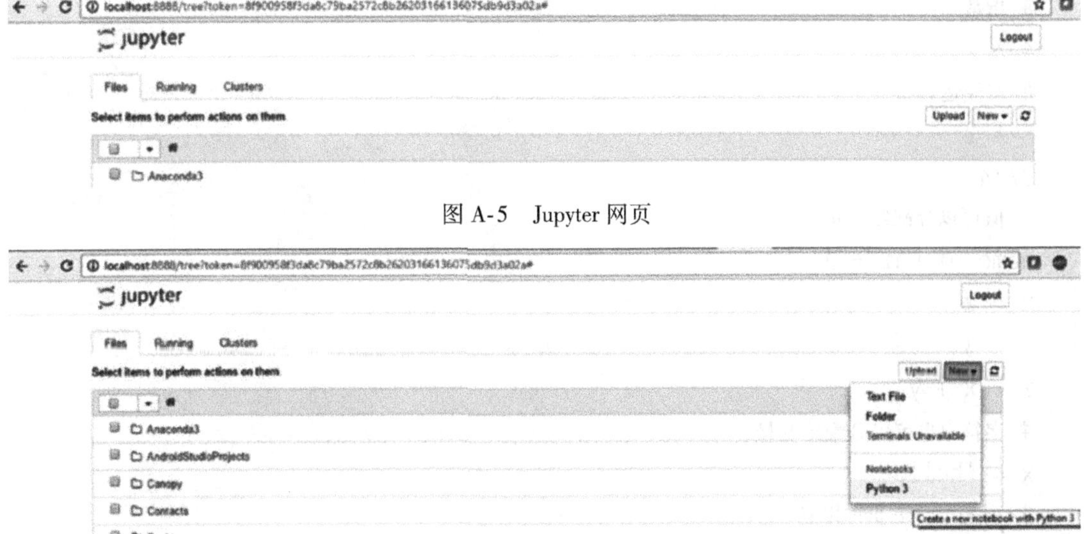

图 A-5 Jupyter 网页

图 A-6 选择 Python 3

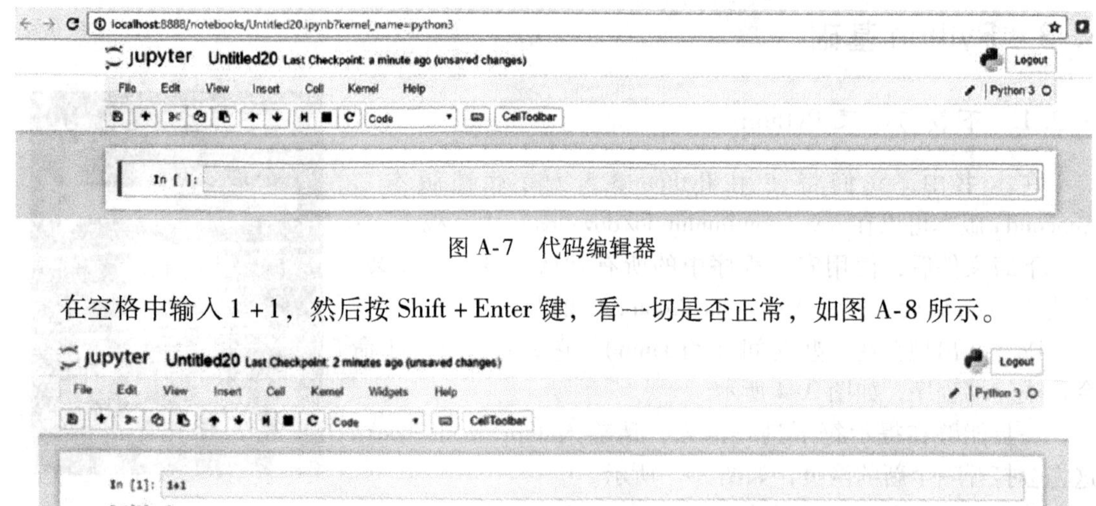

图 A-7　代码编辑器

在空格中输入 1 +1，然后按 Shift + Enter 键，看一切是否正常，如图 A-8 所示。

图 A-8　加法的结果

A. 3. 2　Python 的基本操作

以下代码显示了一些基本的 Python 代码（参见 github 中“ Python basics. ipynb”）。

```
# Python可以执行基本的计算器类型的操作
1 + 1
2 * 3
1 / 2
2 ** 4
# 指数
4 % 2
# 取模运算符
5 % 2
7//4
# 值可以分配给变量
name_of_var = 2
x = 2
y = 3
z = x + y
# 字符串也可以分配给变量
x = 'hello'
# 列表与数组非常相似
# 它们是数字的组合
```

```
[1,2,3]
# 列表可以包含多种类型的数据，如数字或字符
# 一个列表也可以包含另一个列表
['kish',1,[1,2]]
# 可以将列表分配给对象，就像可将值分配给变量一样
my_list = ['a','b','c']
# 就像我们在物理词典中有一个词和它对应的值一样
# 在Python词典中，我们用键代替单词，用值代替意义
# 字典有助于将一个值映射到另一个值
d = {'key1':'item1','key2':'item2'}
d['key1']
d.keys()
# 一个boolean(布尔量)的值为True或False
True
False
#Basic Python实现了布尔逻辑的所有常用运算符，但使用的是英语单词而不是符号
# 一个名为“ pandas”的软件包（我们将马上使用它）使用&和 |符号来表示“与”和“或”操作
t = True
f = False
print(type(t)) # 输出“bool”的类型
print(t and f) # 逻辑“AND”；输出“False”
print(t or f)  # 逻辑“OR”；输出“True”
print(not t)   # 逻辑“NOT”；输出“False”
print(t != f)  # 逻辑“XOR”；输出“True”
# 集合（set）可以帮助获得元素集合中的唯一值
{1,2,3}
{1,2,3,1,2,1,2,3,3,3,3,2,2,2,1,1,2}
1 > 2
1 < 2
1 >= 1
1 <= 4
# 请注意使用符号“==”，而非符号“=”
1 == 1
'hi' == 'ahoy'
# 请注意如何使用“and”和“or”
```

```
(1 > 2) and (2 < 3)
# 编写for循环
seq = [1,2,3,4,5]
for item in seq:
    print(item)
for i in range(5):
    print(i)
# 编写一个函数
def square(x):
    return x**2
out = square(2)
st = 'hello my name is Kishore'
st.split()
```

A. 3. 3 Numpy

Numpy 是 Python 中的基本包，它具有一些非常有用的数学计算功能以及处理多维数据的能力。而且它速度很快。我们将在下面的代码中演示 Numpy 与传统计算方法相比有多快。

```
# 在下面的代码中，我们试图将前1000万个数字的平方相加
# 可以按以下方式导入包
import numpy as np
a=list(range(10000000))
len(a)
import time
start=time.time()
c=0
for i in range(len(a)):
   c= (c+a[i]**2)
end=time.time()
print(c)
print("Time to execute: "+str(end-start)+"seconds")
a2=np.double(np.array(a))
import time
start=time.time()
c=np.sum(np.square(a2))
end=time.time()
```

```
print(c)
print("Time to execute: "+str(end-start)+"seconds")
```

```
333333283333335000000
Time to execute using for loop: 17.9579999447seconds
3.33333283333333443e+20
Time to execute using Numpy: 0.0920000076294seconds
```

一旦运行了此代码，你应该注意到，与使用 Numpy 的传统计算方法相比，有了大于 100 倍的改进。

A. 3. 4 使用 Numpy 生成数字

```
# 注意np自动输出0
np.zeros(3)
# 我们还可以创建n维Numpy数组
np.zeros((5,5))
# 与0类似，我们可以创建值为1的数组
np.ones(3)
np.ones((3,3))
# 不仅仅是1或0，我们还可以初始化随机数
np.random.randn(5)
ranarr = np.random.randint(0,50,10)
# 返回数组的最大值
ranarr.max()
# 返回数组的最大值位置
ranarr.argmax()
ranarr.min()
ranarr.argmin()
```

A. 3. 5 切片和索引

```
arr_2d = np.array(([5,10,15],[20,25,30],[35,40,45]))
# 显示
arr_2d
# 索引行
# 下面选择的是第二行，因为索引是从0开始的
arr_2d[1]
# 格式是 arr_2d[row][col] 或 arr_2d[row,col]

# 获取单个元素的值
```

```
# 下面给出第二行第一列的值
arr_2d[1][0]
# 获取单个元素的值
# 和上面相似
arr_2d[1,0]
# 如果我们需要第二行，并且只需要第一列和第三列的值，以下代码将完成这个工作
arr_2d[1,[0,2]]
# 二维数组切片
# 形状（2，2）从右上角开始

# 你可以阅读下面的内容，选择第二个索引之前的所有行，并从第一个索引中选择所有列
arr_2d[:2,1:]
```

A. 3. 6　Pandas

Pandas 是一个库，它帮助生成数据帧，使我们能够处理表格数据。在本节中，我们将学习索引和切片数据帧，还将学习库中的其他函数。

A. 3. 7　使用 Pandas 进行索引与切片

```
import pandas as pd
# 创建一个数据帧
# 数据帧具有指定的某些行和列
# 给出所创建数据帧的索引值
# 另外，指定此数据帧的列名称
df = pd.DataFrame(randn(5,4),index='A B C D E'.split(),columns='W X Y
Z'.split())
# 选择列中的所有值
df['W']
# 通过确定列的名称来选择列
df[['W','Z']]
# 在一个数据帧中选择某些列
df.loc[['A']]
# 如果要选择多个行和列，请指定索引
df.loc[['A','D'],['W','Z']]
# 创建一个新的列
df['new'] = df['W'] + df['Y']
# 删除一个列
# 不使用axis=1，它代表在列级别进行操作
df.drop('new',axis=1)
```

```
# 我们可以根据想要过滤的数据帧来指定条件
df.loc[df['X']>0]
```

A.3.8 汇总数据

```
# 读取CSV文件进入数据帧
path="D:/in-class/train.csv"
df=pd.read_csv(path)
# 获取列名
print(df.columns)
# 数据帧上的if-else条件是使用np.where实现的
# 注意使用符号"==",而非符号"="
df['Stay_In_Current_City_Years2']=np.where(df['Stay_In_Current_City_
Years']=="4+",4, df['Stay_In_Current_City_Years'])
# 指定行过滤条件
df2=df.loc[df['Marital_Status']==0]
# 获取数据帧的维度
df2.shape
# 提取列的唯一值
print(df2['Marital_Status'].unique())
# 提取列唯一值的频率
print(df2['Marital_Status'].value_counts())
```

First published in English under the title
Pro Machine Learning Algorithms: A Hands – On Approach to Implementing Algorithms in Python and R
by V Kishore Ayyadevara

图书在版编目（CIP）数据

高级机器学习算法实战/(印)V. 基肖尔·艾亚德瓦拉（V Kishore Ayyadevara）著；姜峰，庞登峰，张振华译. —北京：机械工业出版社，2022. 6

书名原文：Pro Machine Learning Algorithms: A Hands – On Approach to Implementing Algorithms in Python and R

ISBN 978 - 7 - 111 - 71144 - 5

Ⅰ. ①高… Ⅱ. ①V…②姜…③庞…④张… Ⅲ. ①机器学习 – 算法 Ⅳ. ①TP181

中国版本图书馆 CIP 数据核字（2022）第 113950 号

机械工业出版社（北京市百万庄大街 22 号 邮政编码 100037）
策划编辑：林 桢　　责任编辑：林 桢
责任校对：张 征 贾立萍　　封面设计：鞠 杨
责任印制：刘 媛
北京盛通商印快线网络科技有限公司印刷
2022 年 10 月第 1 版第 1 次印刷
184mm × 240mm · 15. 75 印张 · 380 千字
标准书号：ISBN 978 - 7 - 111 - 71144 - 5
定价：99. 00 元

电话服务	网络服务
客服电话：010 – 88361066	机 工 官 网：www. cmpbook. com
010 – 88379833	机 工 官 博：weibo. com/cmp1952
010 – 68326294	金 书 网：www. golden – book. com
封底无防伪标均为盗版	机工教育服务网：www. cmpedu. com